普通高等职业教育"十二五"规划教材

网页设计与制作

陈玉勇　王小洁　主　编
孟　霞　孙晓娟　段建华　刘三满　高艳云　吴道君　副主编
杨运强　庄旭晖　李宏林　吴翠鸿　参　编

清华大学出版社
北　京

内容简介

本书从网页设计与制作的实际需要出发，全面、系统地介绍网页设计与制作的基础知识。全书包括12个项目，分为4部分内容：Photoshop CS6、Dreamweaver CS6、HTML及DIV＋CSS。本书以制作辽宁林业职业技术学院网站为例，讲解完整的网站规划、网页设计与制作过程。全书内容全面，案例真实、丰富、可操作性强，汇聚了编者十余年的教学经验，较好地做到了内容与形式、理论与实践的统一。

本书既可作为高职高专院校计算机、电子商务、多媒体等专业的教材，也可作为信息技术培训机构的培训用书，还可作为网页设计与制作人员、网站建设与开发人员、多媒体设计与开发人员的参考书。

图书在版编目(CIP)数据

网页设计与制作/陈玉勇，王小洁主编. --北京：清华大学出版社，2015(2021.7重印)
普通高等职业教育"十二五"规划教材
ISBN 978-7-302-40470-5

Ⅰ.①网… Ⅱ.①陈… ②王… Ⅲ.①网页制作工具－高等职业教育－教材 Ⅳ.①TP393.092

中国版本图书馆CIP数据核字(2015)第126347号

责任编辑：孟毅新
封面设计：李伯骥
责任校对：袁 芳
责任印制：刘海龙

出版发行：清华大学出版社
网　　址：http://www.tup.com.cn，http://www.wqbook.com
地　　址：北京清华大学学研大厦A座　　**邮　　编**：100084
社 总 机：010-62770175　　**邮　　购**：010-62786544
投稿与读者服务：010-62776969，c-service@tup.tsinghua.edu.cn
质量反馈：010-62772015，zhiliang@tup.tsinghua.edu.cn
课件下载：http://www.tup.com.cn，010-62795764
印 装 者：三河市龙大印装有限公司
经　　销：全国新华书店
开　　本：185mm×260mm　　**印　　张**：18　　**字　　数**：409千字
版　　次：2015年8月第1版　　**印　　次**：2021年7月第9次印刷
定　　价：51.80元

产品编号：064897-04

Preface 前言

网络技术的日益成熟，给人们带来了诸多方便。越来越多的网站如雨后春笋般出现在网络上，公司需要网站为自己宣传、拓展业务，学校需要利用网站提高知名度、发布招生信息……可见，网站的应用已经渗透到各个行业中，越来越多的企事业单位需要创建自己的网站。时代的发展需要更多的网页设计与制作人员加入这个前景广阔的工作中来。

为了适应当今时代对网页设计与制作技术人才的需求，配合高等职业教育对教育教学改革的要求，以培养出大批既有较扎实的专业理论知识，又有熟练的网页、网站制作技能的高素质人才，我们编写了本书。

本书采用项目教学法，选取辽宁林业职业技术学院网站中一些有代表性的网页作为贯穿全书的项目，又将每个项目分解成若干任务，任务完成过程完全基于实际上的工作流程，教学内容由浅入深，符合认知规律。

本书首先介绍网页设计与制作的基本知识；然后讲解如何用 Photoshop 制作网页效果图并将效果图制成切片；接下来讲解 Dreamweaver CS6 的基础知识、创建站点的基本操作方法及制作简单网页的方法；再对页面布局、网页特效等网页制作技术进行详细的讲解，使读者能够轻松地制作静态网页；最后在以上内容的基础上讲解框架、模板、库、表单、HTML、DIV＋CSS 布局页面等网页制作的高级技术，使读者能够触类旁通，提高网页制作的综合能力。

本书理论内容简洁实用，语言通俗；实例操作讲解细致，步骤清晰。在正文中，操作步骤后均有详细的操作截屏图，便于读者直观、清晰地看到操作效果，牢记操作的各个细节。

本书由陈玉勇、王小洁任主编，孟霞、孙晓娟、段建华、刘三满、高艳云、吴道君任副主编，杨运强、庄旭辉、李宏林、吴翠鸿参与编写。具体分工如下：项目 1 由陈玉勇编写；项目 2 由王小洁编写；项目 3、项目 6 由孟霞编写；项目 4 由段建华、刘三满共同编写；项目 5 由高艳云、吴道君共同编写；项目 7、项目 8、项目 9 由孙晓娟编写；项目 10 由庄旭晖、李宏林、吴翠鸿共同编写；项目 11、项目 12 由陈玉勇、杨运强共同编写。陈玉勇负责全书的统稿工作。

由于编者水平有限，书中难免有不足之处，恳请广大读者提出宝贵意见。

编　者

2015 年 8 月

Contents 目录

项目1 学习网站基础知识

项目2 使用Photoshop制作网站首页效果图

项目3 使用Dreamweaver创建基本网页

项目4 利用超链接实现网页互联

项目 5　利用表格布局网站主页

项目 6　在页面中加入特效

项目 7　利用框架技术制作网站栏目

项目 8　基于模板与库快速制作系列网页

项目 9　利用表单制作网站页面

项目 10　利用 HTML 语言编写网页

项目 11　利用 DIV＋CSS 编写网站页面

项目 12　网站的测试与发布

项 目 1

学习网站基础知识

任务 1.1　认识网站的组成元素

我们在上网的时候，利用浏览器打开的每一个页面称为网页，多个网页组成一个网站。网站的第一个页称为主页，主页是所有网页的索引页，通过单击主页上的超链接，可以打开其他网页。下面通过打开某职业技术学院网站来具体讲解网站中包括哪些元素。首先输入网站地址 http://www.lnlzy.cn 打开首页，如图 1-1 所示。

图 1-1　某职业技术学院主页

1. 文字

由图 1-2 和图 1-3 可以看到，导航和“学院新闻”栏目采用的都是文本。文本是网页传递信息的主要载体，文本最大的特点就是传输速度快。此外，还可以对文本进行大小、颜色、链接等多种格式设置。

图 1-2　导航条

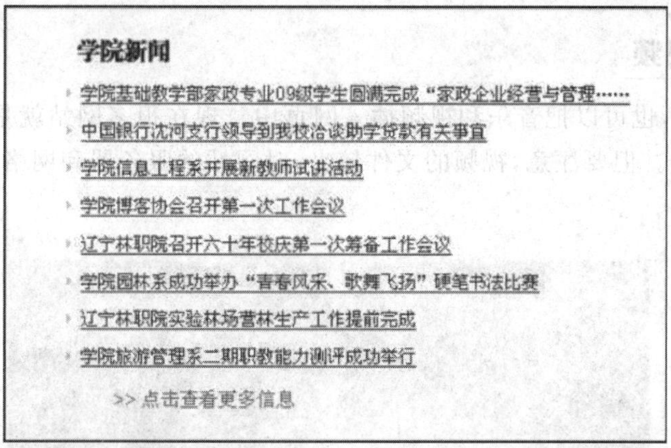

图 1-3 “学院新闻”栏目

2. 图片

网页的另一个主要构成要素是图片。图片能够生动形象地传达信息，给人一目了然的感觉，如图 1-4 所示。网页中经常使用的图片有 GIF 图片和 JPG 图片。我们通常使用Photoshop软件对图片进行制作和处理，然后添加到网页中。

图 1-4 图片新闻

3. 动画

图 1-5 所示是一个由 Flash 软件制作成的动画。动画现在已经成为网站制作者喜欢使用的一个重要元素，它能给人很强的视觉冲击力。合理地使用动画可以起到画龙点睛的作用。但也要注意，网站的动画不宜过多，否则会给人眼花缭乱的感觉。

图 1-5 Flash 动画

4. 音频、视频

如图 1-6 所示，也可以把音乐和视频插入网页中。现在很多网站就是专门做视频的，如优酷和迅雷看看等。但要注意，视频的文件较大，对网站的服务器和网络传输速度要求都比较高。

图 1-6　音频、视频

任务 1.2　了解网站的分类

按照与用户之间的交互性，网站可以分为静态网站和动态网站。静态网站的特点是用户只能浏览网站的页面而不能与网站之间进行交互，动态网站则是用户和网站之间可以进行交互，现在我们通常看到的网站都是动态网站。如我们常使用的百度，实际上就是把要查询的信息输入网页上，网站就返回给用户想要的信息，这就是交互。有的人把动态网站理解为网站上使用了很多动画效果，这种观点是片面的。

按功能，网站又可分为资讯类、体育类、搜索引擎类、交友类、购物类网站等。

任务 1.3　认识网站的 B/S 架构

1. Server 端

一个网站实际上就是由若干个文件组成的文件夹，这个文件夹放到网站的服务器上，这个服务器称为 Web 服务器，扮演提供服务的角色，即 Server 端。用户通过访问这个网站的域名(如 www. lnlzy. cn)就可以通过网络把服务器 Server 端的网页下载到自己的计算机上，并使用浏览器进行浏览，如图 1-7 所示。

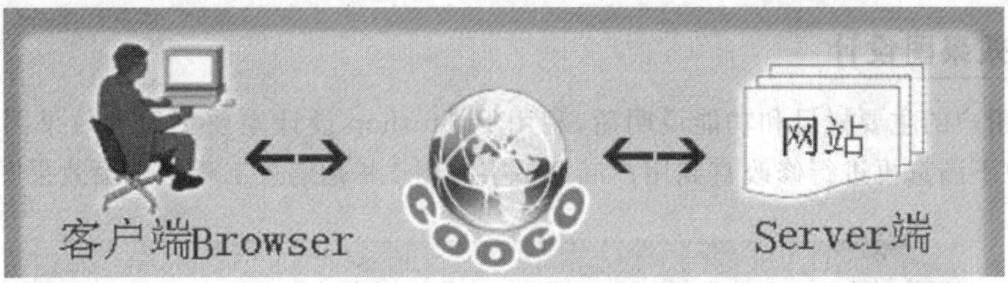

图 1-7 B/S 结构

2. Browser 端

Web 浏览器是客户端的软件，即 B/S 结构中的 Browser，它的作用是把从服务器端下载的网页代码翻译成我们用户所看到的页面。我们经常使用的浏览器 Internet Explorer 绑定在 Windows操作系统中，为大多数人使用。常用的 Web 浏览器还有 Mozilla Firefox 火狐浏览器等。

任务 1.4 了解网站的制作流程

一般的网站制作流程为“用户需求分析→用户提交网站栏目和网站应具备的功能说明→主页及其他页面的效果图设计→用户审核签字→页面编辑和动画制作→编写程序或利用 CMS 管理系统把制作的页面动态化→申请域名和空间→网站上传、测试、维护”。图 1-8 简洁地说明了这个流程。

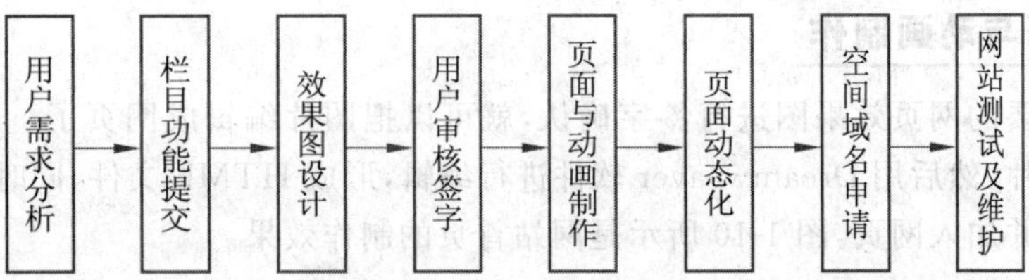

图 1-8 网站制作流程

下面以辽宁林业职业技术学院网站为例，详细介绍网站的制作过程。

1. 用户需求分析

通过与用户沟通我们了解到，制作本网站的目的是对辽宁林业职业技术学院进行全面的宣传，内容包括：学院的基本情况、招生就业、实训基地、成人教育，各个系部的专业、课程、师资队伍建设等，各个系部的分站点用户的要求是网站美观、大气，符合林业行业的特点。

2. 栏目功能提交

要求用户在一定时间内提交本网站的主要栏目和网站应具备的功能说明。由于此网站是由学院网站和学院下的各个系部网站组成的，所以各个系部也应提交自己分站点的主要栏目和功能要求。

3. 效果图设计

得到用户的主要栏目和功能说明后，利用 Photoshop 设计主要页面的效果图请用户审核，如用户不满意再进行修改直到用户满意签字。图 1-9 是信息工程系首页效果图。

图 1-9　信息工程系首页

4. 页面与动画制作

用户对主要的网页效果图进行签字确认，就可以把图片编辑成网页了。这一步主要是对图片进行切片，然后用 Dreamweaver 软件进行编辑，形成 HTML 文件，同时利用 Flash 制作需要的动画并加入网页，图 1-10 所示是网站首页的制作效果。

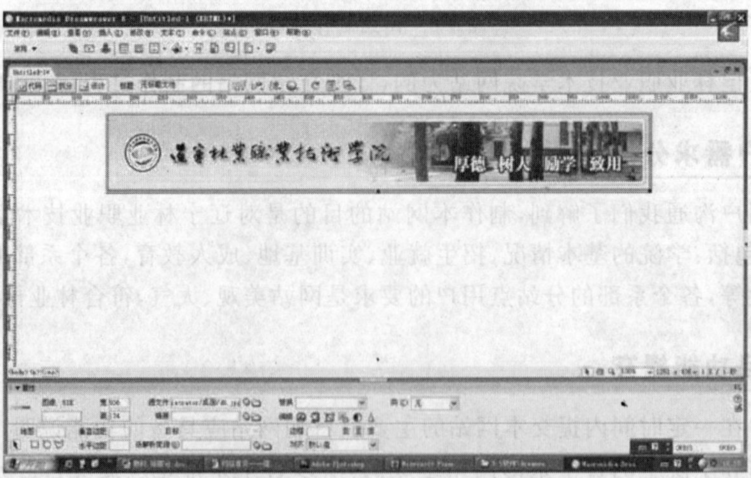

图 1-10　网站首页的制作效果

5. 页面动态化

现在大多数用户需要做动态网站，所以把效果图编辑成 HTML 网页后，还需要加入动态程序使静态网页成为动态网页。现在通常的做法有两种：一种是利用现成的 CMS 内容管理系统，这种方式的特点是相对简单、开发速度快，本站即采用这种方式。另一种是利用 ASP、PHP、ASP. NET 等编程技术编写功能模块，这种方式的优点是可以完成用户特殊的需求；缺点是难度相对大，且开发速度慢。

6. 空间域名申请

网站制作完成后还需要把网站内容复制到安全的服务器上，这就需要申请空间。申请完空间并把网站内容放到服务器后，还需要申请网站的域名，通过域名来访问网站。我们通过中国万网（www. net. cn）为本网站申请的域名为 lnlzy. cn，空间没有申请，直接把网站内容放到学院的服务器上。

7. 网站测试及维护

申请完空间和域名，把网站内容上传到服务器，并对网站进行测试及修改，同时培训站点的信息管理人员使用和维护网站的方法。

任务 1.5 了解网站的推广方法

网站制作完成后，目的就是要让更多的人访问你的网站，所以网站的推广就显得尤为重要，下面介绍几种常用的网站推广方法。

1. 搜索引擎优化

网站搜索引擎优化 SEO 是网站点击量的支柱，也是网站进行网络营销的最重要的一个条件，合理的 SEO 可以为网站带来很高的点击量。做好网站的搜索引擎优化有很多方法，如关键词布局、标签优化、代码优化、网页布局等。

2. 使用免费快捷的网络通信工具

网络通信工具主要就是指 QQ 等即时聊天工具，以及邮箱等互联网通信工具。这些工具可以为我们在一定程度上提升网站的点击量。可以通过 QQ 群等积极地参与互动、讨论，让更多人知道并对你要推广的网站产生兴趣，从而使别人去点击你的网站。

3. 问答平台

百度知道、天涯问答、新浪知识、搜搜问答都是很好的推广平台，很多人在上面问自己感兴趣的问题。我们做网站推广时要认真、用心地去回答问题，适当地加上自己的网站链接，不一定要有首页的网址，可以是内页或是其他可以到达我们网站的链接。

4. 博客(微博)推广

企业或者个人通过博客这种网络应用平台进行自我宣传，以达到宣传企业形象、企业产品、品牌，以及个人品质的营销目的。现在网络上的免费博客有很多，常用的有百度空间、新浪、QQ空间、天涯、网易等，我们可以在博客上进行网站的宣传和推广。

5. 论坛推广

通过论坛推广就是在一些人气高、访问量大的论坛网站，如新浪论坛、天涯论坛等发布网站的地址或是信息栏目链接。

6. 电子邮件推广

通过群发邮件方式推广要注意几点：第一，邮件地址的有效性，这需要长期的收集整理。第二，邮件内容的实用性。内容必须有效，并且有可读性，能激起读者的了解欲望。第三，邮件发布的时间把握，比如节假日等特殊时间。

习题

1. 简述构成网站的基本元素。
2. 网站的制作流程是什么？
3. 网站推广的方法有哪些？
4. 申请一个免费空间，把自己制作的网页上传。
5. 网页动态化有哪两种方式？

项 目 2

使用Photoshop制作网站首页效果图

Photoshop 是 Adobe 公司开发的图像处理软件，它具有强大的图像处理功能，广泛应用于网页制作、包装装潢、广告宣传等。本项目主要介绍如何利用 Photoshop CS6 软件制作网站的 Logo、网站 Banner、主页效果图，以及如何利用 Photoshop CS6 切片工具将网页效果图切割成若干小图片。

本项目包括以下任务。

任务 2.1 制作网站 Logo。

任务 2.2 制作网站 Banner。

任务 2.3 设计主页效果图。

拓展任务 切割网页效果图。

任务 2.1 制作网站 Logo

▶任务目标

1. 能力目标

能够用 Photoshop CS6 制作网站的 Logo。

2. 知识目标

(1) 掌握 Photoshop CS6 的基本操作。

(2) 掌握钢笔工具的使用。

(3) 掌握文字工具的基本操作。

(4) 掌握渐变工具的使用。

(5) 掌握填充工具的使用。

(6) 掌握 Photoshop CS6 基本工具的使用。

图 2-1 网站 Logo

通过形象的 Logo 可以让消费者记住公司主体和品牌文化。在 IT 行业中，Logo 主要是各个网站用来与其他网站链接的图形标识，代表一个网站或网站的一个板块。设计一个好的 Logo，首先要全面地了解项目或者公司的背景。以图 2-1为例，辽宁林业职业技术学院是辽宁省唯一的林业高等职业院校，始建于 1951 年，历史悠久，这些信息在 Logo 上都有所体现。

▶任务知识

1. Photoshop CS6 工作界面

Photoshop CS6 是功能强大的图像处理软件，在网页设计中起着关键的作用。现在简单介绍一下 Photoshop CS6 这个软件，熟悉各个工具栏及其功能。

Photoshop CS6 的工作界面主要由标题栏、菜单栏、工具栏、工具选项栏、面板、编辑窗口、工作区和状态栏等组成，如图 2-2 所示。下面介绍这些功能项的含义。

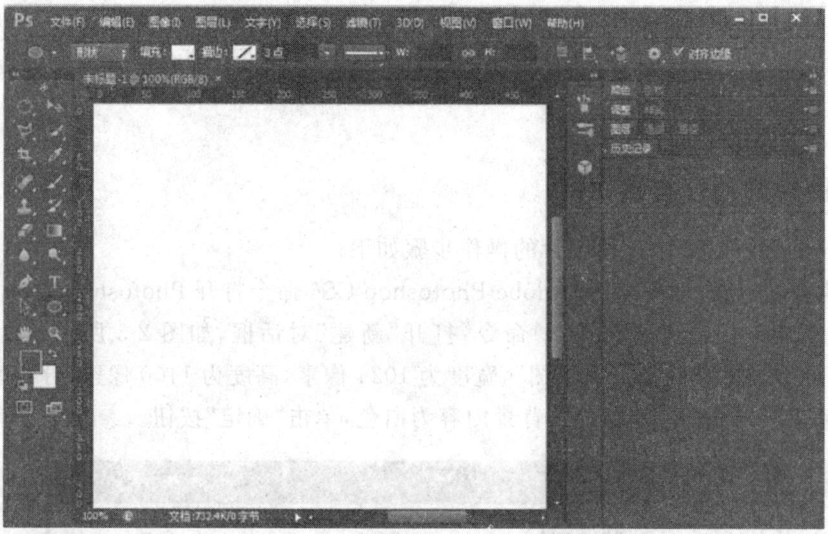

图 2-2 Photoshop CS6 界面

(1) 标题栏

标题栏位于界面最上方，其左侧显示 Photoshop 软件的图标及名称，右侧有 3 个按钮，可以控制界面的显示状态，即最小化、最大化和关闭工作界面。

(2) 菜单栏

菜单栏是软件各种命令的集合处，从左至右分别为“文件”“编辑”“图像”“图层”“文字”“选择”“滤镜”“3D”“视图”“窗口”“帮助”11 个菜单，这些菜单中集合了 Photoshop CS6 的所有命令。

(3) 工具栏

工具栏中集合了图像处理过程中使用最为频繁的工具，使用它们可以绘制图像、修饰图像、创建选区，以及调整图像显示比例等。

(4) 工具选项栏

工具选项栏位于菜单栏的下方，其内容与工具箱中选择的按钮相关联，显示工具箱中当前所选择按钮的参数和选项位置。

(5) 面板

面板是 Photoshop CS6 中进行颜色选择、图层编辑、路径编辑等操作的场所。

(6) 编辑窗口

编辑窗口中显示了打开的图像文件。

(7) 工作区

Photoshop CS6 中大片的灰色区域是工作区域。

(8) 状态栏

状态栏位于窗口的底部。左端显示当前图像窗口的显示比例,可调整它以改变图像的显示比例;中间显示当前图像文件的大小;右端显示当前所选工具及正在进行操作的功能与作用。

2. 图片的创建与编辑

在 Photoshop CS6 中创建图片的操作步骤如下。

(1) 执行"开始"→"程序"→Adobe Photoshop CS6 命令打开 Photoshop 软件,然后执行"文件"→"新建"(快捷键:Ctrl+N)命令,打开"新建"对话框,如图 2-3 所示。设置标题为"辽宁林业职业技术学院首页效果图",宽度为 1024 像素,高度为 1100 像素,分辨率为300 像素/英寸,颜色模式为"RGB 颜色",背景内容为白色,单击"确定"按钮。

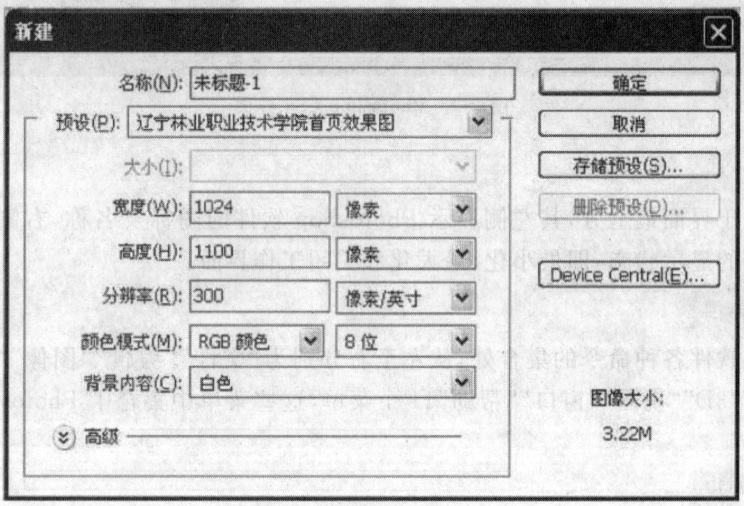

图 2-3 "新建"对话框

(2) 新建文件后,执行"文件"→"存储为"(快捷键:Shift+Ctrl+S)命令将文件保存为"辽宁林业职业技术学院首页效果图 .psd",在工具栏中单击"前景色",打开"拾色器(前景色)"对话框,将 RGB 值设置为(201,186,165)。"拾色器"对话框如图 2-4 所示。

(3) 执行"编辑"→"填充"命令,用刚刚选取的颜色填充图像。前景色填充可使用快捷键 Alt+Delete,背景色填充可使用快捷键 Ctrl+Delete。

(4) 执行"文件"→"打开"命令将素材文件中的图片打开,先将素材图片解锁。双击蓝色横条,出现"新建图层"对话框,如图 2-5 所示,单击"确定"按钮。再自由变换(快捷键:Ctrl+T),把素材图片调整到合适为止。新建图层,然后添加蒙版,再调整到合适的效果,继续编辑。

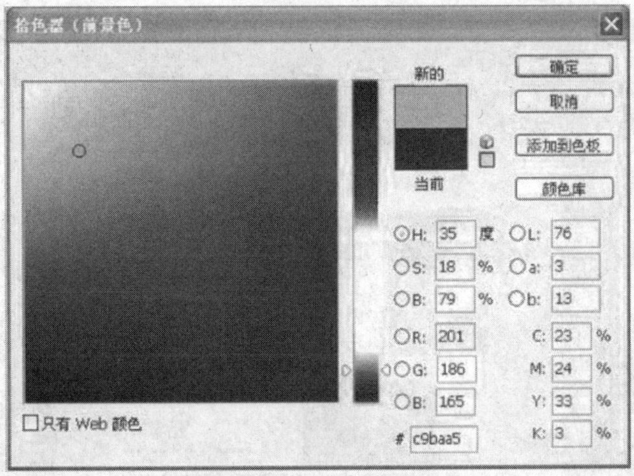

图 2-4 “拾色器”对话框

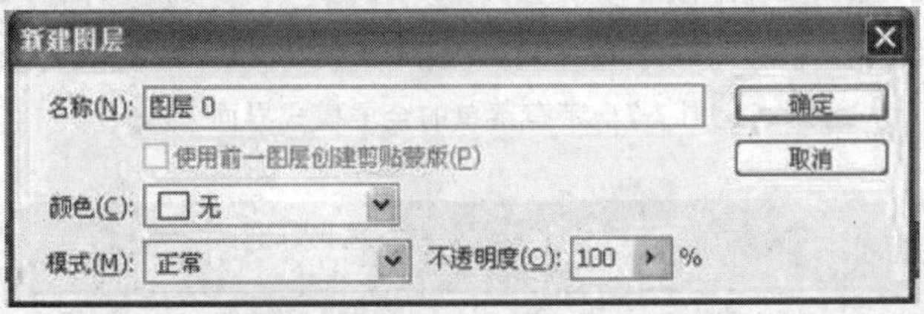

图 2-5 “新建图层”对话框

(5) 效果图预览。在 Photoshop CS6 中有三种不同的显示模式，分别为标准屏幕模式(见图 2-6)、带有菜单的全屏模式(见图 2-7)和全屏模式(见图 2-8)。执行“视图”→“屏幕模式”子菜单中的命令可切换显示模式。

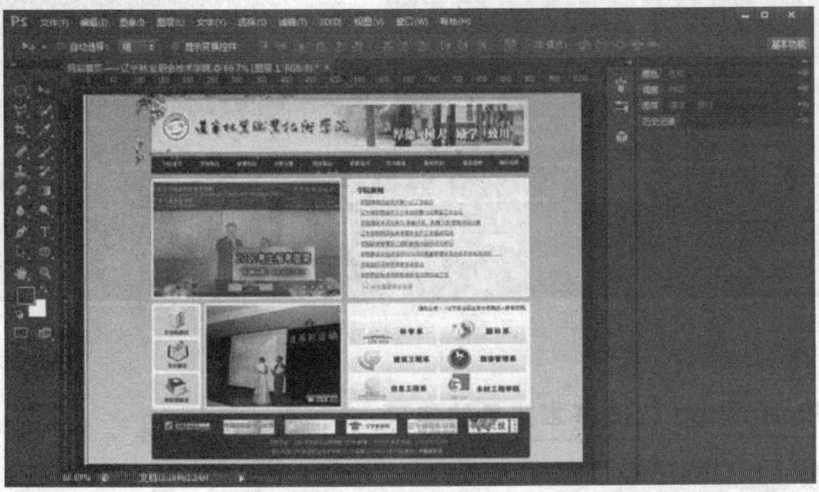

图 2-6 标准屏幕模式界面

图 2-7　带有菜单的全屏模式界面

图 2-8　全屏模式界面

3. Photoshop CS6 基本工具的使用

(1) 移动工具(快捷键:V)

在 Photoshop CS6 中,使用移动工具可以对图像或选取的内容进行移动、变换、排列、分布和复制等操作。移动工具的选项栏如图 2-9 所示。

图 2-9　移动工具的选项栏

(2) 矩形选框工具(快捷键:M)

在 Photoshop CS6 中,使用选框工具在文件中创建各种类型的选择区域,并控制所有的操作范围。文件中含有选择区域时,Photoshop 所有的操作都在选择区域内进行,选择区域以外的部分不受任何影响。选框工具主要包括矩形选框工具和椭圆选框工具两种,它们的选项栏相同。矩形选框工具的选项栏如图 2-10 所示。

图 2-10　矩形选框工具的选项栏

(3) 套索工具(快捷键:L)

在 Photoshop CS6 中,使用套索工具可以灵活地绘制不规则选区。在工具箱中套索工具按钮上右击,弹出一组创建不规则选区工具,分别是套索工具、多边形套索工具、磁性套索工具。套索工具的选项栏如图 2-11 所示。

图 2-11　套索工具的选项栏

(4) 魔棒工具(快捷键:W)

在 Photoshop CS6 中,魔棒是一种依据颜色进行选择的选择工具,使用魔棒工具单击图像中的某一种颜色,即可将与此种颜色邻近的或不相邻的、在容差值范围内的颜色都一次性选中。魔棒工具的选项栏如图 2-12 所示。

图 2-12　魔棒工具的选项栏

(5) 画笔工具(快捷键:B)

在 Photoshop CS6 中,使用画笔工具的方法与实际中的画笔相似,只要设置好所需要的前景色,将画笔的大小、形状、压力等选项进行设置后就可以在画面中进行拖曳绘制。画笔工具的选项栏如图 2-13 所示。

图 2-13　画笔工具的选项栏

(6) 铅笔工具(快捷键:N)

在 Photoshop CS6 中,铅笔工具用于绘制边缘较硬的线条。铅笔工具的选项栏如

图 2-14所示。

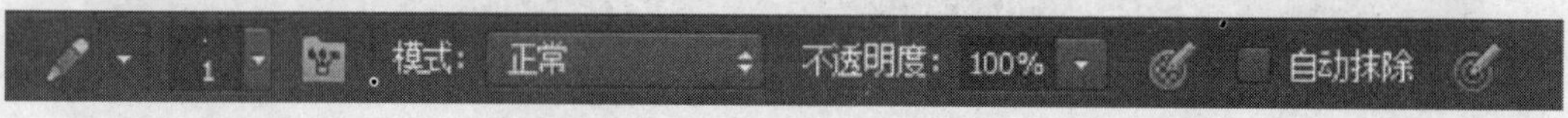

图 2-14　铅笔工具的选项栏

（7）橡皮擦工具(快捷键:E)

在 Photoshop CS6 中,橡皮擦工具和现实中的橡皮擦的作用类似。在此工具被选择的情况下,在图像中拖动便可以擦除拖动操作所掠过的区域。橡皮擦工具的选项栏如图 2-15所示。

图 2-15　橡皮擦工具的选项栏

（8）图章工具(快捷键:S)

在 Photoshop CS6 中,图章工具包括仿制图章工具和图案图章工具,它们的作用都是复制图像,但复制的方式不同。仿制图章工具是首先吸收要复制的图像,然后才能复制。图案图章工具是复制图案样本,可以复制软件自带的图案,也可以自己设置“图案样本”,然后将设置的样本复制。

仿制图章工具的选项栏如图 2-16 所示。图案图章工具的选项栏如图 2-17 所示。

图 2-16　仿制图章工具的选项栏

图 2-17　图案图章工具的选项栏

（9）渐变工具(快捷键:G)

在 Photoshop CS6 中,使用渐变工具给整个画面或选择区域添加两种或几种颜色设置的渐变色,利用设置的渐变色可以制作出许多精美的颜色过渡效果。渐变工具的选项栏如图 2-18 所示。

图 2-18　渐变工具的选项栏

（10）钢笔工具(快捷键:P)

在 Photoshop CS6 中,钢笔工具是用来画路径的,常用来抠图。一般使用时,每画一个点都要把路径点“前面”的切线柄缩短到最小,再画下一个点。然后调整各点的位置和线条的弧度,直到满意位置。接着就可进行一些路径的描边、填充等操作。钢笔工具的选项栏如

图 2-19 所示。

图 2-19　钢笔工具的选项栏

(11) 文字工具(快捷键:T)

在 Photoshop CS6 中,文字工具是创建文字对象的工具,一共有四种形式:横排文字工具、竖排文字工具、横排文字蒙版工具和竖排文字蒙版工具。文字工具的选项栏如图 2-20 所示。

图 2-20　文字工具的选项栏

▶任务实施

辽宁林业职业技术学院的 Logo 设计效果如图 2-1 所示,它是以黄蓝绿为主体进行设计的,图案中间以一棵大树作为校徽的主体,寓意林业,绿树代表着生命和生机。下面的线条是一只飞鹰,寓意学院如大鹏展翅,展现了学院办学的宗旨、理想和与时俱进的风采。渐变的黄色为大地,托起参天大树,寓意学院在辽宁这广阔的大地上扎根生长。飘逸的线条犹如彩带,体现了学院历史和传统的积淀,寓意了学校的生机和活力,英才遍天下、成就辉煌、硕果累累。蓝色背景是碧空如洗的蓝天,寓意着科研之光和林业生态环保功能。

辽宁林业职业技术学院网站 Logo 的制作步骤可简化为:新建文件、设置参考线和网格、使用钢笔工具画出 Logo 中的主体、添加文字、填充颜色和渐变。制作过程如下。

(1) 运行 Photoshop CS6 软件,执行"文件"→"新建"命令,创建一个图片,设置宽度为 300 像素,高度为 230 像素,分辨率为 300 像素/英寸,颜色模式为 RGB 颜色,背景内容为透明色,双击图层解锁。

(2) 执行"视图"→"标尺"命令(即在图上显示标尺),再执行"视图"→"显示"→"网格"命令。执行"编辑"→"首选项"→"单位与标尺"命令,将标尺的单位改为像素。单击左侧"参考线、网络和切片"按钮,将网格线间距改为 20 像素。单击"透明度与色域"按钮,将网络颜色改为黑色。单击"确定"按钮,其效果如图 2-21 所示。

(3) 新建"图层 1",使用钢笔工具依次选择坐标(113,－12)、(75,－56)、(95,－56)、(70,－75)、(100,－75)、(100,－80)和(113,－80)形成闭合图形,如图 2-22 所示。

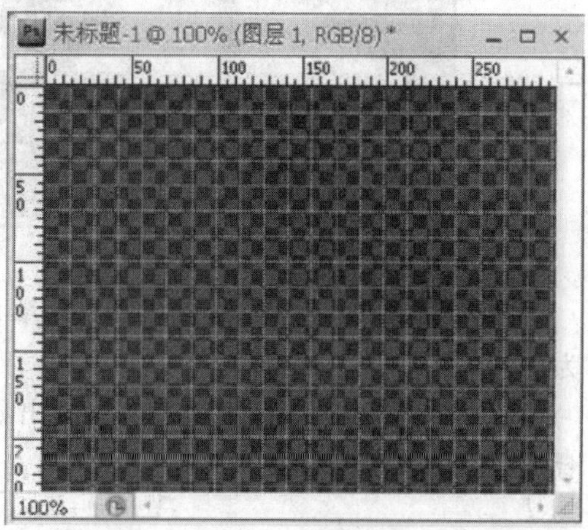

图 2-21　黑色网格

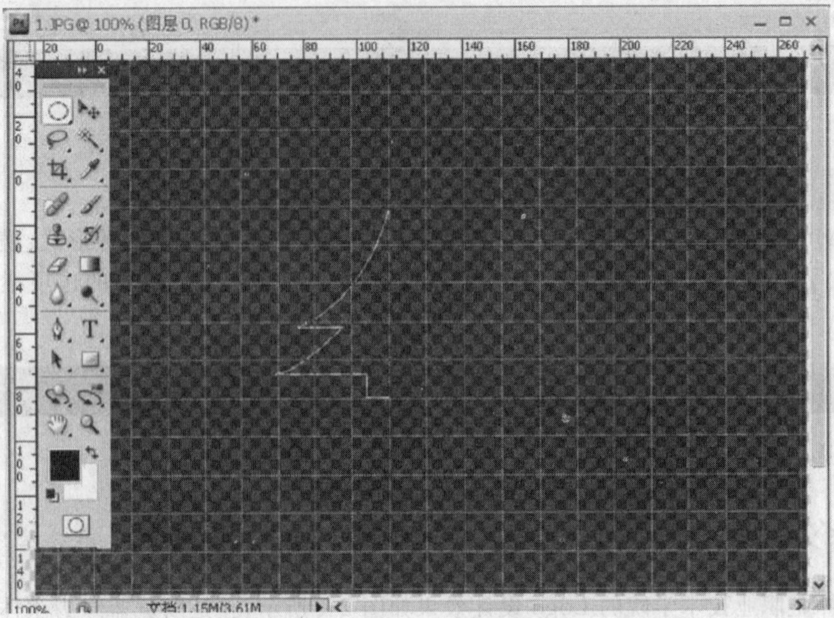

图 2-22　形成闭合图形

(4) 单击“将路径载入选区”按钮，将前景色设置为绿色 RGB(82,178,68)，填充到选区中。再复制该图层，并将复制图层进行自由变换调整到合适位置，如图 2-23 所示。

(5) 新建“图层 2”，将“图层 1”复制到“图层 2”。执行“编辑”→“自由变换”→“缩放”命令，调整到适当位置并填充前景色为白色，如图 2-24 所示。

图 2-23　复制图层

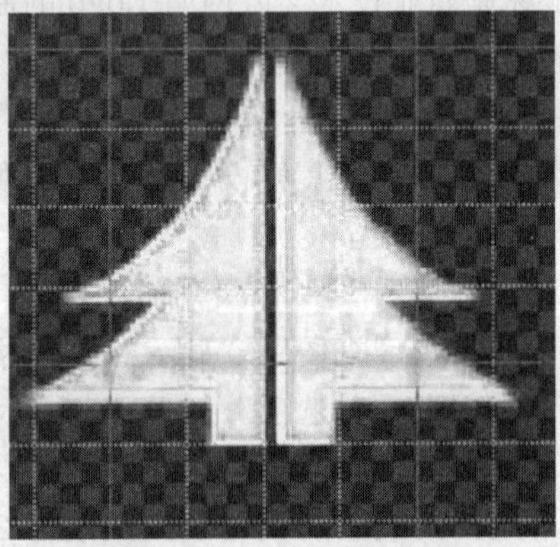

图 2-24　填充前景色

(6) 新建“图层 3”，按住 Shift 键单击椭圆选框工具画一个正圆，并填充其前景色为白色。

(7) 在“图层 3”上运用钢笔工具画出如图 2-25 所示的钢笔路径，并删除钢笔路径的闭合选区，如图 2-26 所示。

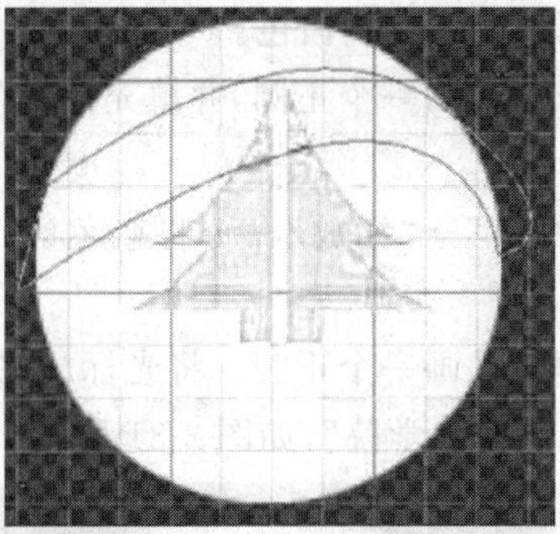

图 2-25 画出钢笔路径

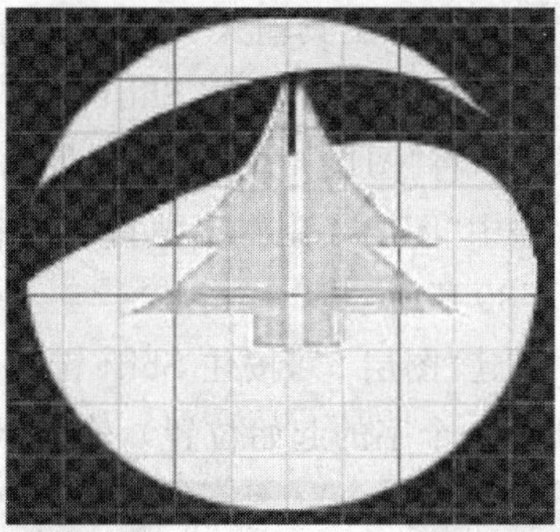

图 2-26 删除闭合选区

(8) 重复步骤(7)的方法，运用钢笔工具画出下半部分，如图 2-27 所示。

(9) 选中“图层 3”中的“1”部分选区，单击工具栏中的渐变工具按钮，第一个色标的颜色为蓝色 RGB(15,35,118)；第二个色标的颜色为蓝色 RGB(0,135,209)，并填充渐变颜色，效果如图 2-28 所示。

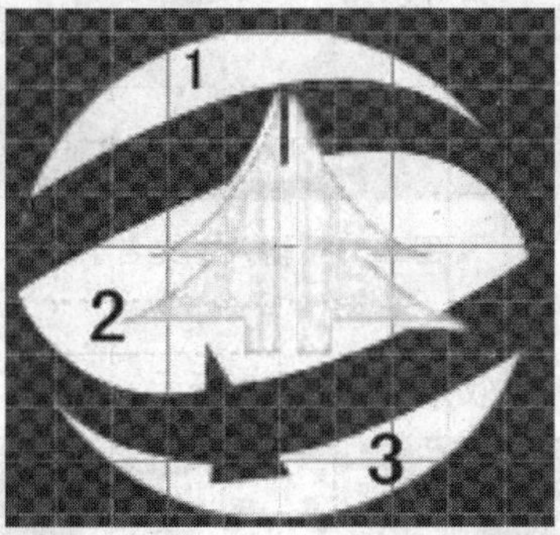

图 2-27 下半部分钢笔路径

图 2-28 “1”选区填充渐变色

(10) 重复步骤(9)的方法分别将“2”“3”部分选区选中，运用渐变工具，填充颜色效果如图 2-29 所示。

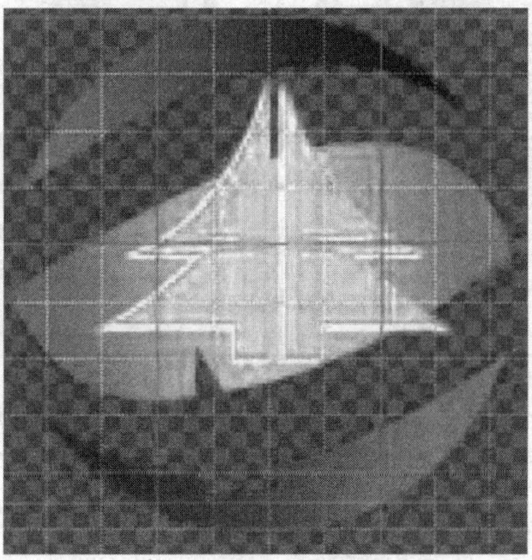

图 2-29 “2”“3”选区填充渐变色

(11) 使用文字工具输入“1951”,设置字体为“黑体”、11 磅、白色。

(12) 新建“图层 4”,按住 Shift 键单击椭圆选框工具画一个正圆,并填充前景色为白色。复制“图层 4”,将“图层 4 副本”的前景色改为蓝色。

(13) 选中“图层 4 副本”,执行“编辑”→“自由变换”→“缩放”命令将蓝色的正圆放大,效果如图 2-30 所示。

(14) 新建“图层 5”,按住 Shift 键单击椭圆选框工具画一个正圆。将光标放在圆弧的中心位置(即第一个字的起始位置),输入“辽宁林业职业技术学院”,如图 2-31 所示。

图 2-30　将蓝色的正圆放大

图 2-31　输入中文名字

(15) 使用钢笔工具画一个半弧路径,如图 2-32 所示。

(16) 沿路径,使用文字工具输入学校的英文名字,效果如图 2-33 所示。

图 2-32　画半弧路径

图 2-33　输入英文名字

说明

“网页三剑客”是一套强大的网页编辑工具,最初是由 Macromedia 公司开发出来的,由 Dreamweaver、Fireworks、Flash 三个软件组成,俗称“三剑客”。Fireworks 软件也可用 Photoshop 软件来代替。

任务 2.2 制作网站 Banner

▶任务目标

1. 能力目标

能够使用 Photoshop 制作网站 Banner。

2. 知识目标

(1) 掌握蒙版的概念与使用技巧。

(2) 掌握渐变工具的使用。

(3) 掌握文字工具的使用。

(4) 掌握“图层”面板的使用。

网站 Banner 是一种网络广告形式，一般由文字和图像组成，它的主要目的是吸引人的注意力，获得用户的关注。图 2-34 所示为某职业技术学院网站首页的 Banner 效果。

图 2-34 Banner 效果

▶任务知识

1. 蒙版的概念和作用

蒙版是一种特殊的选区，使用它的目的并不是对选区进行操作，而是要保护选区的内容不被操作。蒙版虽然是种选区，但它跟常规的选区有很大不同。常规的选区表现了一种操作趋向，即对所选区域进行处理；而蒙版却相反，它是对所选区域进行保护，让其免于操作，而对非选择的区域进行操作。

Photoshop 蒙版的主要作用有：抠图、作图的边缘淡化效果和图层间的融合。

在使用 Photoshop 等软件进行图像处理时，常常需要保护一部分图像，以使它们不受各种处理操作的影响，蒙版就是这样的一种工具。其作用就像一张布，可以遮盖住处理区域中的一部分，当我们对处理区域内的整个图像进行模糊、上色等操作时，被蒙版遮盖起来的部分就不会受到改变。

蒙版还可以达到这样的效果，即当蒙版的灰度色深增加时，被覆盖的区域会变得愈加透明，黑色为完全透明，白色为完全不透明。利用这一特性，可以用蒙版改变图片中不同位置的透明度，甚至可以代替橡皮工具在蒙版上擦除图像，而不影响到图像本身。

2. 蒙版的制作方法

制作蒙版的方法有以下几种。

(1) 先制作选区，然后单击“通道”面板中的“将选区存储为通道”按钮。

(2) 利用“通道”面板，首先创建一个 Alpha 通道，然后用绘图工具或其他编辑工具在该通道上编辑，以产生一个蒙版。

(3) 制作图层蒙版。

(4) 利用工具箱中的快速蒙版显示模式工具产生一个快速蒙版。

▶任务实施

某林业职业技术学院主页的 Banner 设计效果图是以楼体与树木为主体进行设计的。图片左侧为学院校徽与学院全名，右侧为学院校训。背景图片为楼梯与树木，寓意着学院直属林业部门，具有林业理想和与时俱进的林业精神。Banner 的制作过程如下。

(1) 运行 Photoshop CS6 软件，执行“文件”→“新建”命令，创建一个图片，设置宽度为 700 像素，高度为 100 像素，分辨率为 72 像素/英寸，颜色模式为 RGB 颜色，背景内容为透明色，双击图层解锁，如图 2-35 所示。

图 2-35　新建文件

(2) 执行“文件”→“打开背景图片”命令，双击图层解锁。执行“图像”→“调整”→“亮度/对比度”命令，调整图像的亮度/对比度，如图 2-36 所示。

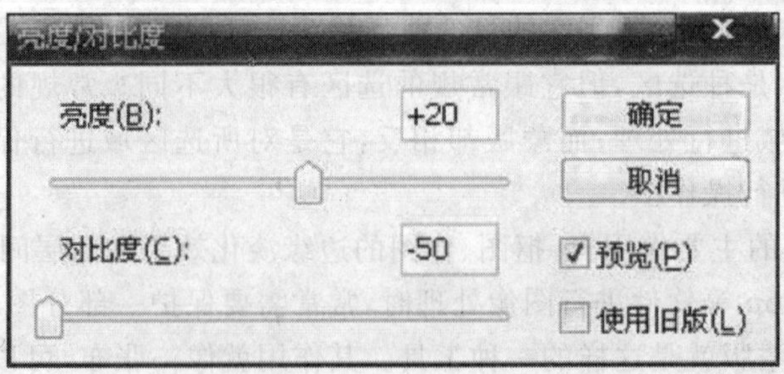

图 2-36　调整亮度/对比度

(3) 单击移动工具，按住鼠标左键，将图像拖曳到新建的文件中，然后执行“编辑”→“自由变换”命令，调整图像大小，如图 2-37 所示。

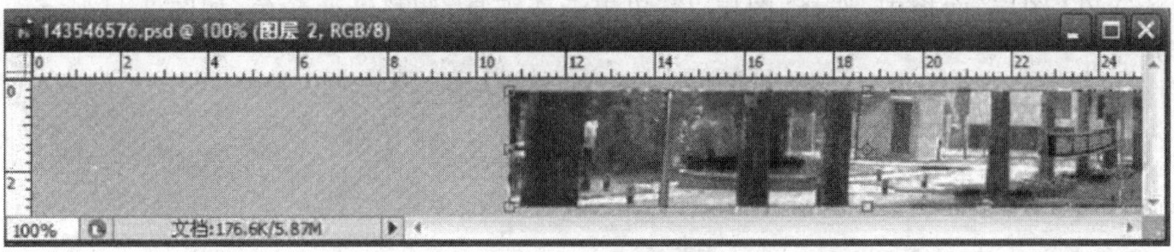

图 2-37 调整图像大小

(4) 新建"图层 1"。单击单行选框工具,设置填充色为灰色,绘制条纹图像。然后执行"编辑"→"自由变换"命令,将条纹图像旋转 45°。复制"图层 1",调整适当位置。选择"图层 1",执行"向下合并"操作,如图 2-38 所示,画布效果如图 2-39 所示。

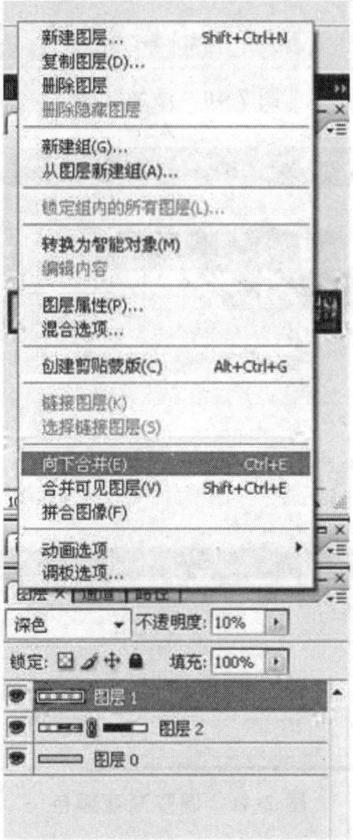

图 2-38 执行"向下合并"操作

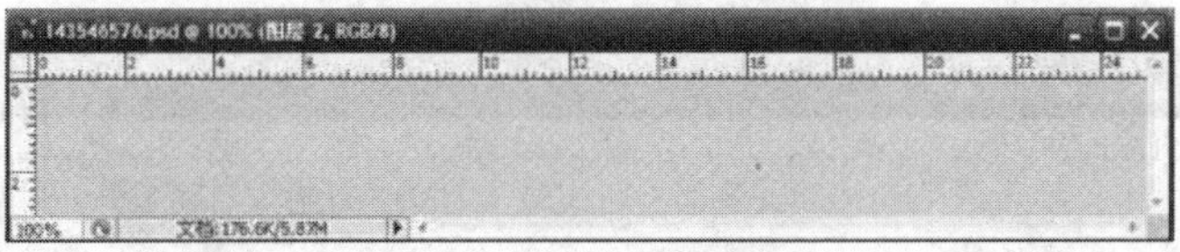

图 2-39 画布效果

(5) 在"图层"面板中,选择"图层 2",单击"添加矢量蒙版"按钮,给图像添加蒙版,如图 2-40所示。

(6) 在“图层”面板中，选择“图层 2”，单击渐变工具，调整渐变颜色，如图 2-41 所示。

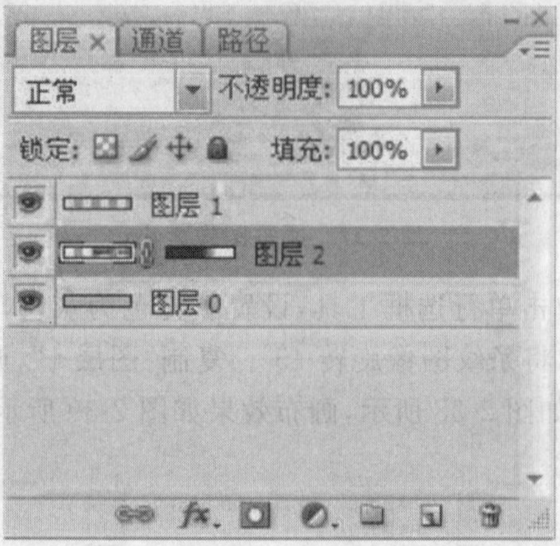

图 2-40　添加蒙版

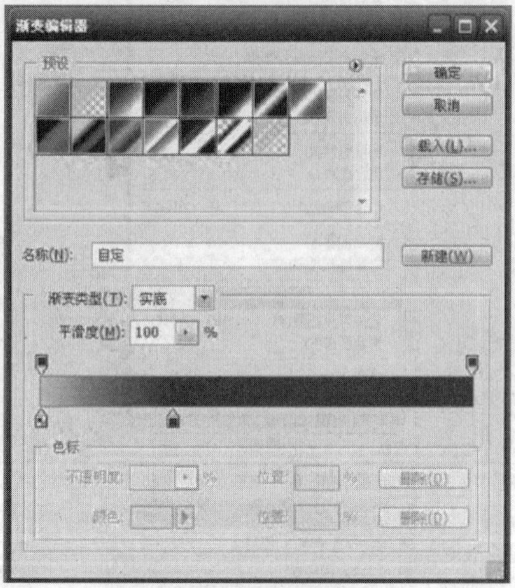

图 2-41　调整渐变颜色

(7) 在“图层”面板中选择“图层 2”，在画布中从右往左拖动产生渐变，调整到适当位置，效果如图 2-42 所示。

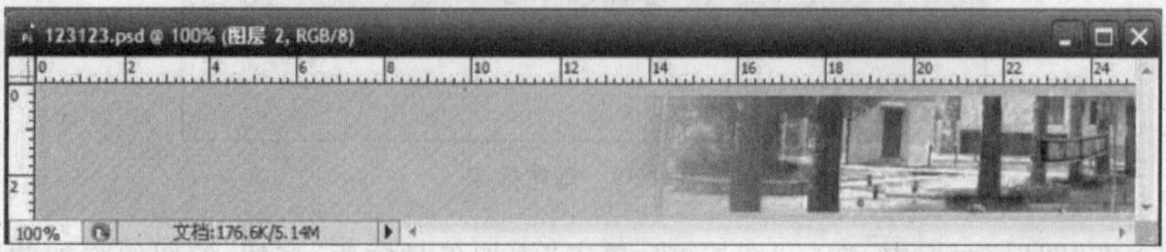

图 2-42　渐变效果

(8) 新建文字图层,单击横排文字工具输入"厚德 树人 励学 致用"8个字(中间有空格)。选中文字,填充白色,调整字体为黑体,大小为24点。在"图层"面板中,右击文字图层,选择"栅格化文字"命令。然后按住 Ctrl 键单击文字图层建立文字选区。执行"编辑"→"描边"命令,进行描边设置,如图 2-43 所示。描边效果如图 2-44 所示。

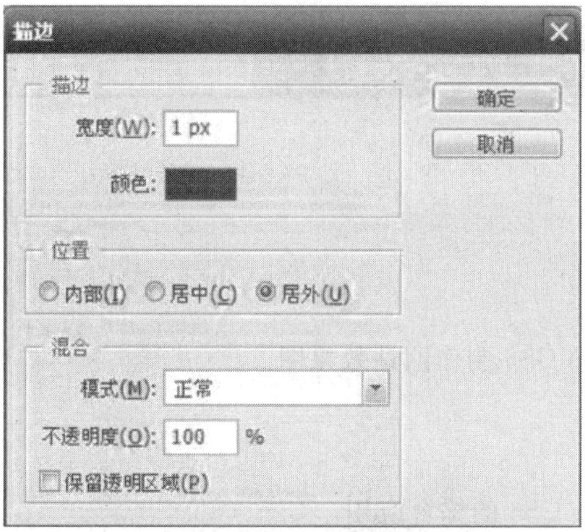

图 2-43　文字描边设置

图 2-44　描边效果

(9) 新建"图层 3",打开一张图片(以 liangninglinye.jpg 为例),然后使用移动工具将此图片拖曳到"图层 3"。执行"编辑"→"自由变换"命令,将图片调整到画布的适当位置,如图 2-45所示。

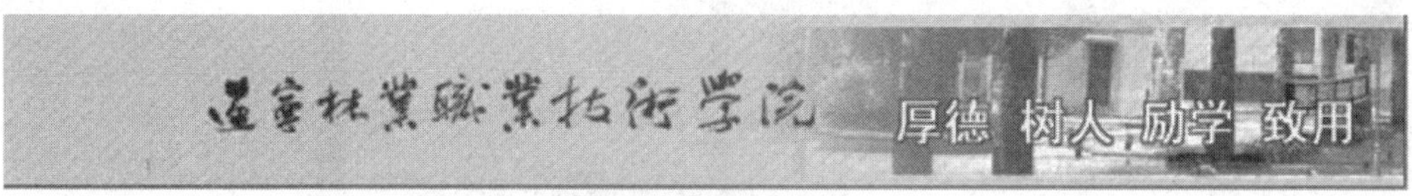

图 2-45　添加学校名称

(10) 新建"图层 4",另选择一张图片(以 xiaohui.jpg 为例)添加到文件中,移动到适当位置,最终效果如图 2-46 所示。

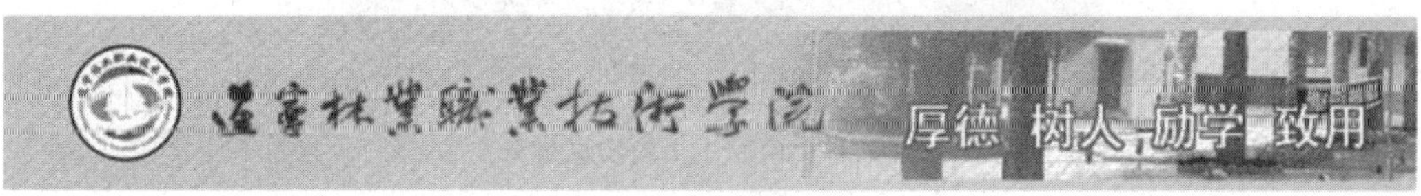

图 2-46　添加校徽效果

说明

Banner 分为动态和静态两种，静态 Banner 可以用 Photoshop 软件来制作，动态 Banner 一般使用 Flash 来制作。

任务 2.3 设计主页效果图

▶任务目标

1. 能力目标

能够使用 Photoshop CS6 制作网站效果图。

2. 知识目标

(1) 掌握 Photoshop CS6 的综合应用。

(2) 掌握图层合并技巧。

本任务要求按照已有的某职业技术学院网站的主页，使用 Photoshop CS6 软件来设计主页效果图。网站主页的布局效果如图 2-47 所示。

图 2-47 网站主页的布局效果

▶任务知识

1. 羽化和容差

羽化就是让选区边缘有渐变过渡，羽化值越大则模糊的范围越大，羽化值越小则模糊的范围越小，羽化值为 0 时选区边缘就是清晰的。

容差就是跟所点击位置的颜色相似程度，容差越大，选择的范围越大。

2. 图层

(1) 调整图层

调整图层是用于调整图像的色彩和色调的特殊图层，只包含色彩和色调信息，不包含任何图像。可以在不改变下一图层图像的前提下任意调整图像的色彩与色调。

(2) 填充图层

填充图层是一种由纯色、渐变效果或图案填充的图层。

在“图层”面板中双击调整图层或填充图层的缩览图，可以打开相应的填充选项对话框或调整选项对话框，可在对话框中修改填充或色彩的值。

(3) 创建图层组

执行“图层”→“新建”→“组”命令，在弹出的“新建组”对话框中设置各项参数即可新建图层组。

单击“图层”面板下方的“创建新组”按钮，即可新建图层组。

(4) 由链接图层创建图层组

对于已经建立了链接的若干个图层，可以快速地将它们创建为一个新的图层组。

① 在“图层”面板中选中要创建为图层组的链接图层中的任意一个，再执行“图层”→“选择链接图层”命令，可选中所有链接图层。

② 执行“图层”→“新建”→“从图层新建组”命令，弹出“从图层新建组”对话框。

③ 在“名称”文本框中输入图层组的名称，单击“确定”按钮，即可创建一个新的图层组，该图层组中包含了所有链接图层。

(5) 删除图层组

对于不需要的图层组，可以将其删除。

(6) Photoshop 中内置的图层样式

① 投影：在图层内容背后添加简单的投影效果。

② 内阴影：添加正好位于图层内容边缘内的阴影，使图层呈凹陷的外观效果(“外发光”和“内发光”是指在图层内容边缘的外部或内部增加发光效果)。

③ 斜面和浮雕：将各种高光和暗调组合添加到图层中。

④ 光泽：在图层内容根据图层的形状应用阴影，一般可创建光滑的磨光效果。

⑤ 描边:使用颜色、渐变或图案在当前图层的对象上描画轮廓。它对于硬边形状(如文字)特别有用。

▶任务实施

主页效果图的制作过程如下。

1. 整体布局

执行"文件"→"新建"命令,创建一个文件,设置宽度为1024像素,高度为1100像素,分辨率为72像素/英寸,颜色模式为RGB颜色。显示标尺,对页面进行布局,如图2-48所示。

新建"导航"图层,再新建"文字背景"图层。利用圆角矩形工具绘制各部分大致范围。单击"激活工具栏上的路径"按钮,在"文字背景"图层上绘制圆角矩形,如图2-49所示。

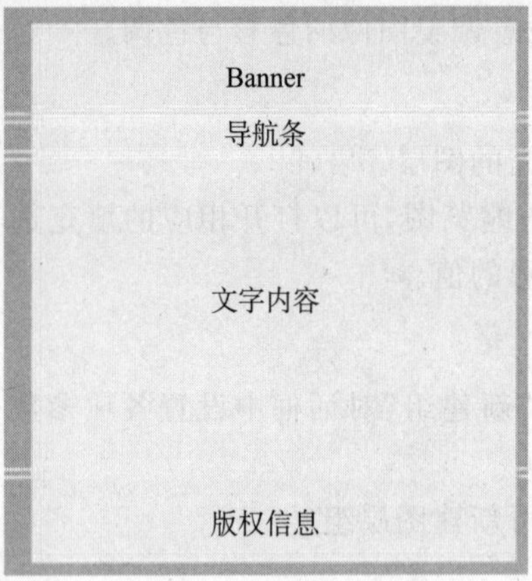

图 2-48 页面布局

图 2-49 绘制圆角矩形

打开"路径"面板,将路径作为选区载入按钮,填充白色背景,如图2-50所示。

用同样的方法在版权信息区域内填充颜色,如图2-51所示。

图 2-50 填充白色背景

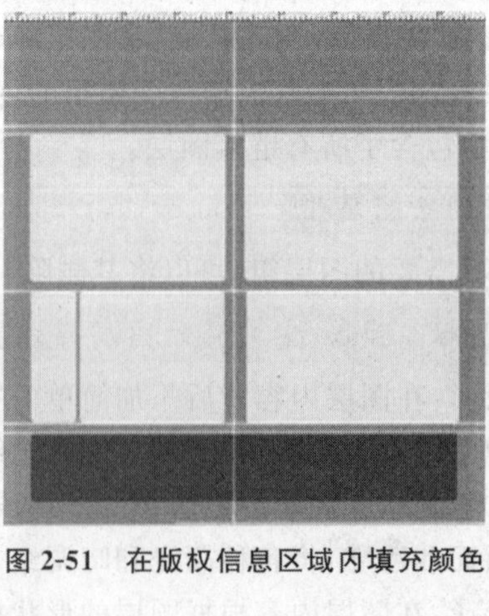

图 2-51 在版权信息区域内填充颜色

2. Banner 及导航部分

执行“文件”→“打开”命令(指定路径的 Banner),利用移动工具将 Banner 拖曳到当前页。单击选区工具,再在图片上右击,执行“自由变换”命令,可自由变换大小,也可在工具栏上调整大小百分比以及旋转角度。新建图层文件夹,命名为“导航”,在文件夹中新建“导航背景”图层。同样,利用圆角矩形工具,绘制导航条并载入选区填充颜色,如图 2-52 所示。

图 2-52 绘制导航条

新建图层,命名为“导航边缘”。按住 Ctrl 键单击“导航背景”图层载入选区。执行“编辑”→“描边”命令,描边设置如图 2-53 所示。利用标尺划分导航栏文字区域,如图 2-54 所示。

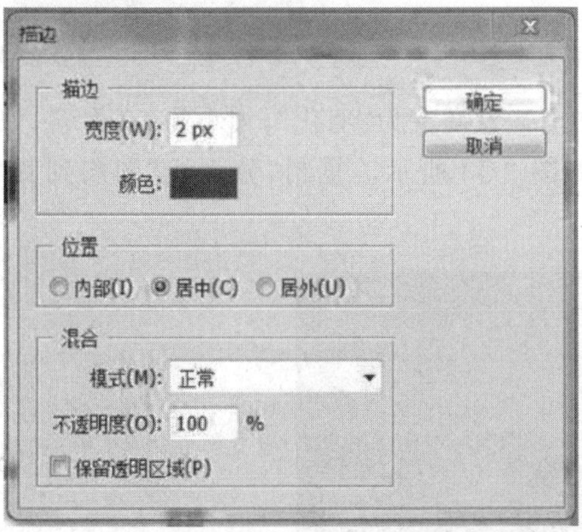

图 2-53 导航背景描边设置

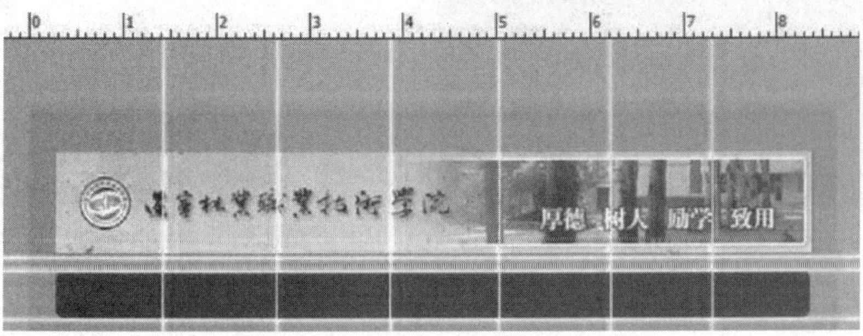

图 2-54 划分导航栏文字区域

在“导航”文件夹内新建图层，命名为“分割线”。利用单行选框工具贴合标尺进行绘制，填充白色，如图所示 2-55 所示。利用矩形选框工具将多余部分选中并按 Delete 键删除，如图 2-56 所示。

图 2-55　分割线填充白色

图 2-56　删除多余分割线

利用橡皮擦工具将画笔笔尖调整为“羽化”，大小为 60 像素，如图 2-57 所示。自下向上擦除白色分割线约 1/3，如图 2-58 所示。复制“分割线”图层到其他标尺位置，向下合并图层，如图2-59所示。

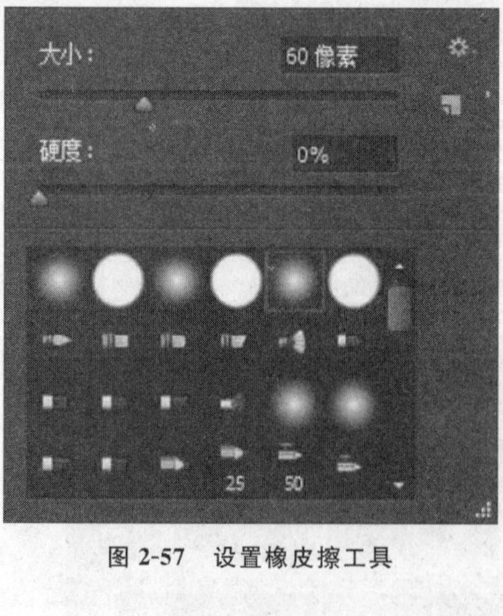

图 2-57　设置橡皮擦工具

图 2-58　擦除白色分割线约 1/3

图 2-59 复制“分割线”图层

双击“分割线”图层，弹出“图层样式”对话框，单击“斜面和浮雕”选项进入编辑界面。在“样式”列表中选择“枕状浮雕”，如图 2-60 所示。

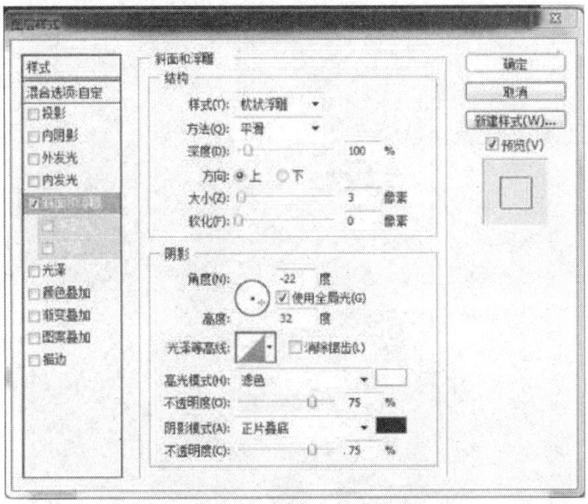

图 2-60 “图层样式”对话框

在“图层”面板中选择“色相”模式，如图 2-61 所示。导航条的效果如图 2-62 所示。

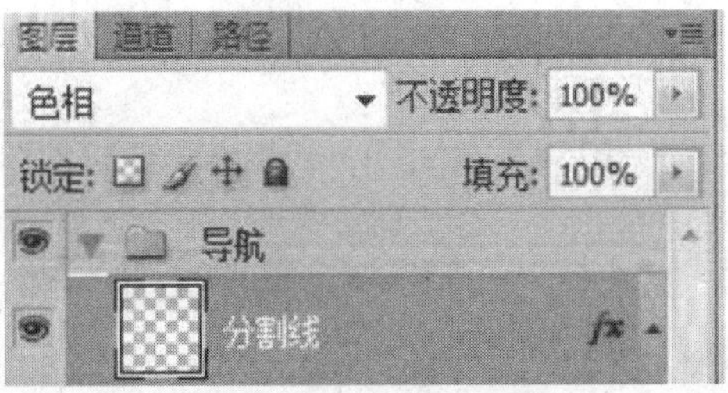

图 2-61 “图层”面板

图 2-62 导航条的效果

打开斜面素材，将素材拖曳到导航上面，如图 2-63 所示。在图层显示模式区域选择线性加深，效果如图 2-64 所示。

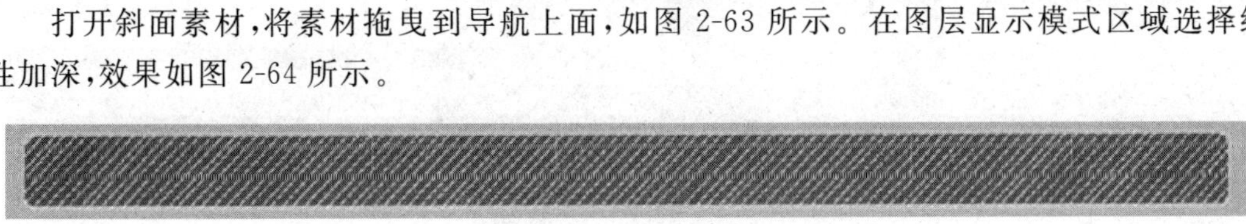

图 2-63 加载斜面素材

图 2-64　线性加深

新建图层“导航边缘花纹”。选择画笔工具为花纹笔刷，如图 2-65 所示。

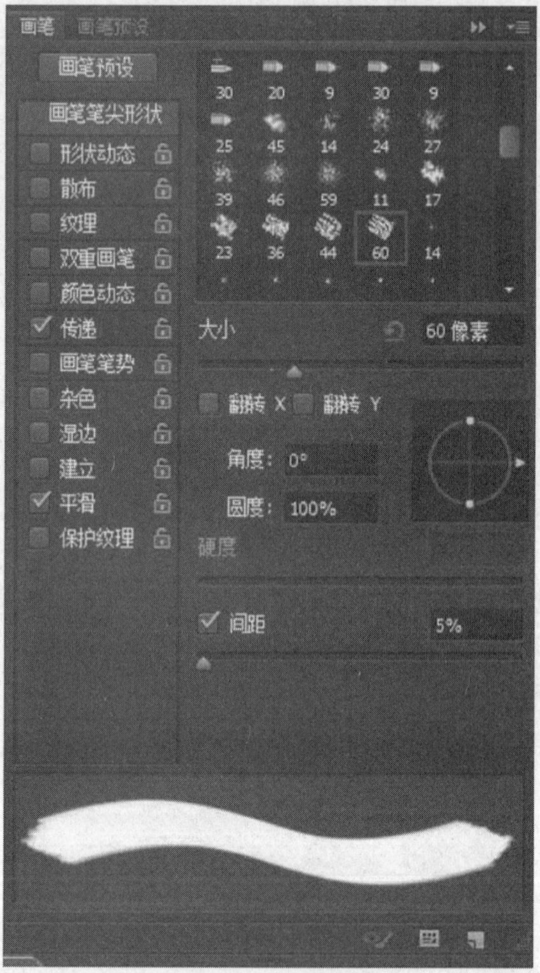

图 2-65　选择画笔

拾取前景色，用画笔绘制花纹，然后用移动工具将花纹移动到导航条边沿。调整图层显示为点光，关闭“导航”文件夹，效果如图 2-66 所示。

图 2-66　导航条最终效果

3. 按钮制作及网页其他内容丰富

在①区域内绘制花边底纹，如图 2-67 所示。

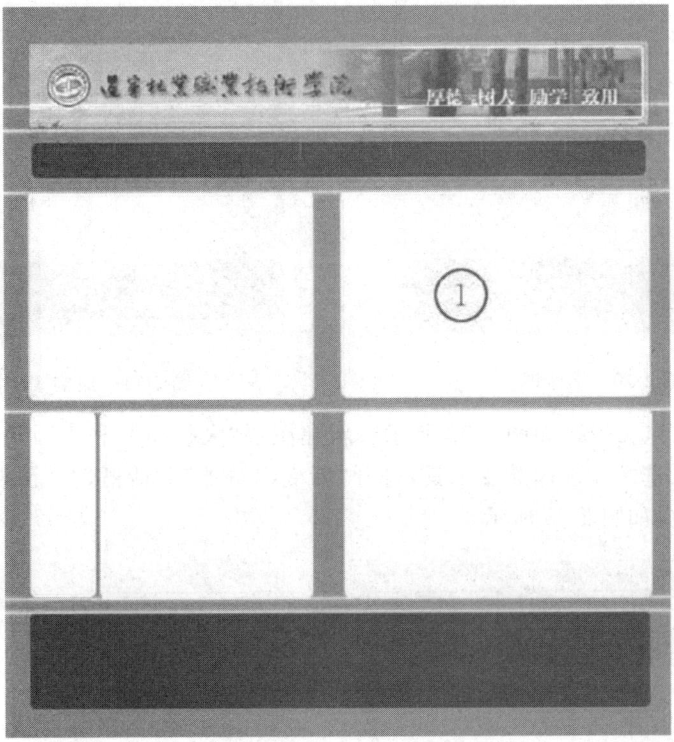

图 2-67 ①区域

选择画笔笔尖为图腾类型。新建图层，在①区域内绘制花纹，如图 2-68 所示。调整花纹所在图层的不透明度为 10%，效果如图 2-69 所示。

图 2-68 绘制花纹

图 2-69 调整花纹图层的不透明度

新建图层“小按钮”，在②区域内(见图 2-70)利用圆角矩形工具绘制 3 个按钮图形，载入选区并填充颜色，添加小图标，并输入相应文字，如图 2-71 所示。

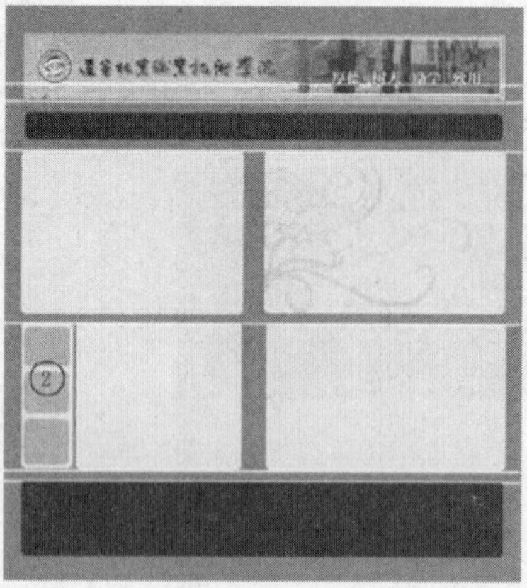

图 2-70 ②区域

图 2-71 绘制 3 个按钮

利用标尺划分③区域，如图 2-72 所示。新建图层“大按钮”，利用圆角矩形工具绘制一个大按钮，并载入选区。选择渐变工具，打开“渐变编辑器”对话框，在“预设”中选择半透明样式，并调整颜色，如图 2-73 所示。

图 2-72 ③区域

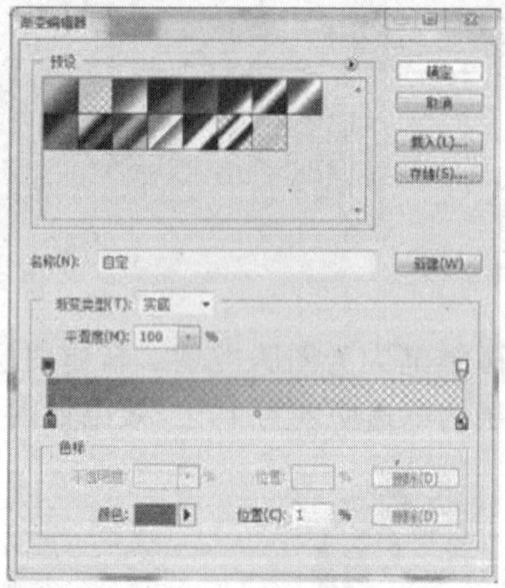

图 2-73 “渐变编辑器”对话框

自下向上进行渐变填充，渐变效果如图 2-74 所示。

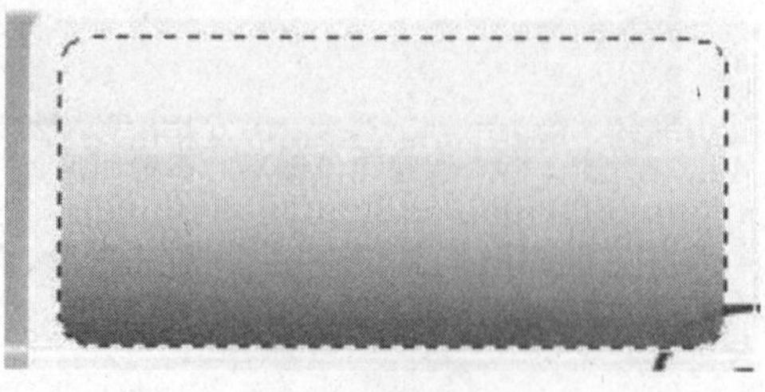

图 2-74 渐变效果

图 2-75 复制“大按钮”图层

复制“大按钮”图层，如图 2-75 所示。向下合并“大按钮”图层，调整“大按钮”图层的不透明度为 15%，如图 2-76 所示。

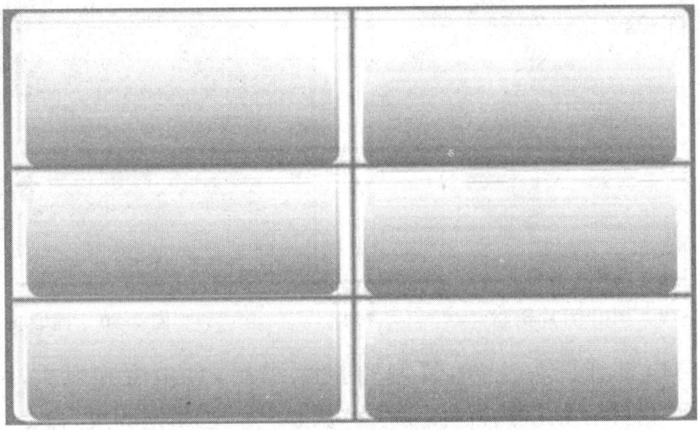

图 2-76 调整“大按钮”图层的不透明度

添加按钮上的图标和相应文字，如图 2-77 所示。将友情链接的图标添加到底部，输入文字，如图 2-78 所示。

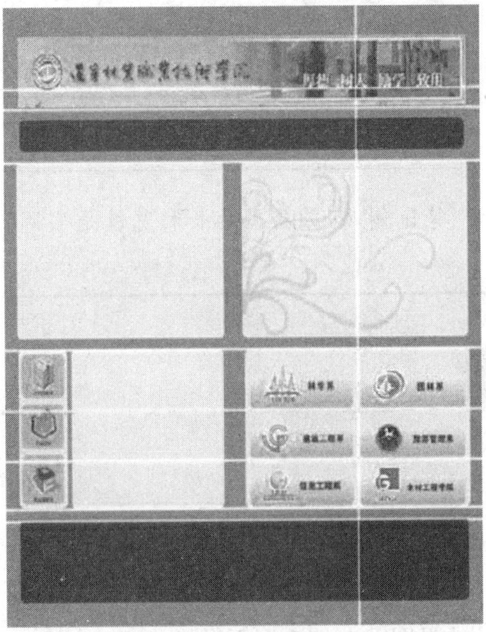

图 2-77 添加大按钮图标和文字

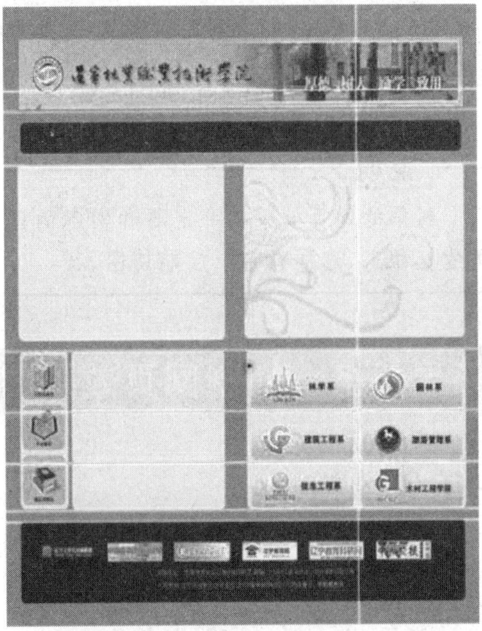

图 2-78 添加友情链接图标和文字

4. 添加网页上的树叶装饰

选择一张树叶图片素材，如图 2-79 所示，利用魔棒工具将树叶提取出来并将多余的白色部分删去，如图 2-80 所示。

图 2-79　树叶图片素材

图 2-80　提取树叶

将“树叶”图层拖曳到图片上方，复制“树叶”图层，自由变换其大小和形状，效果如图 2-81所示。选择“树叶”图层，执行“图像”→“调整”→“色相饱和度”命令，调整其饱和度为－30，效果如图 2-82所示。

图 2-81　树叶效果

图 2-82　调整饱和度

说 明

制作的网页效果图一定要和实际的网页大小等比例，即效果图的长和宽就是实际网页的长和高，这样有利于后期切图。

拓展任务　切割网页效果图

▶任务目标

1. 能力目标

会使用 Photoshop CS6 的切片工具切割网站效果图并存储为网页形式。

2. 知识目标

掌握切片工具的使用方法。

利用切片工具将“美地庄园”主页效果图切割成若干小图片，如图 2-83 所示。

图 2-83　“美地庄园”主页

▶任务知识

1. 切片在网页制作中的作用

网页上的图片较大时，浏览器下载整个图片需要花很长的时间。切片的使用使得整个图片分为多个不同的小图片分开下载，这样用户等候图片下载的时间就大大地缩短了。Photoshop 中的切片工具就是将画布窗口切分为几个矩形热区切片。

2. 切片的技巧

网页制作时，总体上要把握一个原则，能用 CSS 写的，坚决不要用图片。经验告诉我们，很多的网站打开首页图片会很慢。一是因为图片多，需要下载的文件大小就增大；二是每一个图片下载都会对服务器有一个请求，增加了浏览器与服务端的交互次数。如果能把纯色的部分用 CSS 来写，就会极大提高网站的运行效率。刚开始学习制作网页时，大家就会想当然地认为怎么样能加快制作速度就怎么来，于是把一个导航条的背景直接切成图片，而后期写 HTML 代码时就会明白不能这么做。用 DIV 定义好宽和高设置背景色和边框，一行代码就可以完成。如果遇到有渐变色的背景，可以沿着与渐变色相同方向切一个像素的条纹，用 CSS 中 background 元素的 repeat-x 或 repeat-y 属性来自动填充。

对于有圆角的导航条图片，可以将两边的圆角部分单独切出来，中间如果有渐变色，也是只切一个像素的条纹，切出来的三个条纹可以合并到一张图片里（上、中、下），使网页中使用的时候用 CSS 中的 position 属性来定位图片出现的位置。

在切割效果图的过程中，对于图片的保存格式也有讲究。一般来说，用图像工具（如 Photoshop）制作的色彩绚丽的按钮或图标一般都存成 PNG 格式，而用相机拍摄的风景或人物、物体图像多用 JPG 格式保存，GIF 一般用来存储含有简单动画效果的图像。另外需要注意的是，如果图片中使用了透明效果，要存储成 PNG-8 的格式，PNG 的其他格式要么不支持透明，要么保存时文件要大很多，PNG-8 是“性价比”最高的。

图标一般用 PNG 格式。对于用作背景或衬托效果的颜色较多的图片，保存图片时尽可能从清晰度和图片大小中找到一个平衡，既保证图片尽可能小又不失真，这点就要凭个人经验，因为每个人的标准不同。千万不能不压缩图片直接放上去，然后靠 width 和 height 来进行限制，这样做是自欺欺人，浏览器会先把大图片下载到本地，然后用样式强制将它压缩，显示不但不会更清楚，反而会失真。这一点不仅是针对首页切图，在网站的内容上传时最好也要养成良好的习惯，特别是新闻的配图。现在的相机效果越来越好，拍出来的图片一般都有几兆字节，一定要对图片进行处理后再上传，可将图片的宽度处理为 500～600 像素之间，高度自动等比例即可。

切好图片的命名也要养成良好的习惯，最好的命名习惯就是见名知意。有些网站的图片使用切图工具软件批量切割的，命名很不规范，比如 index_01、index_02、index_02_01 等有规则但无意义的名字。其实图片命名本身的意义并不是很大，因为这个名字只有浏览器加载的时候才会用，但是，对于一个扩展性强的网站来说，在进行改版和维护的时候，如果要更换某些网站图片，就需要一个一个地从浏览器中键查看图片地址，记下每一个长长的没有规律的图片名称，操作很麻烦，所以，在保存图片时就给它起一个有意义的名字是很必要的。

关键知识点：切片工具的作用是将画布窗口切分出几个矩形热区切片。

▶任务实施

使用切片工具进行切图的过程如下。

(1) 单击切片工具，对“美地在园”主页图片进行切片，将整个网页分成若干小图片。

(2) 执行“文件”→“存储为 Web 格式”→“存储”命令，再将文件命名为英文或数字，并选择存储的位置，保存类型为“HTML 和图像”。

习题

1. 使用钢笔工具制作林学系 Logo（见图 2-84）和园林系 Logo（见图 2-85）。

图 2-84　林学系 Logo 效果

图 2-85　园林系 Logo 效果

2. 使用文字和渐变工具制作信息工程系 Logo(见图 2-86)。

图 2-86 信息工程系 Logo 效果

3. 制作信息工程系首页效果图(见图 2-87),并将效果图进行切片。

图 2-87 信息工程系首页效果图

4. 制作建筑工程系首页效果图(见图 2-88),并对效果图进行切片。

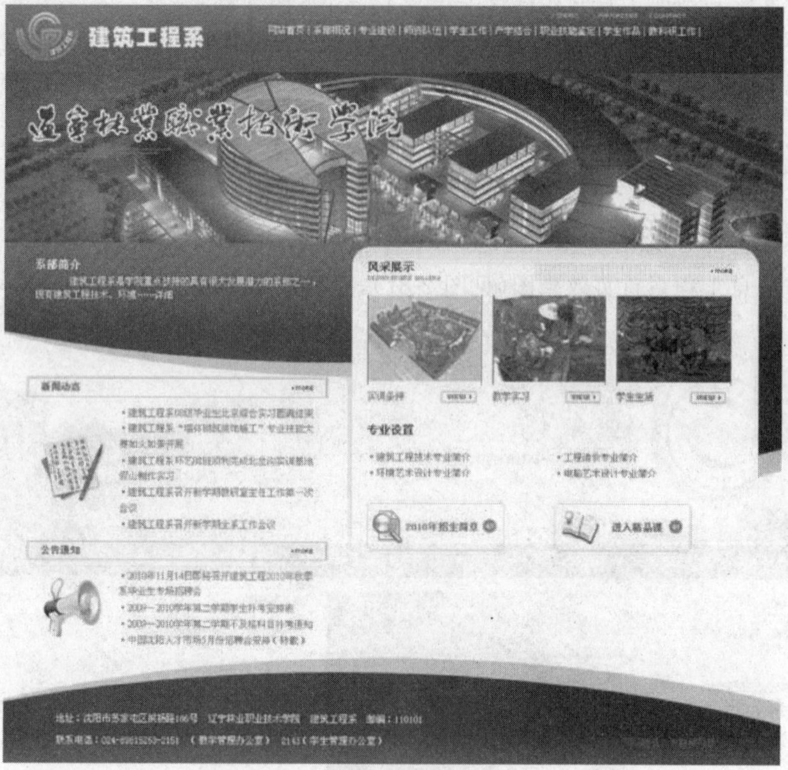

图 2-88　建筑工程系首页效果图

项　目　3

使用Dreamweaver创建基本网页

文本与图像是网页中十分重要的部分，担负着传递信息的重要任务，网络上的大部分网页都包含文字及图像信息。虽然多媒体信息在网页中所占的比例越来越大，但是网页中文字与图像的主导地位是不可替代的。本项目主要讲述 Dreamweaver CS6 的操作界面，以及使用 Dreamweaver CS6 创建站点、新建网页、保存网页、修改页面属性、添加文本、添加图像、图文混排、插入特殊字符等。

本项目包括以下任务。

任务 3.1　创建网站站点。

任务 3.2　创建网站“学院概况”页面。

任务 3.3　创建网站“校园风采”页面。

拓展任务　制作鼠标经过图像时的变换效果。

任务 3.1　创建网站站点

▶任务目标

规划好站点结构后，应该先在 Dreamweaver 中定义站点，然后才能进行开发。本任务中，定义站点名称为“信息工程”，使用的本地根文件夹为 D:\xxgc，默认图像文件夹为 D:\xxgc\images，如图 3-1 和图 3-2 所示。站点结构如图 3-3 所示。

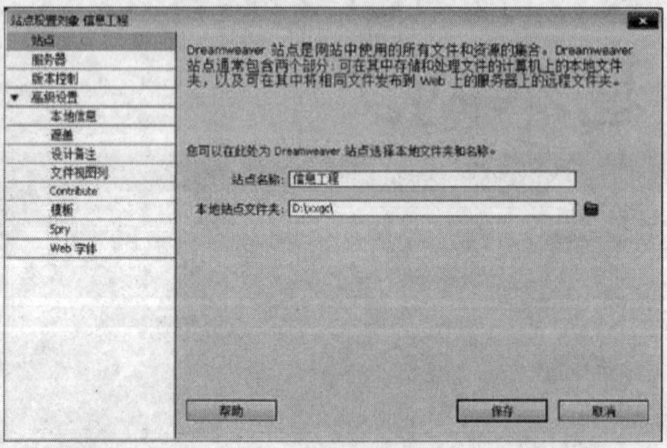

图 3-1　站点设置

1. 能力目标

能够使用 Dreamweaver CS6 建立本地站点。

2. 知识目标

（1）熟悉 Dreamweaver CS6 的基本操作。

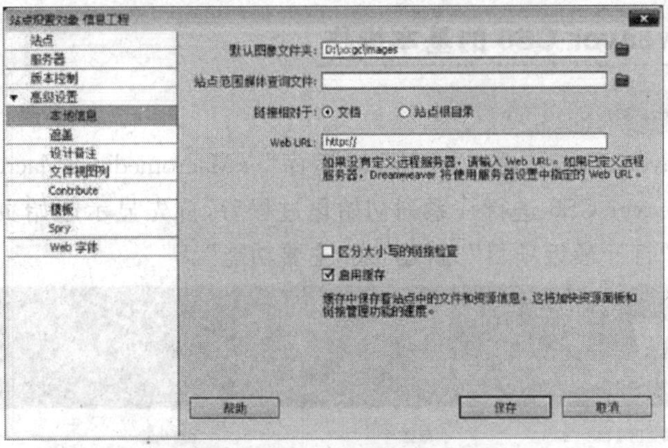

图 3-2 站点本地信息设置

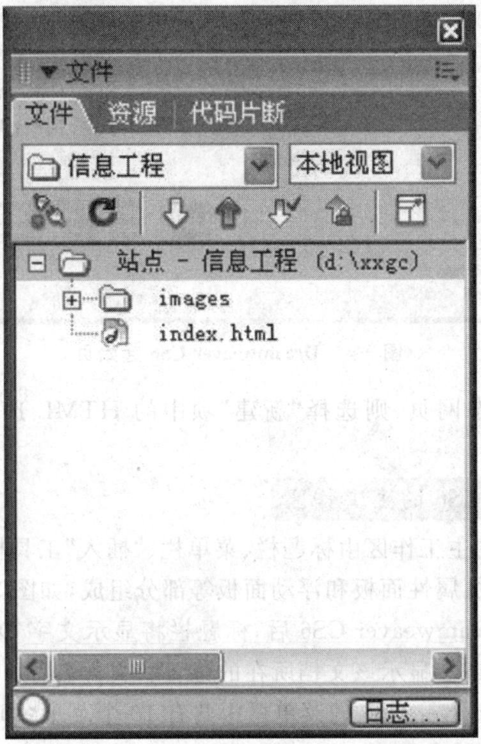

图 3-3 站点结构

(2) 掌握建立本地站点的方法。

▶任务知识

Dreamweaver 是优秀的可视化网页设计制作工具，它不仅可以来制作兼容不同浏览器和版本的网页，同时还具有很强的站点管理功能，是一种所见即所得的网页编辑工具。

1. Dreamweaver CS6 的基本操作

(1) Dreamweaver CS6 的启动

安装 Dreamweaver CS6 后，选择“开始”→“程序”→Macromedia→Macromedia Dreamweaver CS6 命令，Dreamweaver CS6 进行一系列初始化过程后，首先显示起始页，如图 3-4 所示，在起始页中可以选择“打开最近项目”“新建”或“主要功能”。

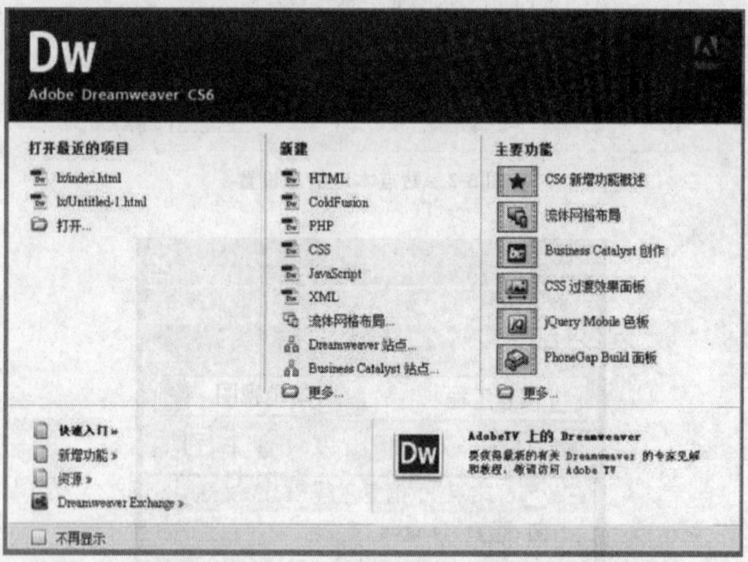

图 3-4　Dreamweaver CS6 起始页

如果要创建新的静态网页，则选择“新建”项中的 HTML 选项，将进入 Dreamweaver CS6 的主工作区。

(2) Dreamweaver CS6 的主工作区

Dreamweaver CS6 的主工作区由标题栏、菜单栏、“插入”工具栏、“文档”工具栏、“标准”工具栏、文档窗口、状态栏、属性面板和浮动面板等部分组成，如图 3-5 所示。

① 标题栏。启动 Dreamweaver CS6 后，标题栏将显示文字 Dreamweaver CS6，新建或打开一个文档后，在后面还会显示该文档所在的位置和文件名称。

② 菜单栏。Dreamweaver CS6 的菜单栏中共有 10 个菜单，即“文件”“编辑”“查看”“插入”“修改”“格式”“命令”“站点”“窗口”和“帮助”。

文件：用来管理文件，例如新建、打开、保存、另存为、导入和输出打印等。

编辑：用来编辑文本，例如剪切、复制、粘贴、查找、替换和参数设置等，还提供了对 Dreamweaver菜单中“首选参数”的访问。

查看：用来切换视图模式以及显示、隐藏标尺、网格线等辅助视图功能。

插入：用来插入各种元素，例如图片、多媒体组件、表格、框架及超链接等。

修改：具有对页面元素修改的功能，例如在表格中插入表格、拆分/合并单元格、对齐对象等。

图 3-5 Dreamweaver CS6 的主工作区

格式:用来对文本进行操作,例如设置文本格式等。

命令:包含所有的附加命令项。

站点:用来创建和管理站点。

窗口:用来显示和隐藏控制面板,以及切换文档窗口。

帮助:联机帮助功能,例如按 F1 键,就会打开电子帮助文本。

③"插入"工具栏。"插入"工具栏集成了所有可以在网页应用的对象,包括"插入"菜单中的选项。"插入"工具栏其实就是图标化了的插入指令,通过一个个的按钮,可以很容易地加入图像、声音、多媒体动画、表格、图层、框架、表单、Flash 和 ActiveX 等网页元素。

④"文档"工具栏。"文档"工具栏中的按钮使用户可以在文档的不同视图间快速切换。"文档"工具栏中还包含一些与查看文档、在本地和远程站点间传输文档有关的常用命令和选项,如图 3-6 所示。

代码视图仅在文档窗口中显示页面的代码,适用于代码的直接编写,如图 3-7 所示。

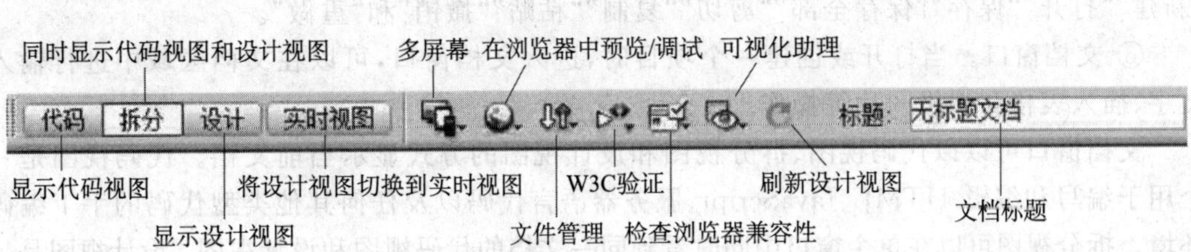

图 3-6 "文档"工具栏的常用命令和选项

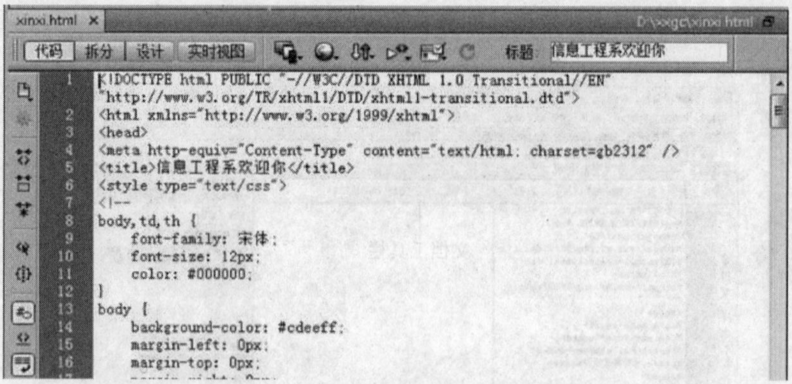

图 3-7　代码视图

拆分视图能够同时显示代码视图和设计视图，即在文档窗口的一部分中显示代码视图，而在另一部分显示设计视图，如图 3-8 所示。

图 3-8　拆分视图

设计视图仅在文档窗口中显示页面的设计界面，如图 3-9 所示。

⑤“标准”工具栏。“标准”工具栏包含来自“文件”和“编辑”菜单中的一般操作的按钮：“新建”“打开”“保存”“保存全部”“剪切”“复制”“粘贴”“撤销”和“重做”。

⑥ 文档窗口。当打开或创建一个项目时，进入文档窗口，可以在文档区域中进行输入文字、插入表格和编辑图片等操作。

文档窗口可以以代码视图、拆分视图和设计视图的方式显示当前文档。代码视图是一个用于编写和编辑 HTML、JavaScript、服务器语言代码以及任何其他类型代码的手工编码环境。拆分视图可以在单个窗口中同时看到同一文档的代码视图和设计视图。设计视图是一个用于可视化页面布局、可视化编辑和快速应用程序开发的设计环境，在该视图中，Dreamweaver 显示文档的完全可编辑的可视化表示形式，类似于在浏览器中查看页面时看到的内容。

图 3-9 设计视图

⑦ 状态栏。文档窗口底部的状态栏提供与正创建的文档有关的其他信息，如图 3-10 所示。

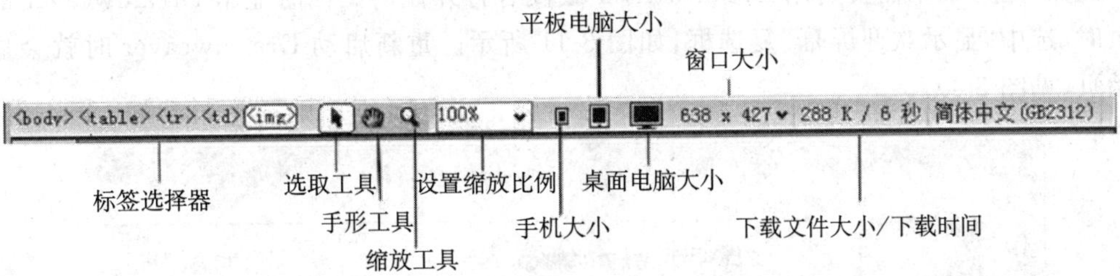

图 3-10 状态栏

标签选择器：显示当前选定内容的标签的层次结构，单击该层次结构中的任何标签可以选择该标签及其全部内容，例如单击<body>可以选择文档的整个正文。标签选择器是选择标签的首选方法，因为它可以确保始终准确地选择标签。

手形工具：可以通过单击文档将其拖入文档窗口，单击选取工具可禁用手形工具。

缩放工具和设置缩放比例弹出式菜单：可以为文档设置缩放比例。

手机大小：按屏幕大小为 480×800 像素来显示网页。

平板电脑大小：按屏幕大小为 768×1024 像素来显示网页。

桌面电脑大小：按屏幕大小为 1000 像素宽来显示网页。

窗口大小弹出式菜单：仅在“设计”视图中可见，用来将文档窗口的大小调整到预定义或自定义的尺寸。

其他：窗口大小弹出式菜单的右侧是页面全部相关的文件，如图像和其他媒体文件的文档大小和估计下载时间。

⑧ 属性面板。属性面板并不是将所有的属性加载在面板上，而是根据选择的对象来动

态显示对象的属性，属性面板的状态完全是随当前在文档中选择的对象来确定的。例如，当前选择了一幅图像，那么属性面板上就出现该图像的相关属性；如果选择了表格，那么属性面板会相应的变化成表格的相关属性。

⑨ 浮动面板。其他面板可以统称为浮动面板，这些面板都浮动于编辑窗口之外。在初次使用 Dreamweaver CS6 的时候，这些面板根据功能被分成了若干组。在“窗口”菜单中，选择不同的命令可以打开“基本”面板、“设计”面板、“代码”面板、“应用程序”面板、“资源”面板组和“其他”面板。

2. Dreamweaver CS6 的参数设置

在使用 Dreamweaver 之前，用户有必要对 Dreamweaver 的工作环境进行设置，使以后的设计工作更加有效和顺利。一般设置的参数有常规参数、新建文档参数和站点参数，这些都是开始创建站点、设计网页前需要考虑的因素。

(1)“常规”参数设置

执行“编辑”→“首选参数”命令，或按 Ctrl+U 键，打开“首选参数”对话框。选择“分类”列表中的“常规”选项，对话框右侧显示出相关的属性，通常设置的属性有“文档选项”和“编辑选项”。

例如，用户如果需要启用 Dreamweaver 或没有打开任何文档时显示 Dreamweaver 的起始页时，选中“显示欢迎屏幕”复选框，如图 3-11 所示。重新启动 Dreamweaver 时就会显示起始页(见图 3-4)。

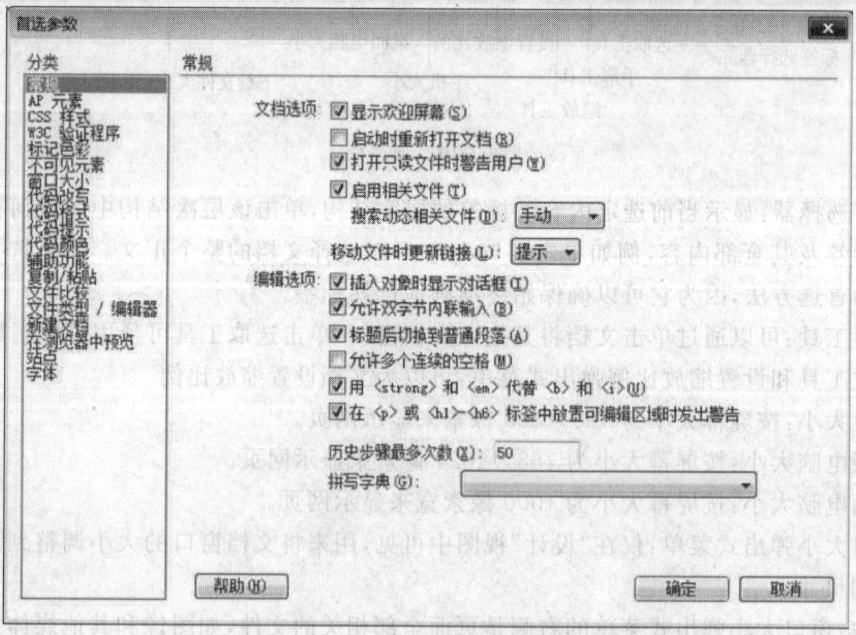

图 3-11 “常规”参数设置

在“常规”参数设置的“编辑选项”中，有一个很重要的设置是“用＜strong＞和＜em＞代替＜b＞和＜i＞”，该选项指定 Dreamweaver 每当应用＜b＞标签的操作时改为应用＜strong＞标签，每当应用＜i＞标签的操作时改为应用＜em＞标签。此类操作包括在属性面板中单击粗体或斜体按钮，以及执行“格式”→“样式”→“粗体”命令或“格式”→“样式”→“斜体”命令。如果用户需要在文档中使用＜b＞和＜i＞标签，取消选择此选择即可。

(2)“新建文档”参数设置

“新建文档”参数用于设置默认的新建文档类型和首选参数。选择“分类”列表中的“新建文档”选项，对话框右侧显示出相关的属性，如图 3-12 所示。

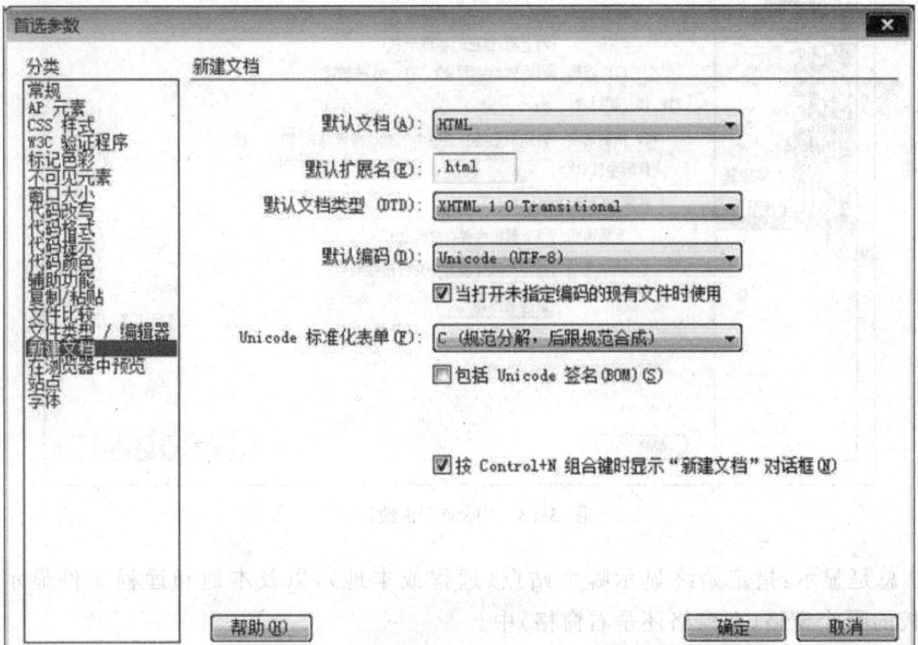

图 3-12 “新建文档”参数设置

如果需要设置新文档参数，可以执行以下操作。

① 设置默认文档类型。如果需要设置要打开的默认文档类型，可以在“默认文档”下拉列表框中选择创建新页面时所基于的文档。如果选择 HTML 作为默认文档，可以在“默认扩展名”文本框中为新建的 HTML 页面指定文件扩展名(.htm 或 .html)，HTML 页面默认的文件扩展名是 .html。用户可以根据自己的习惯更改文件名，例如，本书中将 HTML 页面默认的文件扩展名设置为 .html，如图 3-12 所示。注意，其他文件类型禁用此选项。如果要使用的新页面符合 XHTML 规范，可以从“默认文档类型”下拉列表中选择一种 XHTML 文档类型定义。

② 设置文档默认编码。如果要设置文档编码，可以在“默认编码”下拉列表框中选择。“默认编码”用于指定在创建页面时使用的编码，以及指定在未指定任何编码的情况下打开一个文档时要使用的编码。如果选择 Unicode(UTF-8)作为文档编码，则不需要实体编码，

因为 UTF-8 可以安全地表示所有字符。如果选择“其他文档编码”，则可能需要用实体编码来表示某些字符。

(3)“站点”参数设置

选择“分类”列表中的“站点”选项，对话框右侧则显示出相关的属性，用于为“文件”面板设置站点首选参数，如图 3-13 所示。各个参数的含义说明如下。

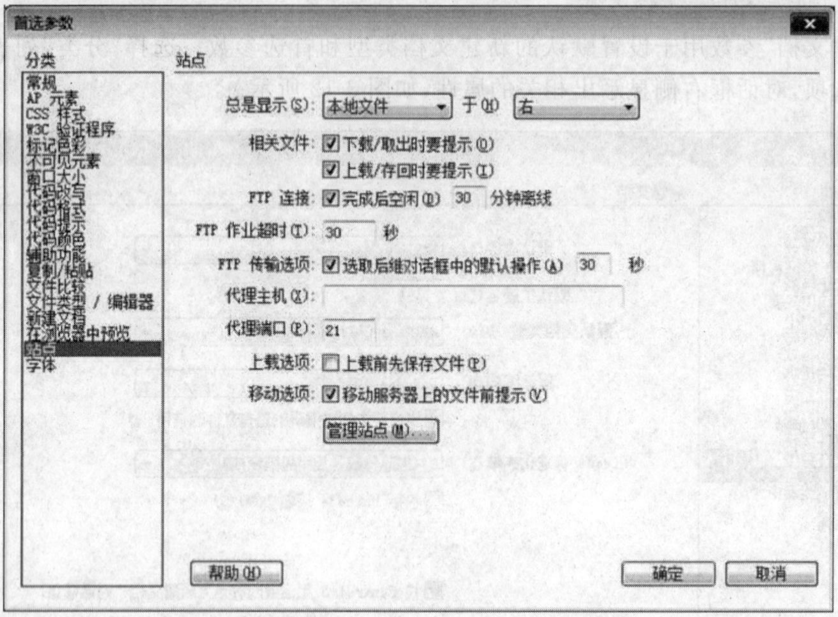

图 3-13 “站点”参数设置

① 总是显示：指定始终显示哪个站点(远程或本地)，以及本地和远程文件显示在“文件”面板的哪个窗格(左窗格还是右窗格)中。

② 相关文件：浏览器加载 HTML 文件时，显示加载的相关文件(如图像、外部样式表和 HTML 文件中引用其他文件)的提示。

③ FTP 连接：在没有任何活动的时间超出指定时间时，确定是否终止与远程站点的连接。

④ FTP 作业超时：指定 Dreamweaver 尝试与远程服务器进行连接所用的时间。

⑤ FTP 传输选项：在文件传输过程中显示对话框时，如果经过指定的时间用户没有响应，设置 Dreamweaver 是否执行默认操作。

⑥ 代理主机：指定从防火墙后面与外部服务器连接时所使用的代理服务器的地址。

⑦ 代理端口：指定通过防火墙中的哪个端口与远程服务器相连。如果用户不使用端口 21(FTP 的默认端口)进行连接，则需要在此处输入端口号。

⑧ 上载选项：确定在将文件上载到远程站点前自动保存未保存的文件。

⑨ 移动选项：移动服务器上的文件前提示用户是否移动。

⑩ 管理站点：打开“管理站点”对话框，用户可以在该对话框中编辑现有的站点或创建新站点。

3. 制作简单网页的步骤

通常情况下，制作网页的步骤如下。

(1) 创建网站站点。

(2) 新建与保存网页。

(3) 页面属性设置。

(4) 制作页面。

4. 本地站点的搭建与管理

要制作一个能够被大家浏览的网站，首先需要在本地磁盘上制作这个网站，然后把这个网站传到互联网的 Web 服务器上。放置在本地磁盘上的网站被称为本地站点，位于互联网 Web 服务器里的网站被称为远程站点。Dreamweaver CS6 提供了对本地站点和远程站点强大的管理功能。

(1) 规划站点结构

网站是多个网页的集合，这种集合不是简单的集合，一般包括一个首页和若干个分页。为了达到最佳效果，在创建任何 Web 站点页面之前，都要对站点的结构进行设计和规划，决定要创建多少页，每页上显示什么内容，页面布局的外观以及各页是如何互相链接起来的。

我们可以通过把文件分类放置在各自的文件夹里，使网站的结构清晰明了，便于管理和查找。

(2) 站点管理

在 Dreamweaver CS6 中可以有效地建立并管理多个站点，可以导入事先导出的站点(*.ste)，也可以通过新建站点完成站点的建立。

在搭建站点前，要先在自己的计算机硬盘上新建一个以英文或数字命名的空文件夹。

选择“站点”→“管理站点”命令，打开“管理站点”对话框，如图 3-14 所示。

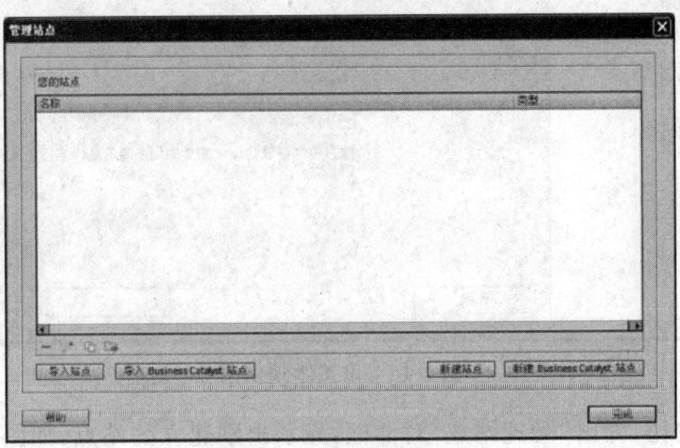

图 3-14 “管理站点”对话框

单击"新建"按钮，弹出"站点设置对象"对话框，如图 3-15 所示。在"站点名称"文本框中输入一个站点名字以在 Dreamweaver CS6 中标识该站点。在"本地站点文件夹"列表框中，选择网页所保存的文件夹。

选择"高级设置"选项，出现下拉菜单，设置本地信息，指定默认图像文件夹，如图 3-16 所示。

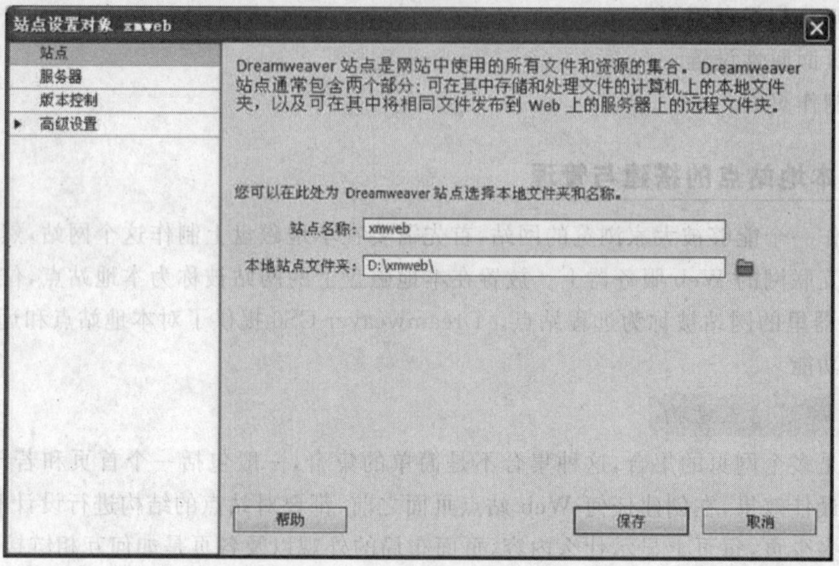

图 3-15 "站点设置对象"对话框

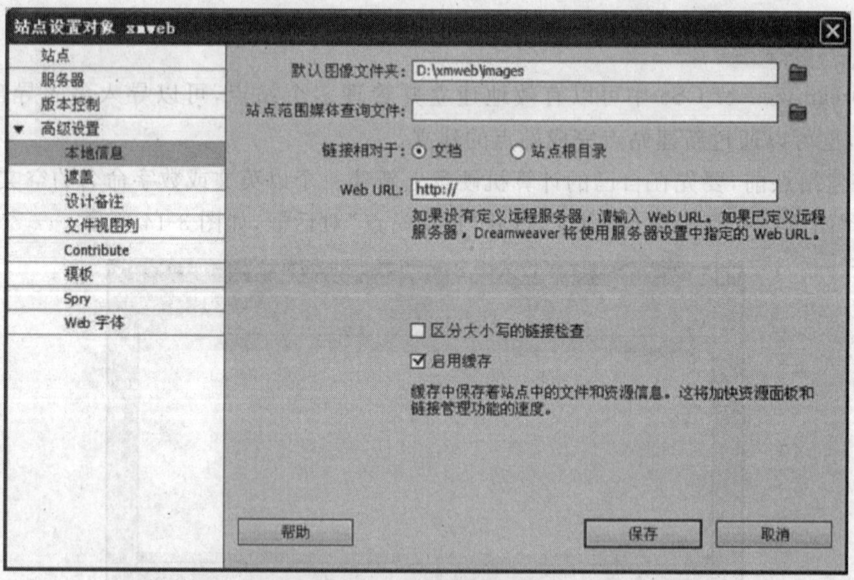

图 3-16 设置本地信息

单击"保存"按钮，弹出"管理站点"对话框，显示出刚建立的站点，如图 3-17 所示。

单击"完成"按钮，"文件"面板显示出刚才建立的站点结构，如图 3-18 所示。

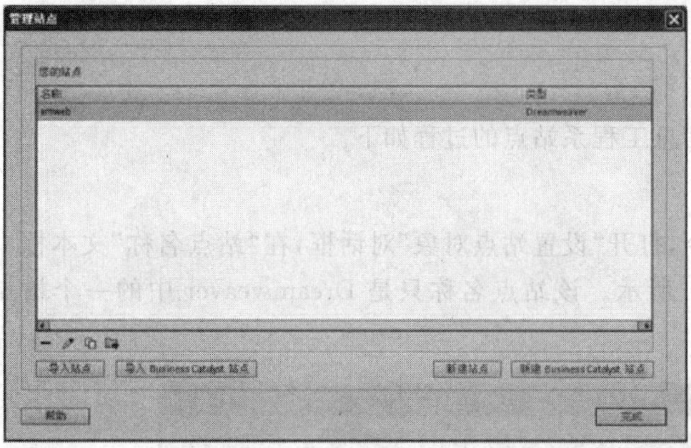

图 3-17 显示刚建立的站点

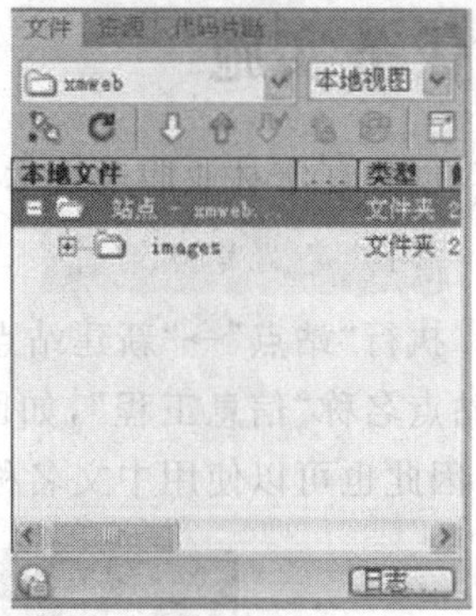

图 3-18 新建站点在“文件”面板中显示

至此，我们完成了站点的创建。

(3) 站点的结构

站点是文件与文件夹的集合，搭建站点就是在站点中添加文件和文件夹。

在站点中添加文件夹的方法如下。

在“文件”面板的站点根目录上右击，从弹出的快捷菜单中选择“新建文件夹”命令，如图 3-19所示，然后给文件夹命名。这里我们创建新建文件夹 images，如图 3-20 所示。

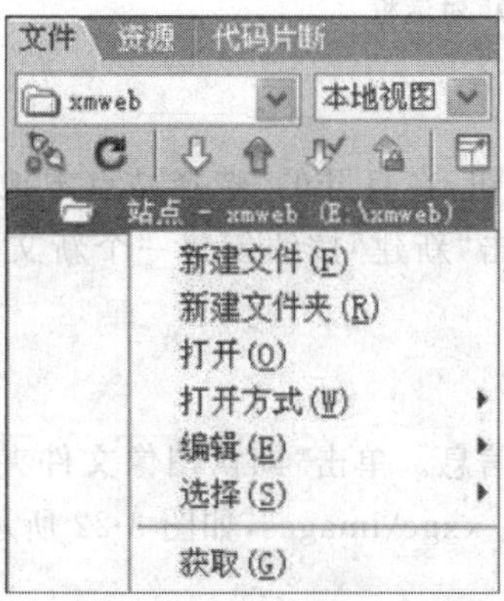

图 3-19 弹出快捷菜单

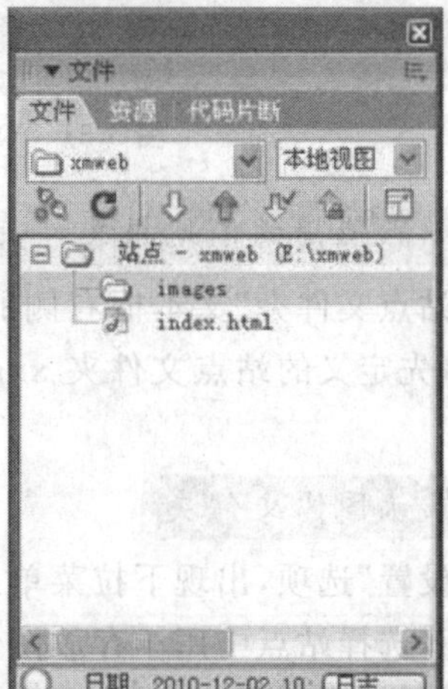

图 3-20 建立站点下的目录与文件

在站点中添加文件的方法如下。

创建页面，在文件面板的站点根目录上右击，从弹出的快捷菜单中选择“新建文件”命令，然后给文件命名。首先要添加首页，我们把首页命名为 index. html，如图 3-20 所示。

(4) 文件与文件夹的管理

对建立的文件和文件夹，可以进行移动、复制、重命名和删除等基本的操作。选中需要管理的文件或文件夹，然后右击，在弹出的快捷菜单中打开“编辑”子菜单，即可进行相关操作。

▶任务实施

创建辽宁林业职业技术学院信息工程系站点的过程如下。

(1) 定义站点名称

执行“站点”→“新建站点”命令，打开“设置站点对象”对话框，在“站点名称”文本框中输入站点名称“信息工程”，如图 3-21 所示。该站点名称只是 Dreamweaver 中的一个站点标识，因此也可以使用中文名称。

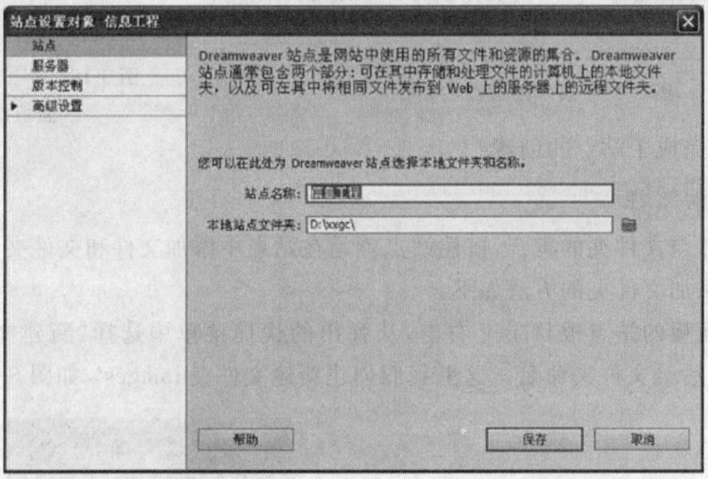

图 3-21 “站点设置对象”对话框

(2) 定义站点使用的本地根文件夹

单击“本地站点文件夹”文本框右侧的“浏览”按钮，在打开的“选择站点本地根文件夹”对话框中选择事先定义的站点文件夹 xxgc，或者单击“新建”按钮创建一个新文件夹 xxgc，如图 3-21 所示。

(3) 定义默认图像文件夹

选择“高级设置”选项，出现下拉菜单，设置本地信息。单击“默认图像文件夹”文本框右侧的“浏览”按钮，选择站点中用于存放图像的文件夹 xxgc\images，如图 3-22 所示。

(4) 完成站点的定义

其他选项保持不变，单击“保存”按钮，返回“管理站点”对话框。单击“完成”按钮，此时“文件”面板中出现新建站点窗口，如图 3-23 所示。

(5) 指定站点首页

在“文件”面板中，右击“站点”，从弹出的快捷菜单中选择“新建文件”命令，生成 untitle. html 文件，将文件命名为 index. html，如图 3-24 所示。右击该文件，从弹出的快捷菜单中选择“设置成首页”命令，则该文件被指定为站点的首页。

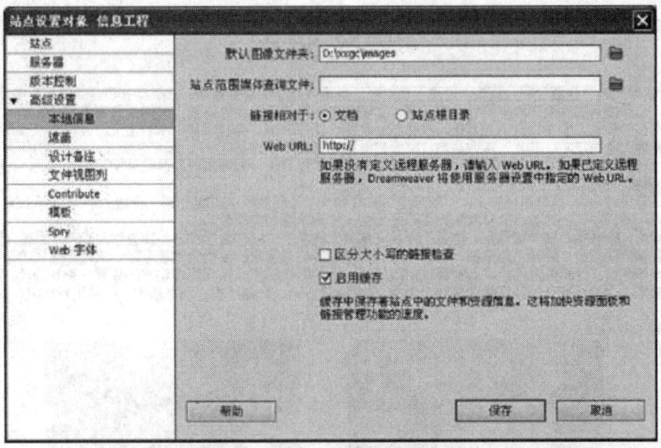

图 3-22 设置本地信息

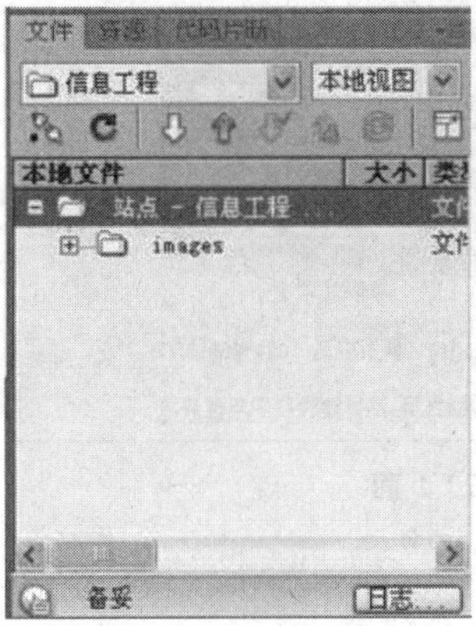

图 3-23 新建站点结构

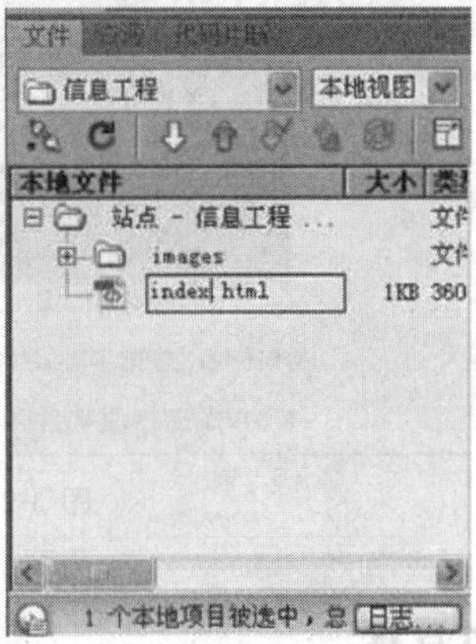

图3-24 新建 index. html 文件

说明

网站首页默认的文件名取决于用户申请的主页空间，一般为 index. html、index. htm、default. html 等。同类型的文件最好放在一个文件夹中，如把图片文件都放在 images 文件夹中，不要把所有文件都放在根目录下。把一个栏目的所有文件放在一个文件夹中，在链接网页和维护时会很方便。

任务 3.2 创建网站“学院概况”页面

▶任务目标

本任务制作信息工程系网站“学院概况”页面，在页面中插入文字、图片等基本元素，如图 3-25 所示。

图 3-25 “学院概况”页面

1. 能力目标

会在 Dreamweaver 中插入网页的基本元素。

2. 知识目标

（1）掌握 Dreamweaver CS6 的新建文件、保存文件及设置页面属性的方法。

（2）掌握 Dreamweaver 插入文本、图像的方法与技巧。

（3）掌握 Dreamweaver 插入特殊字符的方法。

▶任务知识

1. 新建与保存网页

Dreamweaver CS6 为创建新文档提供了若干选项，如“新的空白文档”“新的空白模板”“流体风格布局页”和“基于现有模板建立新文档”，用户可以根据需要创建文档。

（1）新建文档

创建新的空白文档，可以执行以下操作。

① 执行"文件"→"新建"命令,出现"新建文档"对话框,"空白页"选项已被选定。

② 从"文档类型"下拉列表框中选择一种类型,对于基本页可选择 HTML。如果有页面布局的需要,可以从右侧的"布局"列表中选择需要的布局,如图 3-26 所示。

③ 单击"创建"按钮,新文档在文档窗口中打开。

④ 保存该文档。

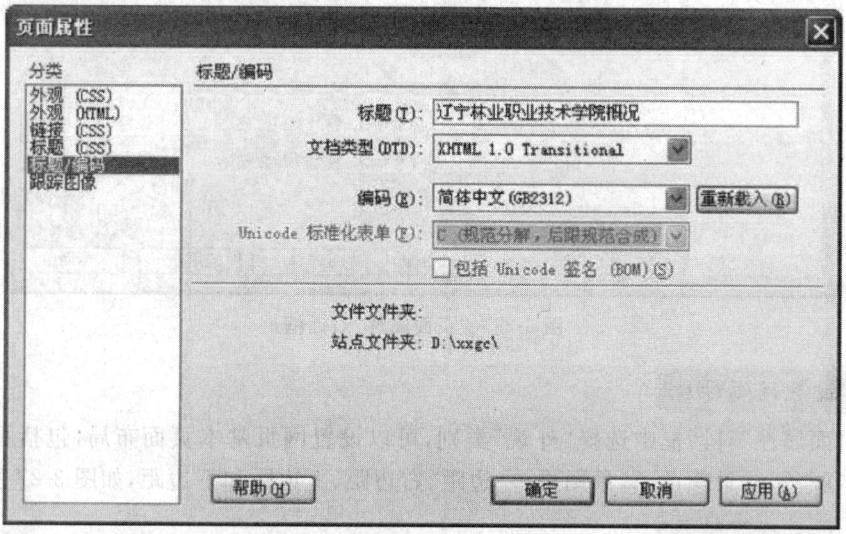

图 3-26 选择要创建的文档类型

(2) 保存新文档

要保存新文档,可以执行以下操作。

① 执行"文件"→"保存"命令。

② 在出现在对话框中选择用来保存文件的文件夹。

③ 在"文件名称"文本框中输入文件名。文件名和文件夹中不要使用空格和特殊字符,文件名也不要以数字开头,例如,为新建的网页命名为 myfirst. html。

④ 单击"保存"按钮。

2. 页面属性设置

当用户建立了一个本地站点后,就可以动手制作第一个网页了。在制作之前,首先了解网页页面属性的设置方法。

页面属性的设置包括页面的布局和格式设置。在"页面属性"对话框中,用户可以指定页面的默认字体和字体大小、背景颜色、边距、链接样式及页面设计的其他参数,如图 3-27 所示。用户可以为创建的每个新页面指定新的页面属性,也可以修改现在页面的属性。"页面属性"对话框中所进行的更改将应用于整个页面。

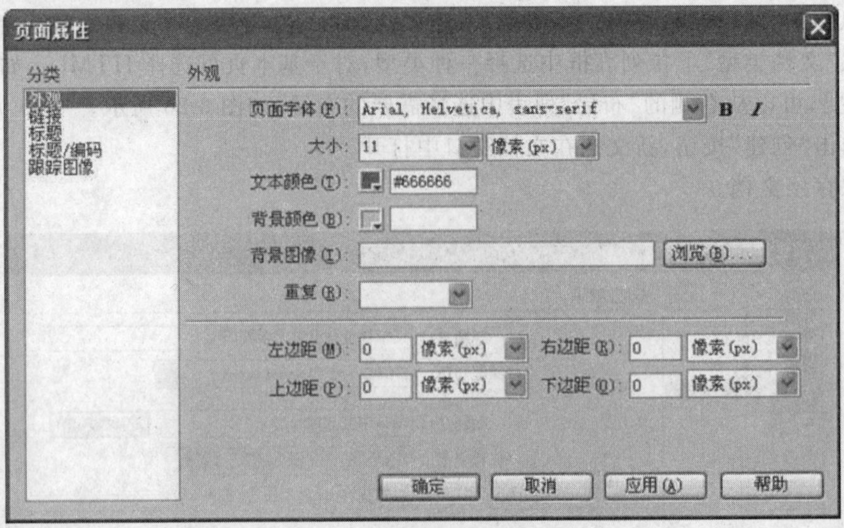

图 3-27 “页面属性”对话框

(1) 设置网页外观

在“页面属性”对话框中选择“外观”类别，可以设置网页基本页面布局，包括页面字体、大小、文本颜色、背景颜色、背景图像、左边距、右边距、上边距和下边距，如图 3-27 所示。

(2) 设置网页链接

在“页面属性”对话框中选择“链接”类别，可以设置网页中超链接的字体、大小、链接颜色、下划线样式等，如图 3-28 所示。

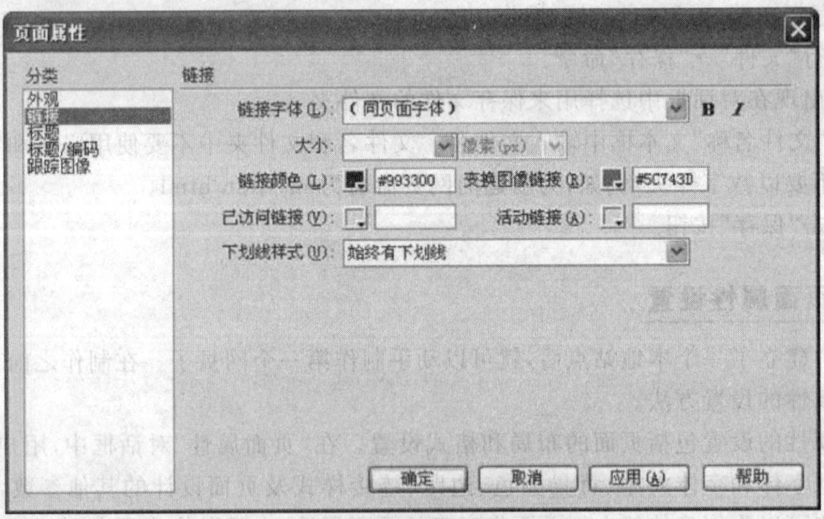

图 3-28 设置网页链接

(3) 设置网页标题

网页标题是用来说明网页内容的文字，显示在“浏览器”窗口的标题栏中。通常，每个网页都应该有一个标题，而网页标题文字最好能够恰如其分地描述网页的内容。

设置网页标题的方法有两种。

① 在文档窗口的工具栏中“标题”文本框内直接输入网页的标题文字。

② 在文档窗口中选择“修改”→“页面属性”命令，打开“页面属性”对话框，选择“标题/编码”类别，在右侧“标题字体”文本框内设置网页的标题，如图 3-29 所示。

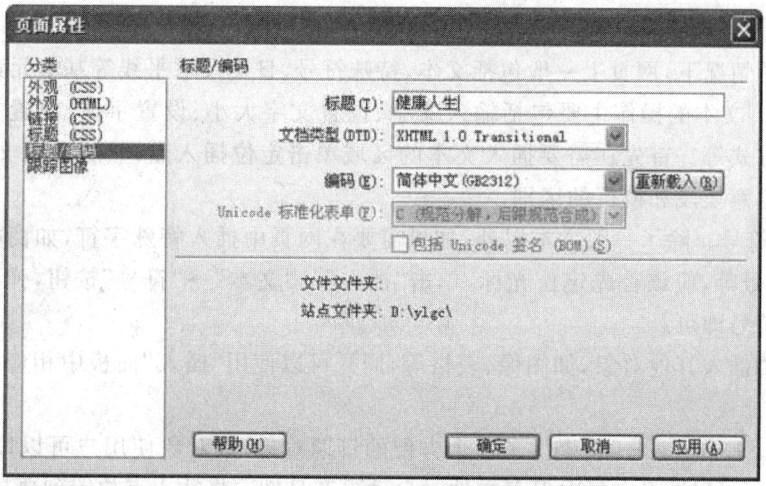

图 3-29 设置网页标题

(4) 设置网页跟踪图像

在 Dreamweaver 中使用“跟踪图像”功能时，允许用户在网页中将原来的平面设计稿作为辅助的背景。这样，用户就可以非常方便地定位文字、图像、表格、层等网页元素在该页面中的位置了。使用跟踪图像功能可以跟踪放在文档窗口背景中的 JPEG、GIF 或 PNG 图像。选择“跟踪图像”类别，可以隐藏图像、设置图像的不透明度和更改图像的位置。如果用户需要改变跟踪图像的透明度，拖动“透明度”滑块即可，如图 3-30 所示。

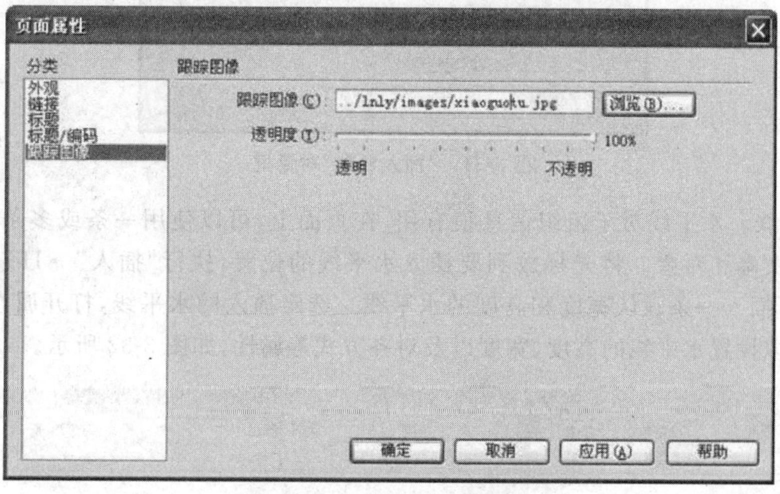

图 3-30 设置网页跟踪图像

以上设置完成后单击“确定”按钮完成页面属性的设置。

3. 网页的基本排版

通过上面的讲述，介绍了页面属性的常用设置。在制作网页的过程中还必须掌握网页基本元素的相关知识。

（1）网页基本元素

在通常的情况下，网页上一般包括文本、特殊符号、日期及水平线等基本元素。

① 文本。文本的操作主要包括输入文字、设置文字大小、设置字体、设置文本颜色、设置文本对齐方式等。首先在需要插入文本的区域单击定位插入点，然后输入文字。在输入过程中需要注意换段和换行的区别。

② 特殊符号。除了一般文本以外，如果需要在网页中插入特殊字符，如商标符号、版权符号、英镑符号等，应该首先定位光标，单击“插入”→“文本”→“符号”按钮，弹出下拉菜单，选择相应的符号即可。

如果需要插入其他对象，如图像、表格等，同样可以使用“插入”面板中相应按钮，这里不再赘述。

③ 日期。Dreamweaver 提供了一个方便的日期对象，该对象使用户可以以任意格式插入当前日期，还可以选择在每次保存文件时自动更新日期。将插入点放置到要插入日期的位置，执行“插入”→“日期”命令，弹出“插入日期”对话框，选择一种日期格式，如图 3-31所示，单击“确定”按钮完成日期的插入。

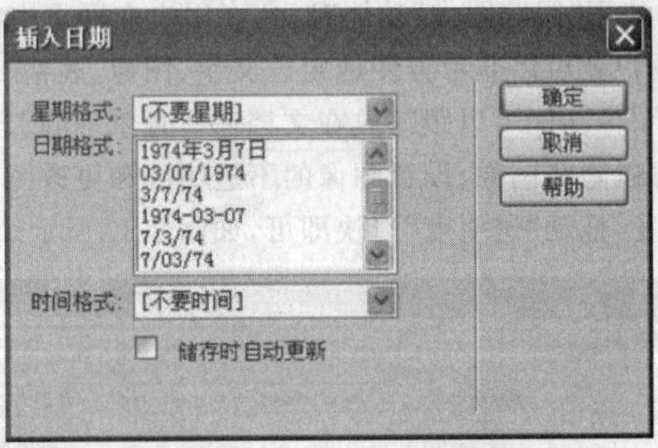

图 3-31 “插入日期”对话框

④ 水平线。水平线对于组织信息很有用，在页面上，可以使用一条或多条水平线以可视方式分隔文本和对象。将光标放到要插入水平线的位置，执行“插入”→HTML→“水平线”命令即可插入一条默认宽度和高度的水平线。选定插入的水平线，打开属性面板，通过属性面板可以设置水平线的高度、宽度以及对齐方式等属性，如图 3-32 所示。

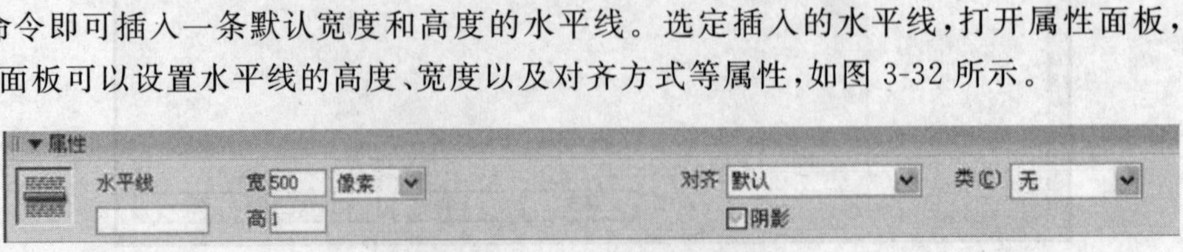

图 3-32 修改水平线属性

(2) 页面的简单排版

在对页面进行简单排版时，最常用的操作是在文档中插入文本。首先在需要插入文本的区域定位插入点，然后输入文字。如果需要开始新的一段，按 Enter 键即可，对应用的 HTML 标签是＜p＞。如果想换行显示一段的内容，可以按 Shift＋Enter 键，对应用的 HTML 标签是＜br/＞。如果输入的文字超过一行的范围，插入的文本会自动换行。

① 设置文本的大小。先选择文本，在属性面板中单击 CSS 按钮，在“大小”下拉列表框中选择合适的字号，弹出“新建 CSS 规则”对话框。如果是新的 CSS 规则，在“选择或输入选择器名称”中输入类的名称，如“.txt”，如图 3-33 所示，即定义了一个名称为 txt 的类，该类的样式定义为 .txt{font-size：18px；}。

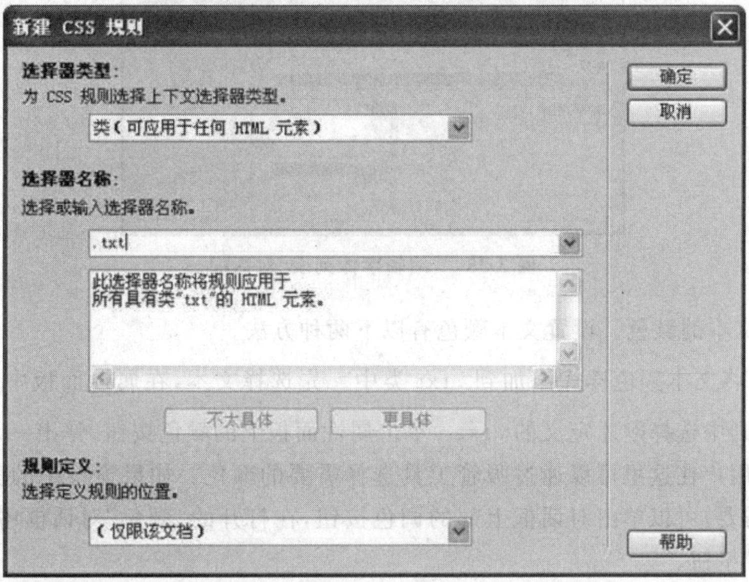

图 3-33 “新建 CSS 规则”对话框

② 设置文本字体。设置文本字体有以下两种方法。

方法一：将文本字体样式添加到 .txt 类中。先选择文本，在属性面板中单击 CSS 按钮，目标规则中选择刚才定义的 .txt，在“字体”下拉列表框中选择需要的字体，如图 3-34 所示。如果没有合适的字体，就要安装字体。在“字体”下拉列表中单击“编辑字体列表”选项，打开“编辑字体列表”对话框。在“可用字体”列表中选择要添加的字体，单击 « 按钮，将选择的字体添加到“选择的字体”列表中，如图 3-35 所示。可添加多个字体后再单击“确定”按钮，重复这个过程，直到完成添加。

方法二：为文本字体样式添加新类 .ziti。先选择文本，在属性面板中单击 CSS 按钮，目标规则中选择“＜新 CSS 规则＞”，在“字体”下拉列表框中选择需要的字体，弹出“新建 CSS 规则”对话框，在“选择或输入选择器名称”中输入类的名称，如“.ziti”。

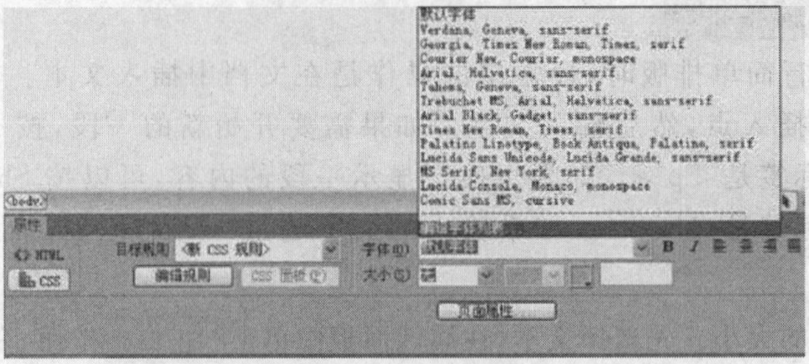

图 3-34 设置文字字体

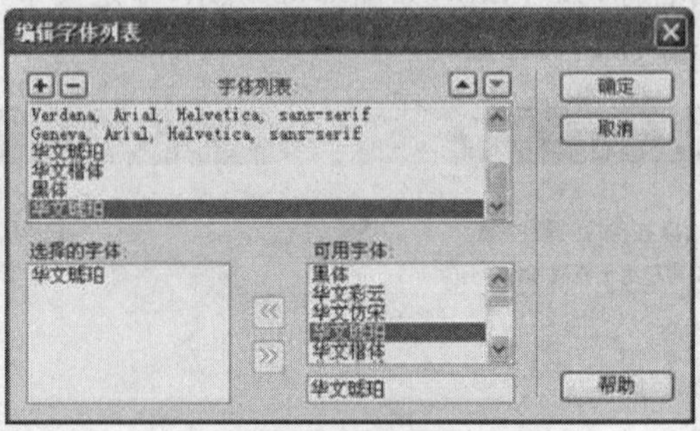

图 3-35 “编辑字体列表”对话框

③ 设置文本的颜色。设置文本颜色有以下两种方法。

方法一：将文本颜色样式添加到 . txt 类中。先选择文本，在属性面板中单击 CSS 按钮，目标规则中选择刚才定义的 . txt。单击属性面板上的颜色按钮，弹出一个选择常用颜色的对话框，用户在这里可以通过吸管工具选择需要的颜色。如果窗口中的颜色不能满足用户设置的需要，可以单击对话框上部的调色按钮，在打开的“颜色”对话框中设置颜色，最后单击“确定”按钮。

方法二：为文本颜色样式添加新类 . ys。先选择文本，在属性面板单击 CSS 按钮，目标规则中选择“＜新 CSS 规则＞”，单击属性面板上的颜色按钮，选择颜色，弹出“新建 CSS 规则”对话框，在“选择或输入选择器名称”中输入类的名称，如 . ys。

④ 设置文本对齐方式。设置文本对齐方式有以下两种方法。

方法一：将文本对齐样式添加到 . txt 类中。先选择文本，在属性面板中单击 CSS 按钮，在目标规则中选择刚才定义的 . txt。单击属性面板上的对齐方式按钮即可实现文本的对齐，对齐方式按钮从左到右的对齐方式分别为“左对齐”“居中对齐”“右对齐”和“两端对齐”。

方法二：为文本对齐样式添加新类 . ysh。先选择文本，在属性面板中单击 CSS 按钮，目标规则中选择“＜新 CSS 规则＞”，单击属性面板上的对齐方式按钮即可实现文本的对齐，弹出“新建 CSS 规则”对话框，在“选择或输入选择器名称”中输入类的名称，如 . ysh。

4. 插入图像

Web 上常用的图像格式包括 GIF、JPEG 和 PNG 三种。

Dreamweaver 能够使用 GIF、JPEG 和 PNG 格式打开或预览任何图像。使用 Dreamweaver 将一个图像插入网页中有以下三种方法。

(1) 单击"插入"→"常用"→"图像"按钮。

(2) 执行"插入"→"图像"命令。

(3) 按 Ctrl+Alt+I 键。

图像插入网页后,可以选中图像,在属性面板中设置图像的属性,如图 3-36 所示。

图像属性中各参数的含义如下。

宽、高:表示图像的宽度和高度,以像素表示。在页面中插入图像时,Dreamweaver 会自动用图像的原始尺寸更新这些文本框。

源文件:指定图像的源文件。在右侧的文本框中插入图像的路径或单击文件夹图标,浏览定位到图像源文件。

链接:指定图像的超链接。将指向文件图标拖动到"文件"面板中的某个文件或单击文件夹图标浏览定位到站点上的某个文档,也可以手动输入 URL。

图 3-36 在属性面板中设置图像的属性

替换:指定在只显示文本的浏览器或已设置为手动下载图像的浏览器中代替图像显示的替换文本。

地图名称和热点工具：允许用户标注和创建客户端图像地图。

垂直边距和水平边距：沿图像的边缘添加边距，以像素表示。垂直边距沿图像的顶部和底部添加边距。水平边距沿图像的左侧和右侧添加边距。

目标：指定链接的页面应加载到的框架或窗口(当图像没有链接到其他文件时，此选项不可用)。

编辑：启动用户在外部编辑器首选参数中指定的图像编辑器，并打开选定的图像。

▶任务实施

创建网站“学院概况”页面的过程如下。

(1) 新建网页

启动 Dreamweaver，将图片素材复制到 images 文件夹中。在“文件”面板的本地站点下新建一个空白网页文档，默认的文件名是 untitle. html，修改网页文件名为 xygk. html。

(2) 设置页面属性

在文档窗口中执行“修改”→“页面属性”命令，打开“页面属性”对话框。选择“标题/编码”类别，在右侧的“标题”文本框内输入网页的标题“辽宁林业职业技术学院概况”，如图 3-37所示。在“页面属性”对话框中选择“外观”类别，设置网页外观，如图 3-38所示。

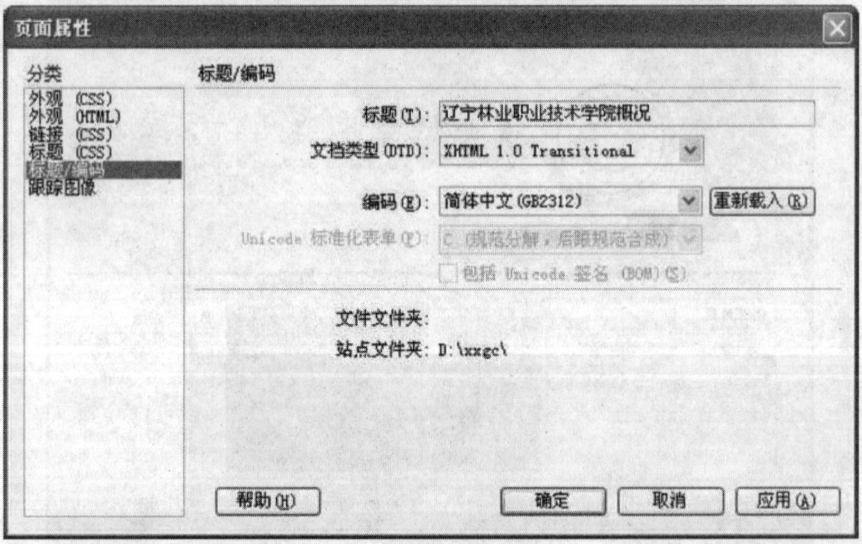

图 3-37　输入网页标题

(3) 录入文字

录入文字有以下两种方法。

① 在设计视图中直接录入，需注意以下问题。

按 Enter 键：将光标向下定位，默认添加<p>标记，段落之间自动产生间距。

按 Shift+Enter 键：实现换行，默认添加
标记，行间无间距。

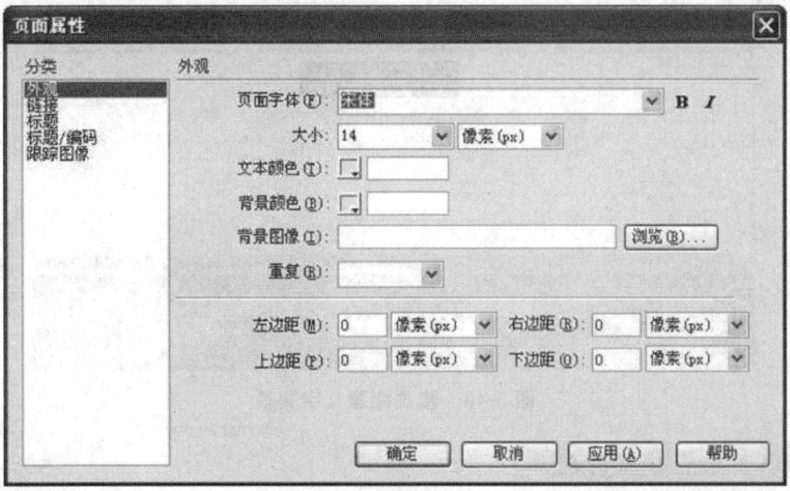

图 3-38　设置网页外观

插入空格：可将输入法切换成全角中文的状态，录入全角中文空格。

② 直接复制现有的 Word 文档内容。

直接复制现有的 Word 文档内容时，如果复制到设计视图中，会加上 Word 文档中原有格式；如果复制到代码视图中，则无任何格式，需要用户在设计视图进行修改。

文字录入完成，效果如图 3-39 所示。

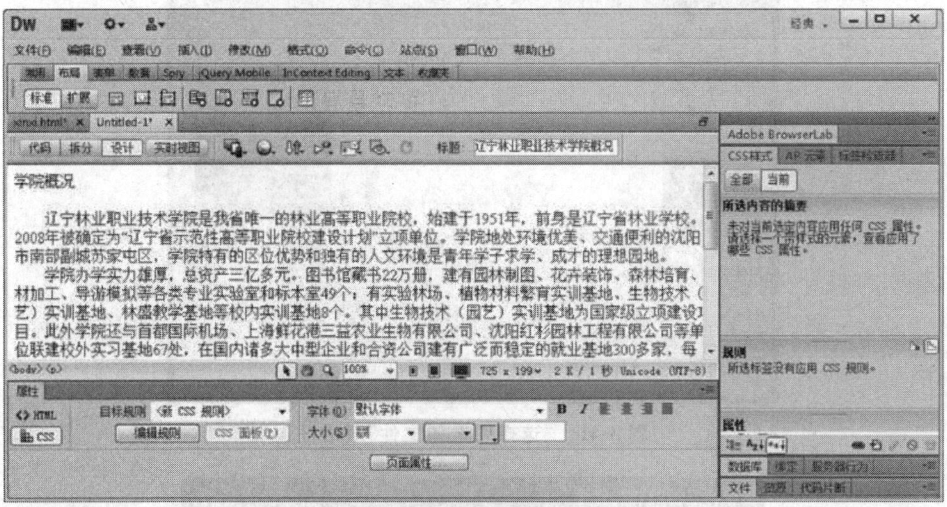

图 3-39　录入学院概况

(4) 制作标题文字

选中“学院概况”作为标题，按图 3-40 所示，在属性面板中设置字体为黑体，大小为 36 磅，颜色为＃00F，居中对齐，新建 CSS 规则 . title。

图 3-40　修改标题文字属性

(5) 插入院特色建筑的图片

按 Enter 键将光标向下定位,设置段落对齐方式为居中对齐,弹出“新建 CSS 样式”对话框,设置选择器名称为 . tupian。

执行“插入”→“图像”命令,打开“选择图像源文件”对话框。选取存放在站点中的图像文件 xyzm. jpg,如图 3-41 所示。单击“确定”按钮,打开“图像标签辅助功能属性”对话框。在“替换文本”文本框中输入“学院大门”的说明文字,如图 3-42 所示。单击“确定”按钮,即可将图像文件插入指定区域,插入图片的效果如图 3-43 所示。

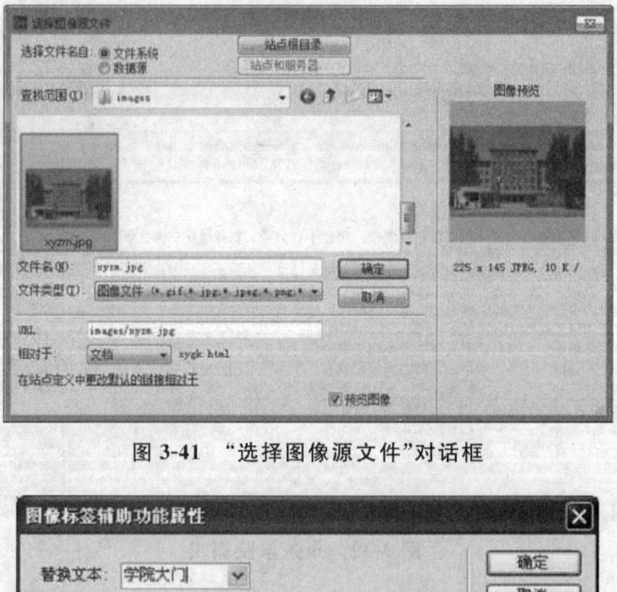

图 3-41　“选择图像源文件”对话框

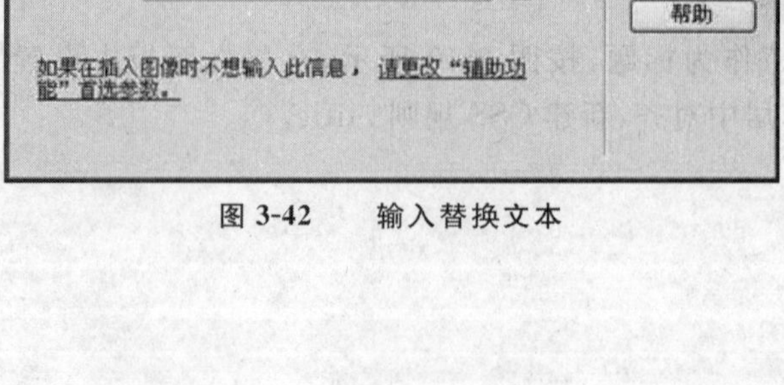

图 3-42　输入替换文本

图 3-43 插入图片的效果

用类似的方法插入其他图片。按 Shift+Enter 键将光标下移一行，在图片下方输入相关的介绍性文字。注意，在图片或文字之间输入空格时，应将输入法切换到全角中文的状态，最终的效果如图 3-44 所示。

图 3-44 插入图片的最终效果

(6) 输入版权区域信息

按 Enter 键将光标向下定位，设置段落对齐方式为居中对齐，输入版权信息，如图 3-45 所示。

图 3-45　制作版权区域信息

（7）保存并预览网页

执行“文件”→“保存全部”命令，将页面保存，按 F12 键预览网页。

说明

在输入正文内容时，Dreamweaver 将忽略多余的空格，最多只空一个空格。在需要空格的位置，可以在代码视图中使用“ ”插入一个空格，或者在设计视图中输入全角中文空格。“ ”为非换行的空格符号，用它可以在文本中加入任意多个空格。

任务 3.3　创建网站“校园风采”页面

▶任务目标

本任务为制作辽宁林业职业技术学院网站“校园风采”页面，在“校园风采”页面中插入水平线，将水平线的颜色设置为红色，插入文字、图片，并实现图文混排，最终效果如图 3-46 所示。

1. 能力目标

会利用图文混排技术制作网页。

2. 知识目标

（1）掌握各种图像的属性设置。

（2）掌握网页设计中的图文混排技术。

▶任务知识

在实际的网页设计应用中经常会遇到图文混排的情况，掌握好图文混排技术对于制作

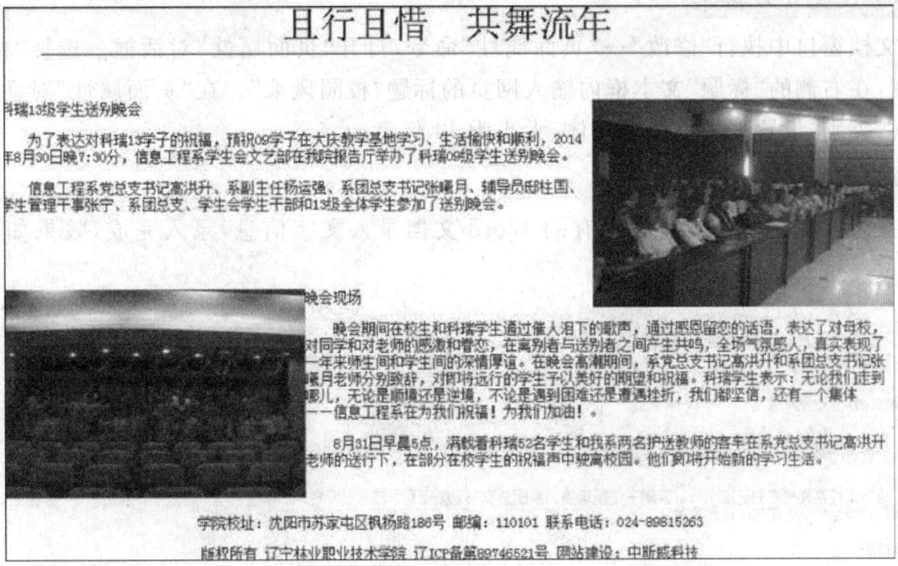

图 3-46　辽宁林业职业技术学院网站“校园风采”页面

美观的页面非常重要。

图文混排技术是指设置图像与同一行中的文本、图像、插件或其他元素的对齐方式。Dreamweaver CS6 中，无法直接在属性面板中设置图文混排的属性。图文混排的设置方法是使用拆分视图，在设计窗口中选择图像，在代码窗口<img>标签中输入 align＝"right"或 align＝"left"，如图 3-47 所示。

图 3-47　设置图文混排

▶任务实施

制作辽宁林业职业技术学院网站“校园风采”页面的过程如下。

(1) 新建网页

启动 Dreamweaver，将素材图片复制到 images 图像文件夹中。在“文件”面板的本地站点下新建一个空白网页文档，默认的文件名是 untitle. html，修改网页文件名为 xyfc. html。

(2) 设置页面属性

在文档窗口中执行“修改”→“页面属性”命令，打开“页面属性”对话框。选择“标题/编码”类别，在右侧的“标题”文本框内输入网页的标题“校园风采”。在“页面属性”对话框中选择“外观”类别，设置页面字体为宋体，大小为 14 像素。

(3) 录入文字信息

直接录入文字信息或复制现有的 Word 文档录入文字信息，录入完成，效果如图 3-48 所示。

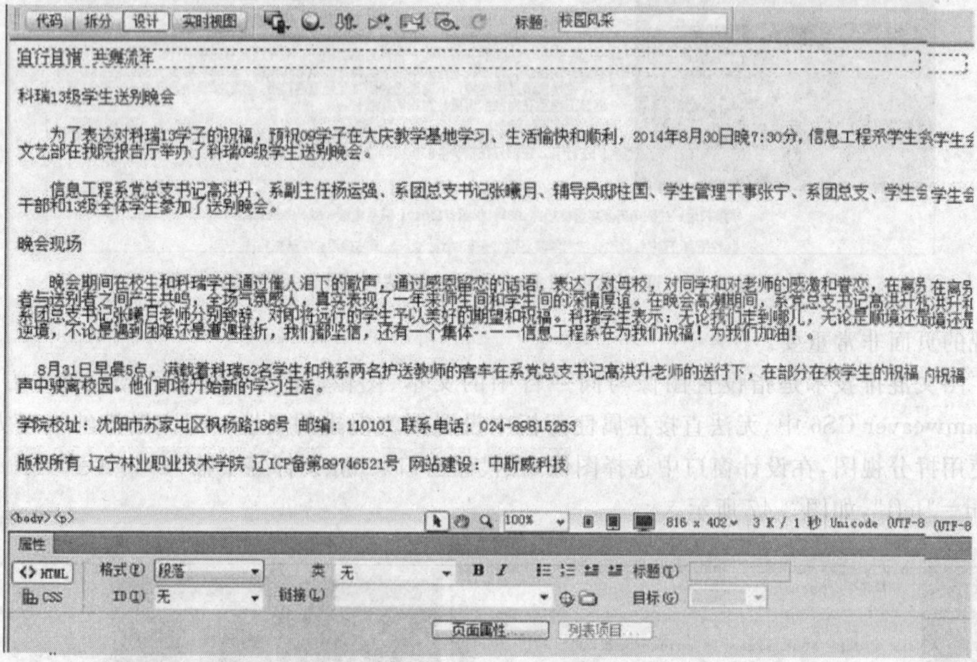

图 3-48　录入新闻内容

(4) 修改标题格式

选中“且行且惜　共舞流年”作为标题。在属性面板中单击 CSS 按钮，设置段落对齐方式为居中对齐，弹出“新建 CSS 规则”对话框，在“目标规则”文本框中输入“. title”，字体设置为宋体，字号为 36 像素，颜色为＃F00，如图 3-49 所示。

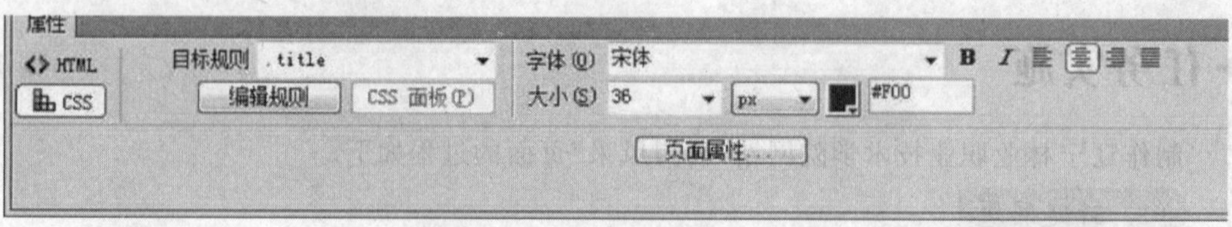

图 3-49　设置标题属性

(5) 插入水平线并改变水平线的颜色

光标放在标题下一行，执行"插入"→HTML→"水平线"命令插入一条水平线，选中该水平线，在属性面板中将宽度设为800像素，高度设为1像素。

选中水平线，采用拆分视图的方式，在代码视图中出现<hr width=" 800" size= "1" />，如图3-50所示。

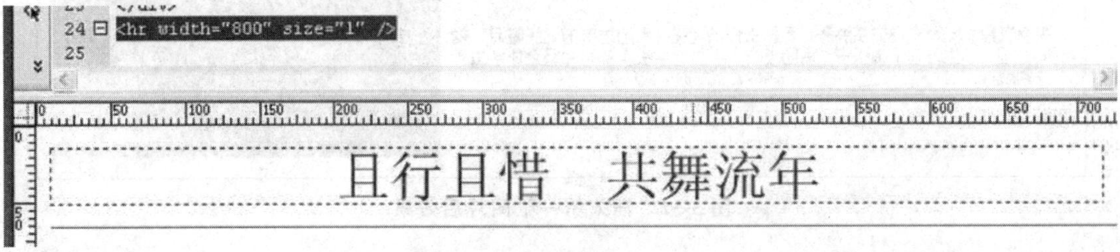

图3-50 水平线在拆分视图中的显示

将此代码改写为<hr width="800" size="1" color="#ff0000" />即可将水平线改变成红颜色。注意：水平线的颜色改变只在预览中可以看出，在设计视图中颜色不改变。

(6) 制作图文混排的主体内容

光标置于正文第一段文字开头处，执行"插入"→"图像"命令插入图片(以校园风采的栏目图片wh1.jpg为例)。进入拆分视图，在代码视图中找到插入图像对应的标签<img>，在标签内添加align="right"，如图3-51所示，最终效果如图3-52所示。

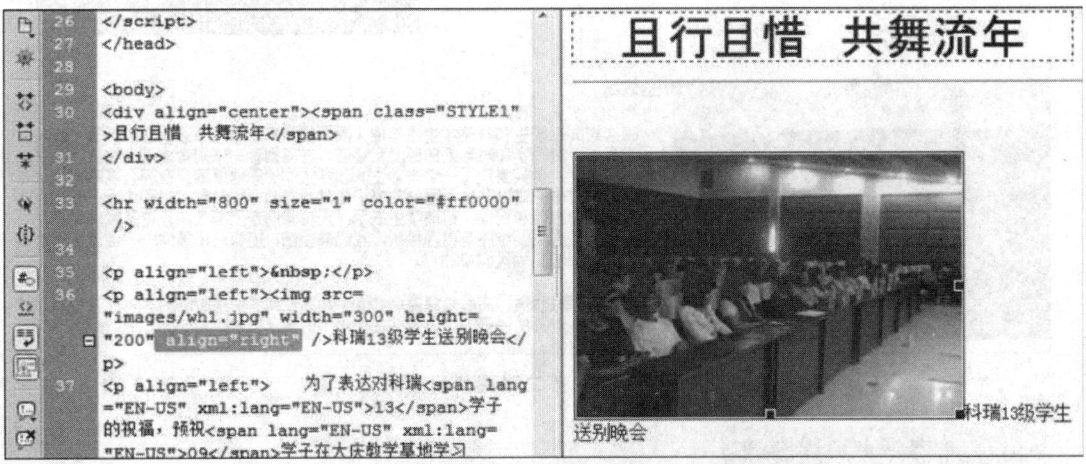

图3-51 插入栏目图片并设置图文对齐方式

按Enter键将光标向下定位，执行"插入"→"图像"命令，插入图片(以校园风采的栏目图片wh2.jpg为例)，打开拆分视图，在代码视图中找到插入图像对应的标签<img>，在标签内添加align="left"，效果如图3-53所示。

图 3-52　插入第一张图片后效果

图 3-53　插入第二张图片后效果

（7）输入版权区域信息

选中版权区域内容，在属性面板中单击 CSS 按钮，在“目标规则”中选择“＜新 CSS 规则＞”，选择居中对齐，弹出“新建 CSS 规则”对话框，在“选择或输入选择器名称”中输入类的名称 . banquan。

（8）保存并预览网页

执行“文件”→“保存全部”命令，保存页面，按 F12 键预览网页。

说明

如果文字信息不是事先统一录入的，需要插入图片后再录入文字，则不管图片设置的对齐方式是左对齐还是右对齐，一定要将光标定位在栏目图片的右侧，然后再输入段落内容。这么做的目的是使图像的标签代码处于插入段落内容之前，从而实现图文混排的效果。

拓展任务　制作鼠标经过图像时的变换效果

▶任务目标

当鼠标指针经过学院概况网页 xygk. html 中的学院体育馆图片时，如图 3-54 所示，图像变换成 wh1. jpg；当光标停留在图像上时，显示出文字“丰富多彩的校园生活”；点击该图像时，跳转到 xxfc. html 网页，如图 3-55 所示。

(a) 鼠标经过前的效果

图 3-54　鼠标指针经过前和鼠标指针经过后的效果

(b) 鼠标经过后的效果

图 3-54（续）

1. 能力目标

会制作鼠标经过图像的变换效果。

2. 知识目标

掌握插入鼠标经过图像的变换效果的制作方法。

▶任务知识

鼠标经过图像实际上由两个图像组成，主图像（当首次载入页时显示的图像）和次图像（当鼠标指针移过主图像时显示的图像）。这两张图片要大小相等，如果不相等，Dreamweaver 会自动调整此图片的大小跟主图像大小一致。可以执行“插入”→“图像”→“鼠标经过图像”命令，打开插入“鼠标经过图像”对话框，如图 3-55 所示。

▶任务实施

制作鼠标经过图像的过程如下。

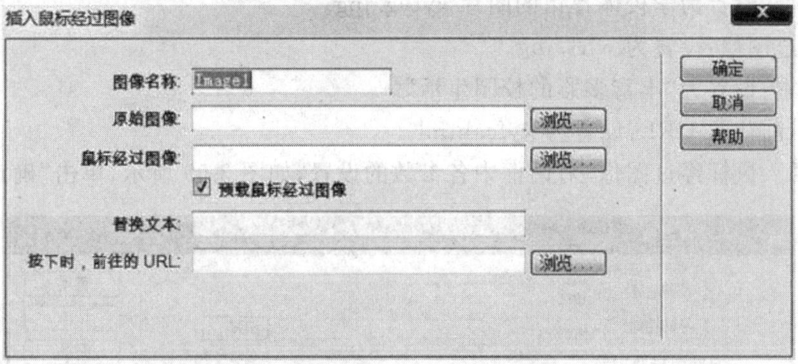

图 3-55 “插入鼠标经过图像”对话框(一)

(1) 打开学院风采网页 xyfc. html

启动 Dreamweaver,打开“信息工程”站点,打开站点中 xygk. html 网页文件。

(2) 添加鼠标经过图像变换效果

选中学校体育馆的图片,如图 3-56 所示,按 Delete 键将其删除,如图 3-57 所示。

图 3-56 选中学校体育馆相对应的图片

图 3-57 删除学校体育馆图片

执行“插入”→“图像对象”→“鼠标经过图像”命令,弹出“插入鼠标经过图像”对话框,如图 3-58 所示。

将“插入鼠标经过图像”对话框的各参数进行如下设置。

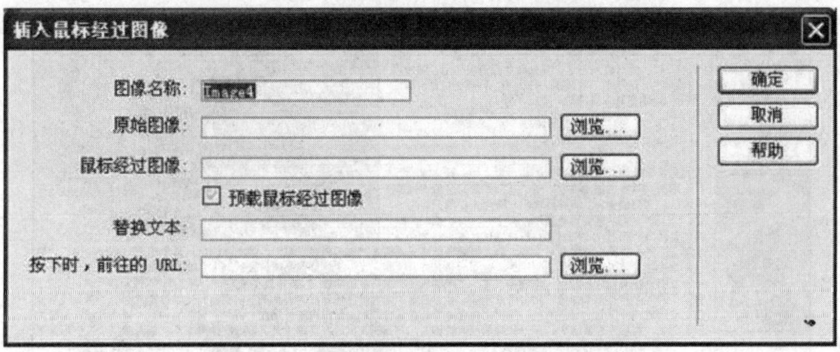

图 3-58 “插入鼠标经过图像”对话框(二)

原始图像：设置为学校体育馆的图片 xytyg. jpg。

鼠标经过图像：设置为 wh1. jpg。

替换文本：设置为“丰富多彩的校园生活”。

按下时，前往的 URL：设置为 xyfc. html。

完成“插入鼠标经过图像”对话框中各参数的设置，如图 3-59 所示，单击“确定”按钮。

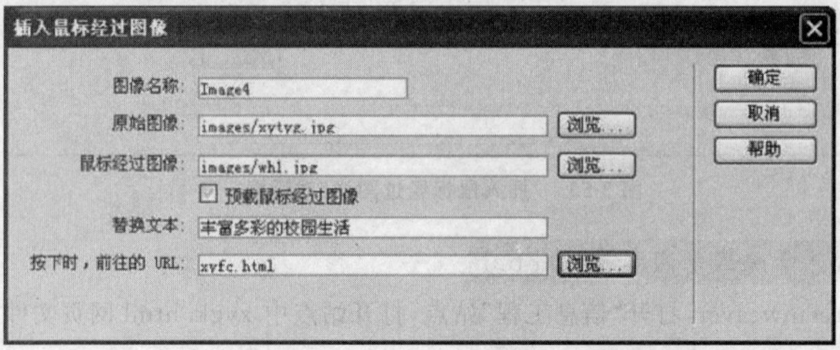

图 3-59 设置“插入鼠标经过图像”对话框中的参数

(3) 保存并预览网页

执行“文件”→“保存全部”命令，保存页面，按 F12 键预览网页。

说明

本任务也可以利用“行为”中的“交换图像”来实现。完成此效果可用的方法很多，同学们可以通过今后的学习掌握多种方法。

习题

1. 简答 Dreamweaver 文档编辑所包括的 4 种视图及特点。
2. 本地站点和远程站点的区别是什么？建立一个本地站点，并说明。
3. 使用网页的基本元素制作如图 3-60 所示的页面。

图 3-60 习题 3 网页效果

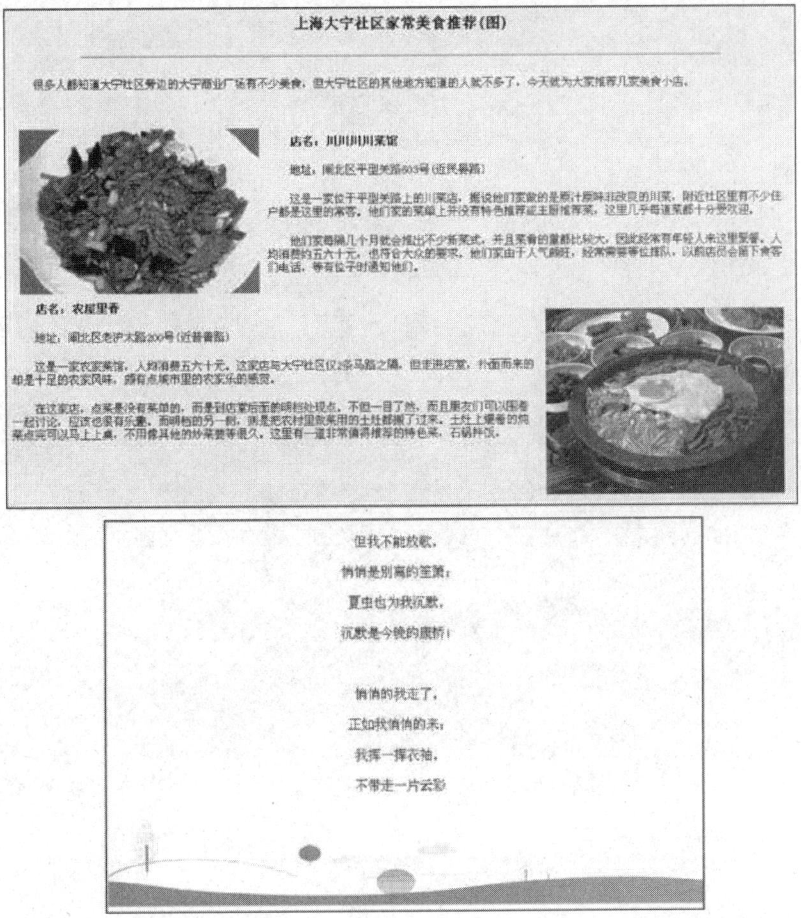
上海大宁社区家常美食推荐(图)
很多人都知道大宁社区旁边的大宁商业广场有不少美食，但大宁社区的其他地方知道的人就不多了，今天就为大家推荐几家美食小店。
店名：川川川川菜馆
地址：闸北区平型关路603号(近民晏路)
这是一家位于平型关路上的川菜店，据说他们家做的是原汁原味非改良的川菜，附近社区里有不少住户都是这里的常客。他们家的菜单上并没有特色推荐或主厨推荐菜，这里几乎每道菜都十分受欢迎。
他们家每隔几个月就会推出不少新菜式，并且菜肴的量都比较大，因此经常有年轻人来这里聚餐。人均消费约五六十元，也符合大众的要求。他们家由于人气颇旺，经常需要等位排队，以前店员会留下食客们电话，等有位子时通知他们。
店名：农屋里香
地址：闸北区老沪太路200号(近普善路)
这是一家农家菜馆，人均消费五六十元。这家店与大宁社区仅2条马路之隔，但走进店堂，扑面而来的却是十足的农家风味，颇有点城市里的农家乐的感觉。
在这家店，点菜是没有菜单的，而是到店堂后面的明档处现点，不但一目了然，而且朋友们可以围着一起讨论，应该也很有乐趣。而明档的另一侧，则是把农村里做菜用的土灶都搬了过来。土灶上煨着的炖菜点完可以马上上桌，不用像其他的炒菜要等很久。这里有一道非常值得推荐的特色菜，石锅拌饭。
但我不能放歌，
悄悄是别离的笙箫；
夏虫也为我沉默，
沉默是今晚的康桥！
悄悄的我走了，
正如我悄悄的来；
我挥一挥衣袖，
不带走一片云彩

图 3-60(续)

项　目　4

利用超链接实现网页互联

网站是由很多网页组成的，网页之间通常通过超链接的方式联系到一起。在 Dreamweaver 中，超链接的应用范围很广泛，利用它不仅可以进行网页间的相互链接，还可以使网页链接到相关的图像文件、多媒体文件及程序等。本项目主要讲述文本链接、图像链接、图像热点链接、外部链接、E-mail 链接、锚点链接等。

本项目包括以下任务。

任务 4.1　创建网站“招生信息”栏目并实现网页间的链接。

任务 4.2　创建网站“招生信息”栏目的其他链接。

拓展任务　制作鸟瞰图的热点链接。

任务 4.1　创建网站“招生信息”栏目并实现网页间的链接

▶任务目标

本任务制作学院网站“招生信息”栏目系列页面，包括招生信息栏目页面 student.html、更多信息页面 more.html、新闻页面 news1.html，使用内部链接将各网页链接起来，显示学院的招生信息，如图 4-1 所示。单击图 4-1(a)中 MORE 图像则打开图 4-1(b)，单击图 4-1(b)中第一条信息则打开图 4-1(c)，单击图 4-1(c)中“返回”按钮则显示图 4-1(a)。

1. 能力目标

会制作文字和图像的超链接。

2. 知识目标

(1) 掌握文字超链接的定义和使用方法。

(2) 掌握图像超链接的定义和使用方法。

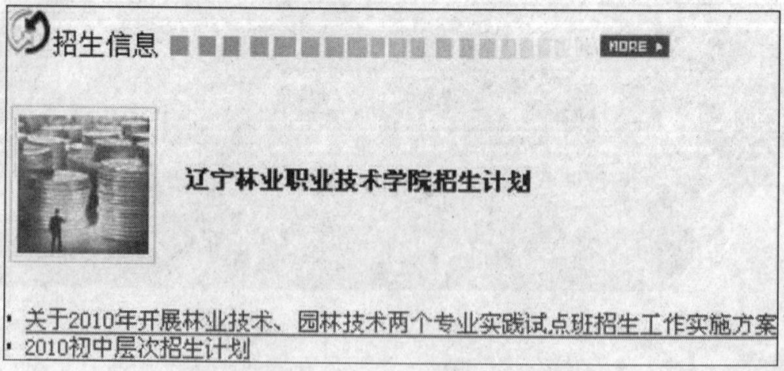

(a) student.html 页面

图 4-1　网页链接最终效果展示

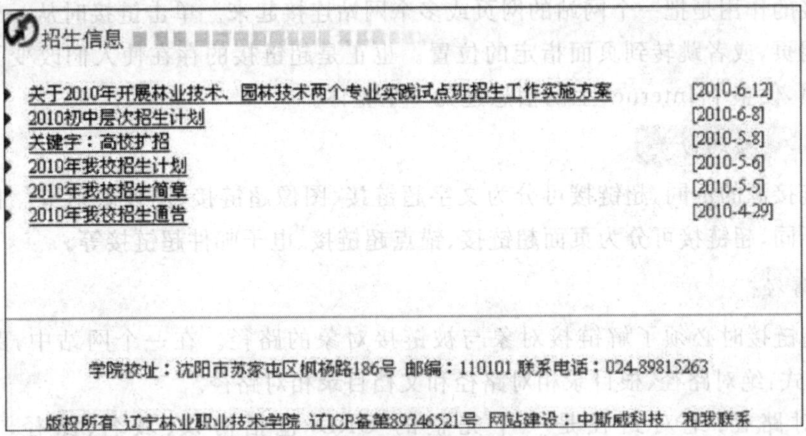

（b）more. html 页面

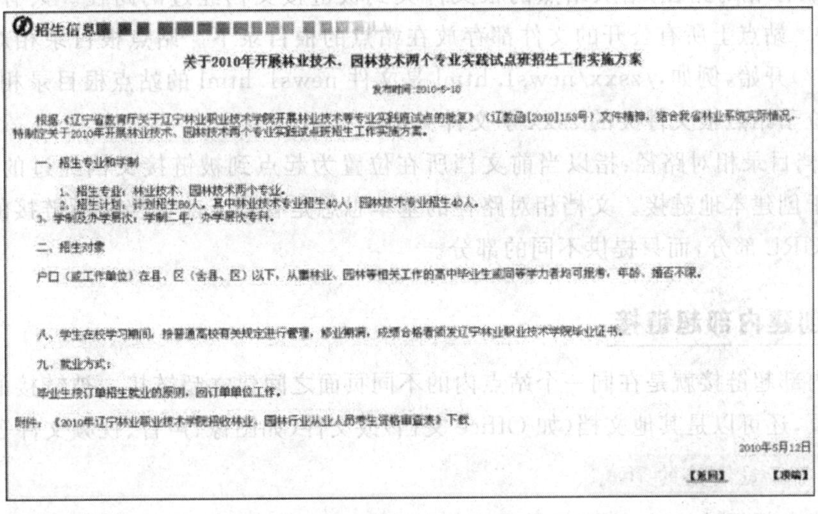

（c）news1. html 页面

图 4-1（续）

▶任务知识

1. 超链接的概念

超链接简称链接，是指从一个网页指向一个目标对象的连接关系。它包含两个部分，即链接源和链接目标，链接源就是通常鼠标指针放在上面时会变成小手状的网页元素，它可以是文档内任何地方的任何文本、图像或图像的某个部分，还可以是 Flash 动画、Flash 文本、Flash 按钮、普通按钮、鼠标经过图像、导航栏等。链接目标就是链接所指向的网页、网页的某个位置、图像、多媒体文件、电子邮件、软件、Word 文档、Excel 文档等。

超链接的作用是把一个网站的网页或多个网站连接起来。单击链接时从一个网页跳转到另一个网页，或者跳转到页面指定的位置。也正是超链接的存在使人们改变了以往的顺序阅读习惯，使整个 Internet 上的信息连为一个整体。

(1) 超链接的分类

根据链接源的不同，超链接可分为文字超链接、图像超链接、图像映射等。根据链接目标文件的不同，超链接可分为页面超链接、锚点超链接、电子邮件超链接等。

(2) 路径

创建超链接时必须了解链接对象与被链接对象的路径。在一个网站中，路径通常有 3 种表示方式：绝对路径、根目录相对路径和文档目录相对路径。

① 绝对路径：绝对路径是一个完整的 URL，包括协议、域名、路径，如 http://www.czvtc.edu.cn/xi_bu/xin_xi/index.htm，常用于链接外服务器上的文件。

② 根目录相对路径：指从站点的根文件夹到被链接文档经过的路径。只有路径，没有协议、域名。站点上所有公开的文件都存放在站点的根目录下。站点根目录相对路径以一个下斜杠(/)开始，例如，/zsxx/news1.html 是文件 news1.html 的站点根目录相对路径，表示该文件位于站点根文件夹的 zsxx 子文件夹中。

③ 文档目录相对路径：指以当前文档所在位置为起点到被链接文档经过的路径，这种方式适用于创建本地链接。文档相对路径的基本思想是省略当前文档和所链接的文档都相同的绝对 URL 部分，而只提供不同的部分。

2. 创建内部超链接

创建内部超链接就是在同一个站点内的不同页面之间建立超链接。被链接的对象不仅可以是网页，还可以是其他文档(如 Office 文档)或文件(如图像、声音、视频文件等)。

(1) 内部超链接的形式

在创建内部超链接时，应该尽量采用相对路径。根据目标文件与当前文件的目录关系，内部超链接有四种表示方法。

① 链接到同一目录内的网页文件的格式如下。

```
<a href="目标文件名.htm">热点对象</a>
```

② 链接到下一级目录中的网页文件的格式如下。

```
<a href="子目录/目标文件名.htm">热点对象</a>
```

③ 链接到上一级目录中的网页文件的格式如下。

```
<a href="../目标文件名.htm">热点对象</a>
```

其中，“../”表示返回到上一级目录中。

④ 链接到同级目录中的网页文件的格式如下。

```
<a href="../子目录名/目标文件名.htm">热点对象</a>
```

它表示先返回到上一级目录中，然后再进入目标文件所在的目录。

(2) 创建文字超链接

可以使用属性面板的文件夹图标或链接文本框创建从文字到其他文档的链接，创建文字超链接的操作步骤如下。

① 在文档窗口的设计视图中选择文字。

② 打开属性面板，然后执行下列操作之一。

- 单击“链接”文本框右侧的文件夹图标，浏览并定位选择一个超链接文件。
- 在“链接”文本框中输入文档的路径和文件名。
- 使用“指向文件”按钮，将超链接目标指向文件面板中的页面，如图 4-2 所示。

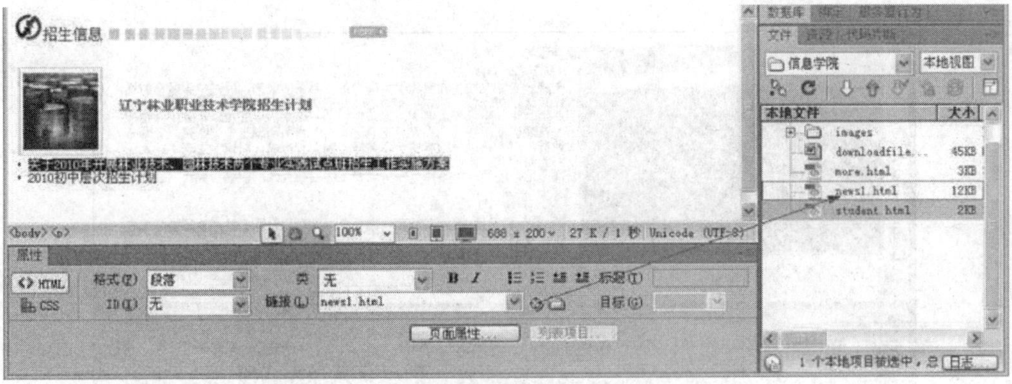

图 4-2 使用指向文件创建超链接

③ 从图 4-3 所示的“目标”下拉列表框中选择文档的打开位置，各选项的含义如下。

_blank：使链接目标在新建的网页窗口中打开。

new：使链接目标在新建的网页窗口中打开。

_parent：将链接的文档加载到该链接所在框架的父框架或父窗口，如果包括链接的框架不是嵌套框架，则所链接的文档加载到整个浏览器窗口。

_self：将链接的文档加载到链接所在的同一框架或窗口。此目标是默认的，所以通常不需要指定它。

_top：将链接的文档加载到整个浏览器窗口，从而删除所有框架。

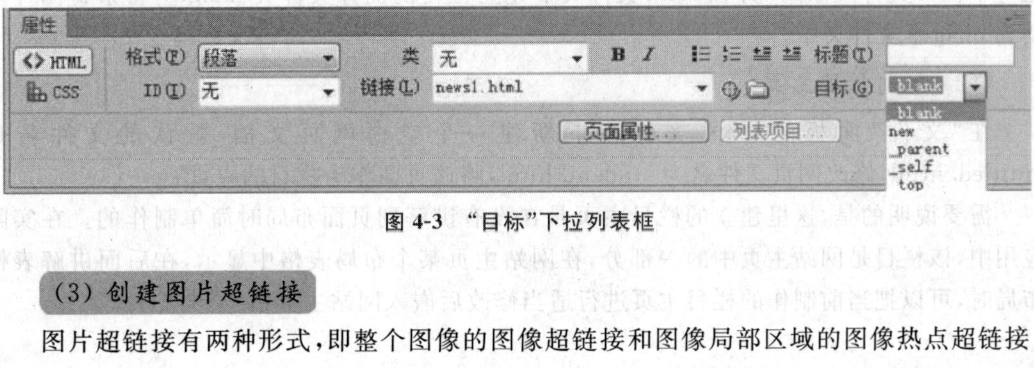

图 4-3 “目标”下拉列表框

(3) 创建图片超链接

图片超链接有两种形式，即整个图像的图像超链接和图像局部区域的图像热点超链接。

① 图像超链接。如果创建的是整个图像的超链接，其方法大致和创建文字超链接一致，区别在于选中的超链接热点对象从原来的文字改变为图像。选中图像后，在属性面板中设置超链接的方法和创建文字超链接的方法完全一样。

② 图像热点超链接。图像热点也叫图像地图或图像映射，是指在一幅图像中定义若干个区域（这些区域被称为热点），每个区域中指定一个不同的超链接，当单击不同区域时可以跳转到相应的目标页面。

创建图像热点超链接的方法是：单击图像，此时属性面板上显示的是图像属性。单击属性面板左下方的“地图”选项用来制作热点，如图 4-4 所示。用户可以根据需要单击相应图标分别创建矩形热点、椭圆形热点和多边形热点。热点创建完毕，在属性面板中设置超链接。

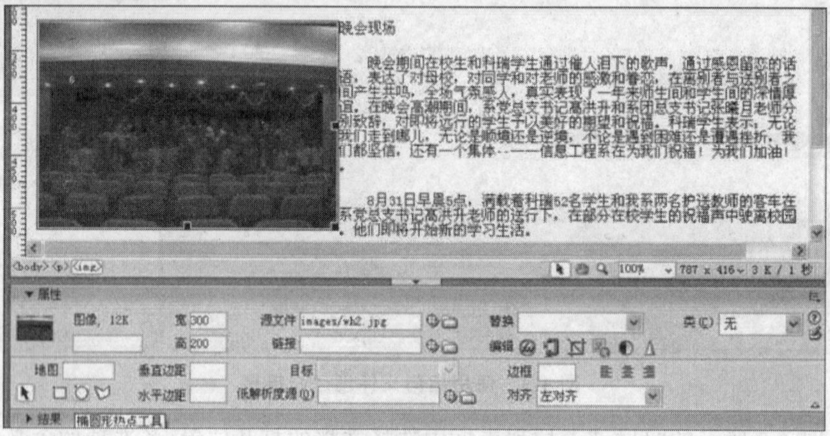

图 4-4　图像的属性及热点选择工具

▶任务实施

创建网站“招生信息”栏目并实现网页间链接的操作过程如下。

(1) 新建网站栏目

启动 Dreamweaver，打开已经建立的站点“信息工程”。在“文件”面板的本地站点下新建一个栏目文件夹 zsxx，并在 zsxx 文件夹下建立栏目的图像文件夹 images，将素材图片复制到 images 文件夹中。

(2) 新建栏目主页

在“文件”面板的 zsxx 文件夹下新建一个空白网页文档，默认的文件名是 untitled. html，修改网页文件名为 student. html，将该页面作为栏目的主页。

需要说明的是，这里建立的栏目主页是在没有讲解到页面布局时简单制作的。在实际应用中，该栏目是网站主页中的一部分，在网站主页某个布局表格中显示，在后面讲解表格布局时，可以把当前制作的栏目主页进行适当修改后嵌入网站主页中。

(3) 设置页面属性

在文档窗口中执行“修改”→“页面属性”命令，打开“页面属性”对话框。选择“标题/编码”类别，在右侧的“标题”文本框内输入网页的标题“辽宁林业职业技术学院招生信息”。选择“外观”类别，设置页面字体为“宋体”，大小为 12 磅。

(4) 制作栏目的信息栏

在设计视图下，执行“插入”→“图像”命令，插入招生信息的标识图片 info. jpg。

在图片右侧接着输入“招生信息”文字。选中文字，在属性面板中单击 CSS 按钮，设置目标规则为“＜新 CSS 规则＞”，设置字体大小为 14px，弹出“新建 CSS 规则”对话框。在“选择或输入选择器名称”中输入类的名称“. title”，单击“确定”按钮。再设置其颜色为＃174789。

将光标定位在文字右侧，执行“插入”→“图像”命令，插入色彩过渡图片 change. jpg。接着执行“插入”→“图像”命令，插入“更多信息”图片 more. jpg，效果如图 4-5 所示。

图 4-5 制作栏目的信息栏

(5) 制作栏目主题信息

按 Shift＋Enter 键将光标下移一行，执行“插入”→“图像”命令，插入栏目主题图片 main. jpg。进入拆分视图，在代码视图中找到插入图像对应的标签＜img＞，在标签内添加 align＝"center"。

输入一个全角中文空格，接着输入“辽宁林业职业技术学院招生信息”文字。选中文字，在属性面板中单击 CSS 按钮，设置目标规则为“＜新 CSS 规则＞”。设置字体颜色为＃006600，弹出“新建 CSS 规则”对话框。在“选择或输入选择器名称”中输入类的名称“. plan”，单击“确定”按钮。再设置字体为粗体，效果如图 4-6 所示。

图 4-6 制作栏目最新招生信息

(6) 制作栏目最新新闻

按 Enter 键将光标向下定位，输入最新的栏目新闻，效果如图 4-7 所示。注意，其中项目符号“·”的显示。在代码视图中相应位置输入“•”，则在设计视图中显示“·”。

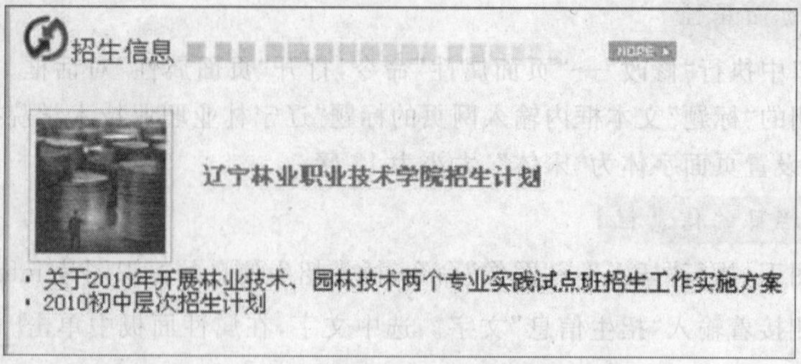

图 4-7　制作栏目最新新闻

(7) 制作"更多信息"页面

网站的新闻内容一般不会在一个页面中显示完毕，许多网站都设置了显示"更多信息"的超链接图片或链接文字。当浏览者单击该链接时，打开"更多信息"页面。本任务中制作的 more. html 页面用来显示"更多信息"。该页面的制作非常简单，这里不再赘述，只给出页面最终的效果，如图 4-8 所示。

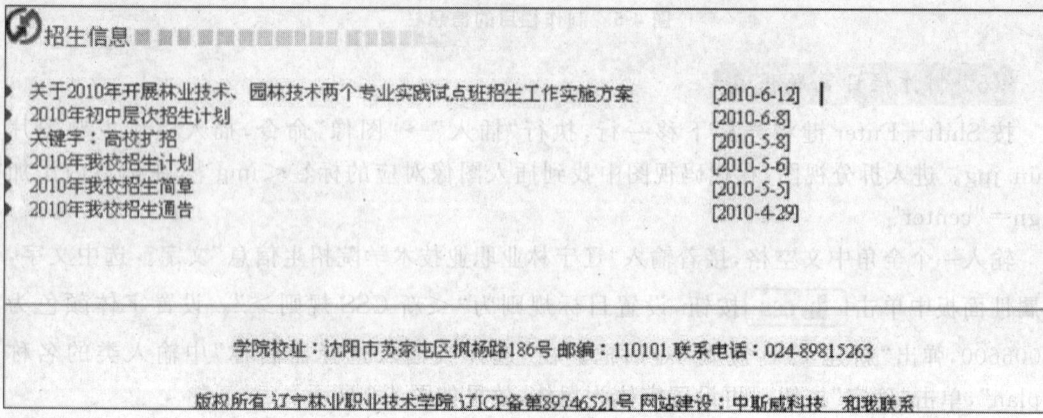

图 4-8　制作"更多信息"页面

(8) 制作新闻详细内容页面

当用户在栏目主页单击某条新闻时，将打开新闻的详细页面，显示新闻的具体内容。该页面的制作非常简单，这里不再赘述，只给出其中一个新闻页面 news1. html 的最终效果，由于该页面比较长所以一屏显示不下，分为两屏显示，如图 4-9 和图 4-10 所示。

(9) 制作栏目主页到其他页面的超链接

打开栏目主页 student. html，选中图片 more. jpg，单击"指向文件"按钮，将超链接目标指向"文件"面板中的页面 more. html，如图 4-11 所示。

选中栏目主页中的第一条新闻"关于 2010 年开展林业技术、园林技术两个专业实践试点班招生工作实施方案"，单击"指向文件"按钮，将超链接目标指向"文件"面板中的页面 news1. html，如图 4-12 所示。然后设置链接目标为_blank，如图 4-13 所示。

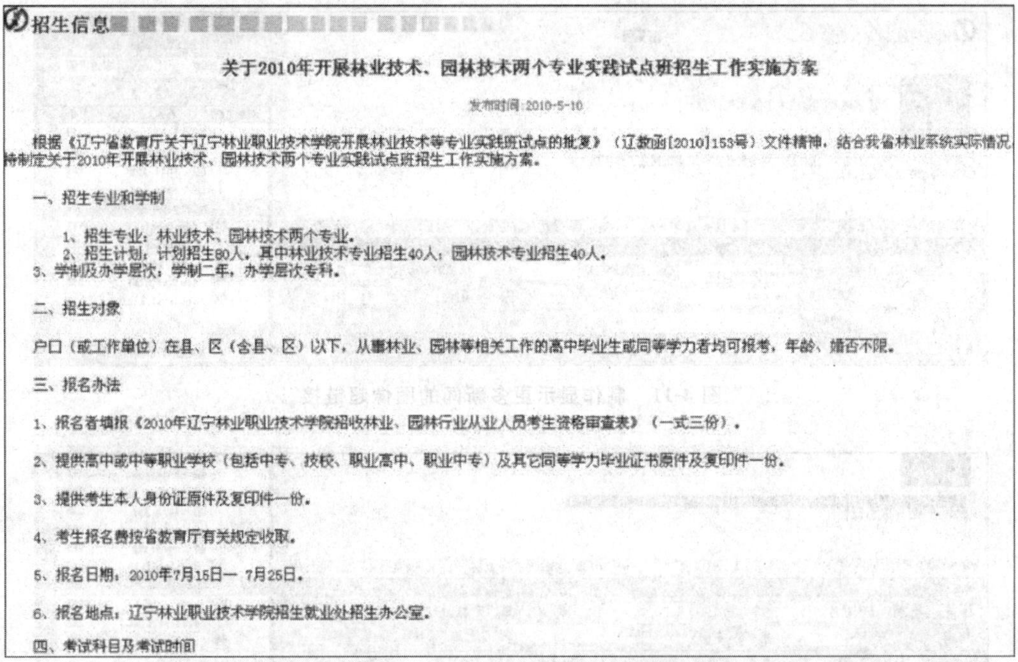
招生信息

关于2010年开展林业技术、园林技术两个专业实践试点班招生工作实施方案

发布时间：2010-5-10

根据《辽宁省教育厅关于辽宁林业职业技术学院开展林业技术等专业实践班试点的批复》（辽教函[2010]153号）文件精神，结合我省林业系统实际情况特制定关于2010年开展林业技术、园林技术两个专业实践试点班招生工作实施方案。

一、招生专业和学制

1、招生专业：林业技术、园林技术两个专业。
2、招生计划：计划招生80人，其中林业技术专业招生40人，园林技术专业招生40人。
3、学制及办学层次：学制二年，办学层次专科。

二、招生对象

户口（或工作单位）在县、区（含县、区）以下，从事林业、园林等相关工作的高中毕业生或同等学力者均可报考，年龄、婚否不限。

三、报名办法

1、报名者填报《2010年辽宁林业职业技术学院招收林业、园林行业从业人员考生资格审查表》（一式三份）。

2、提供高中或中等职业学校（包括中专、技校、职业高中、职业中专）及其它同等学力毕业证书原件及复印件一份。

3、提供考生本人身份证原件及复印件一份。

4、考生报名费按省教育厅有关规定收取。

5、报名日期：2010年7月15日— 7月25日。

6、报名地点：辽宁林业职业技术学院招生就业处招生办公室。

四、考试科目及考试时间

图 4-9 新闻页面 news1. html 第一屏内容

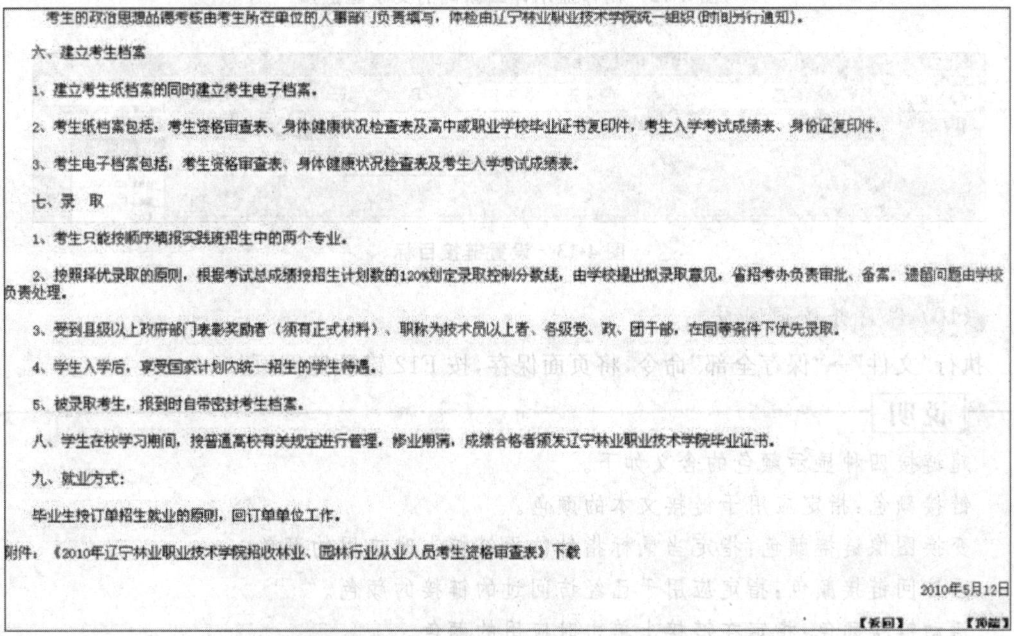
考生的政治思想品德考核由考生所在单位的人事部门负责填写，体检由辽宁林业职业技术学院统一组织（时间另行通知）。

六、建立考生档案

1、建立考生纸档案的同时建立考生电子档案。

2、考生纸档案包括：考生资格审查表、身体健康状况检查表及高中或职业学校毕业证书复印件，考生入学考试成绩表、身份证复印件。

3、考生电子档案包括：考生资格审查表、身体健康状况检查表及考生入学考试成绩表。

七、录 取

1、考生只能按顺序填报实践班招生中的两个专业。

2、按照择优录取的原则，根据考试总成绩按招生计划数的120%划定录取控制分数线，由学校提出拟录取意见，省招考办负责审批、备案。遗留问题由学校负责处理。

3、受到县级以上政府部门表彰奖励者（须有正式材料）、职称为技术员以上者、各级党、政、团干部，在同等条件下优先录取。

4、学生入学后，享受国家计划内统一招生的学生待遇。

5、被录取考生，报到时自带密封考生档案。

八、学生在校学习期间，按普通高校有关规定进行管理，修业期满，成绩合格者颁发辽宁林业职业技术学院毕业证书。

九、就业方式：

毕业生按订单招生就业的原则，回订单单位工作。

附件：《2010年辽宁林业职业技术学院招收林业、园林行业从业人员考生资格审查表》下载

2010年5月12日

【返回】 【顶端】

图 4-10 新闻页面 news1. html 第二屏内容

由于主页中第二条新闻的详细内容页没有做出来，但为了显示链接的效果，我们选定第二条链接的内容，在属性面板中将链接设置为空链接“#”。

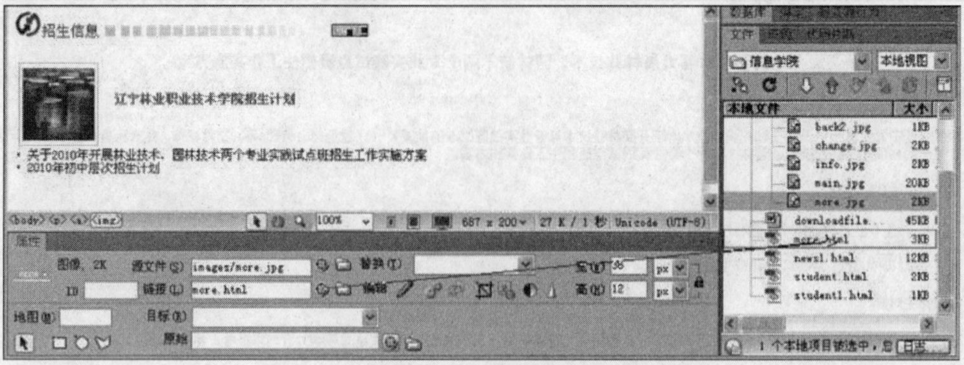

图 4-11　制作显示更多新闻的图像超链接

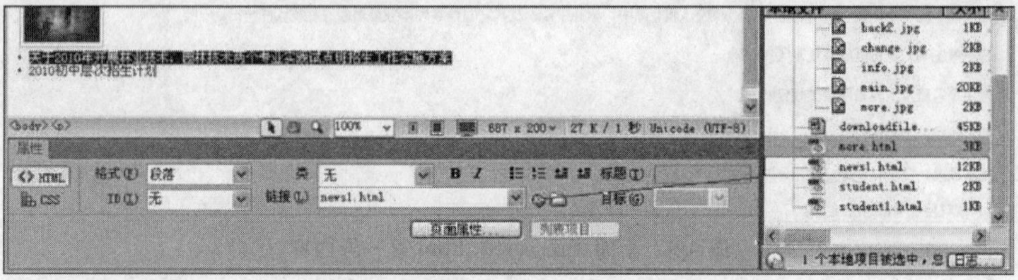

图 4-12　制作显示详细新闻的文字超链接

图 4-13　设置链接目标

(10) 保存并预览网页

执行“文件”→“保存全部”命令，将页面保存，按 F12 键预览网页。

说明

超链接四种显示颜色的含义如下。

链接颜色：指定应用于链接文本的颜色。

变换图像链接颜色：指定当鼠标指针位于链接上时应用的颜色。

已访问链接颜色：指定应用于已经访问过的链接的颜色。

活动链接颜色：指定在链接上单击时应用的颜色。

默认的超链接文字的颜色为蓝色，并显示下划线。如果用户需要修改默认的超链接风格，可以在“页面属性”对话框中修改“链接”类别中的参数，也可以使用制作超链接 CSS 样式的方法来实现，关于 CSS 样式的使用在本书的后续章节中将会讲到。

任务 4.2 创建网站“招生信息”栏目的其他链接

▶任务目标

本任务中使用外部链接、E-mail 链接、下载链接、锚点链接等来丰富招生信息栏目。

单击 more. html 页面中的文字“中斯威科技”，将打开中斯威科技有限公司网站主页，外部链接效果如图 4-14 所示。

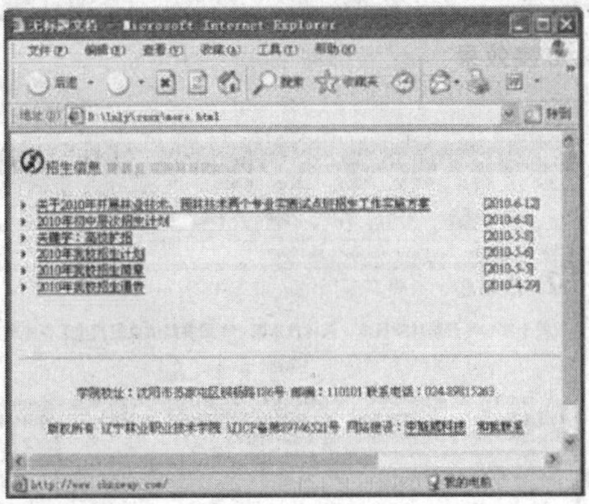
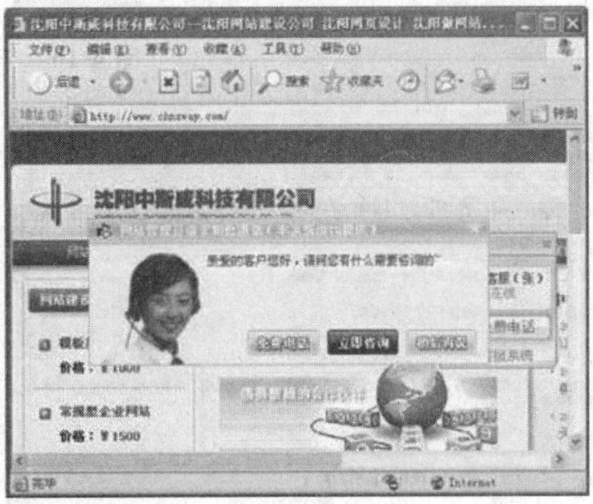

图 4-14 外部链接效果

单击 more. html 页面中的文字“和我联系”，将打开默认的电子邮件程序，E-mail 链接效果如图 4-15 所示。

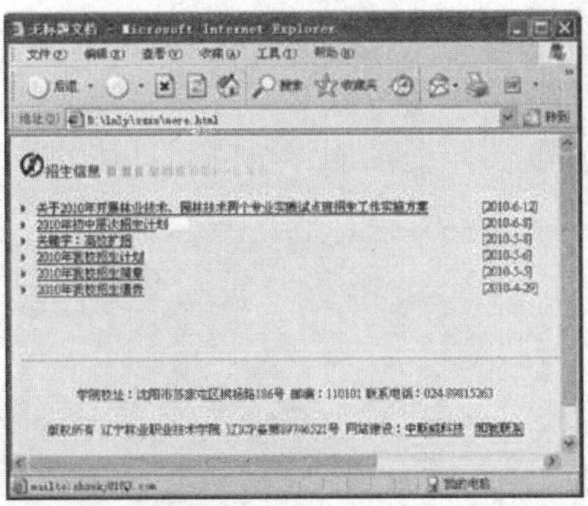
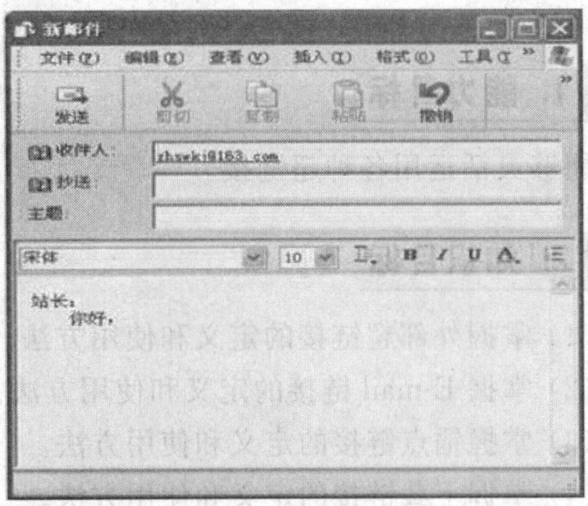

图 4-15 E-mail 链接效果

单击 news1. html 页面中的文字“下载”，将弹出“文件下载”对话框，可将 downfile. doc 文件下载到本地计算机上，下载链接效果如图 4-16 所示。

单击 news1. html 页面中的文字“顶端”，页面将显示 news1. html 页面的第一屏，锚点链接效果如图 4-17 所示。

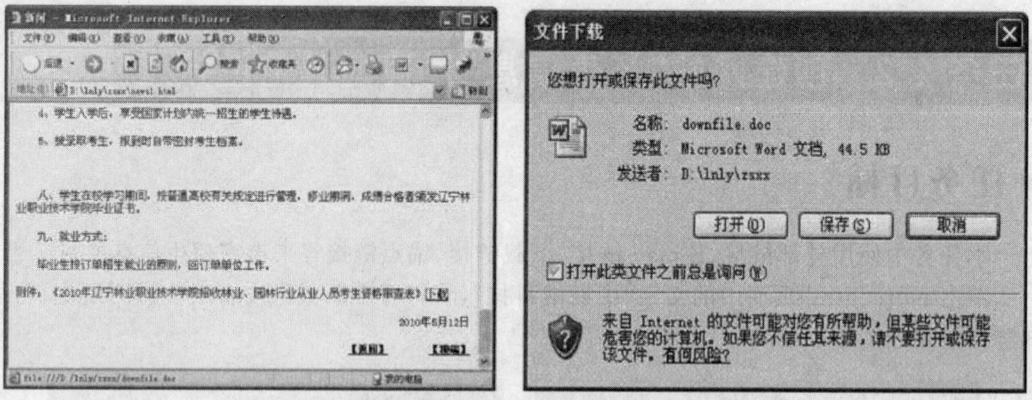

图 4-16　下载链接效果

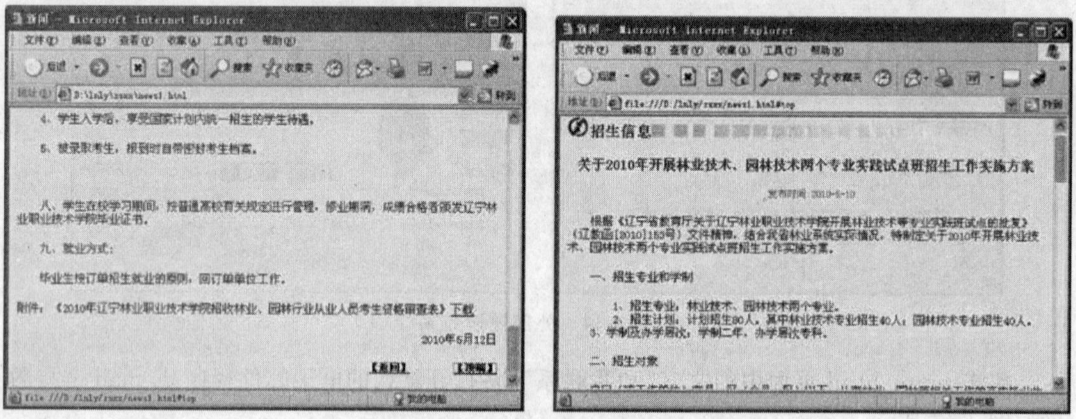

图 4-17　锚点链接效果

1. 能力目标

能够灵活运用各种超链接。

2. 知识目标

(1) 掌握外部超链接的定义和使用方法。

(2) 掌握 E-mail 链接的定义和使用方法。

(3) 掌握锚点链接的定义和使用方法。

(4) 掌握下载链接的定义和使用方法。

▶任务知识

除了使用内部超链接外，用户还可以设置其他类型的超链接，进一步增强超链接的功能。这些超链接包括外部链接、E-mail 链接、下载链接和锚点链接。

1. 外部链接

外部链接是指向网站以外的 URL 的链接。通俗地讲，网站的首页、页面、单篇文章页面、存档、分类、标签以外的链接都可以认为是外部链接。

外部链接还是搜索引擎优化的一个很重要的因素，一个网站获得的外部链接越多，那么这个网站在搜索引擎的排名可能越高。获得外部链接的主要方法是交换链接。

外部链接的格式如下。

```
<a href = "网站 URL 地址">热点对象</a>
```

可以使用属性面板的链接文本框创建外部链接，创建外部链接的步骤如下。

(1) 在文档窗口的设计视图中选择链接源文本或图像。

(2) 打开属性面板，在“链接”文本框中输入网站的 URL 地址，如图 4-18 所示。

图 4-18 创建外部链接

2. E-mail 链接

在很多网页中会看到网站管理员或公司的 E-mail 链接。单击指向 E-mail 邮件的链接，将打开默认的电子邮件程序，如 Foxmail、Outlook Express 等，并自动填写邮件地址。指向电子邮件链接的格式如下。

```
<a href = "mailto:e-mail 地址">热点文本</a>
```

例如，E-mail 地址是 zby@126. com，建立如下链接。

```
<a href = "mailto: zby@126. com">和我联系</a>
```

可以使用属性面板的链接文本框创建 E-mail 链接，创建 E-mail 链接的步骤如下。

(1) 在文档窗口的设计视图中选择链接源文本或图像。

(2) 打开属性面板，在“链接”文本框中输入 E-mail 地址，如图 4-19 所示。

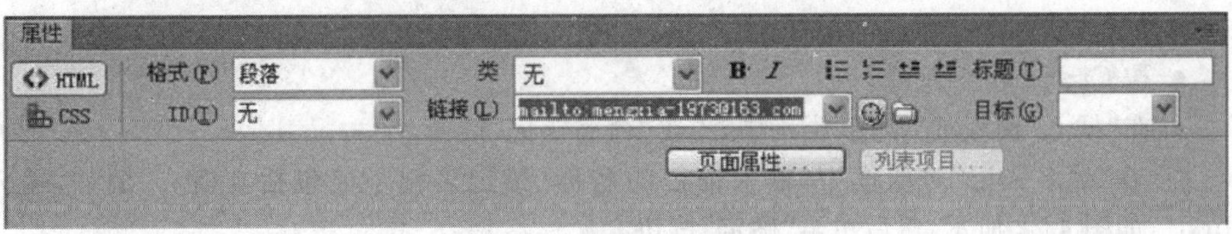

图 4-19 创建 E-mail 链接

3. 下载链接

如果链接到的文件不是 html 文件，则该文件将作为下载文件，下载链接的格式如下。

<a href = "下载文件名">热点文本</a>

可以使用属性面板的链接文本框创建下载链接，创建下载链接的步骤如下。

(1) 在文档窗口的设计视图中选择链接源文本或图像。

(2) 打开属性面板，在“链接”文本框中输入下载文件的名称，如图 4-20 所示。

图 4-20　创建下载链接

4. 锚点链接

用户可以使用命名锚记在网页中设置书签，这些书签通常放在网页的特定主题位置或顶部位置。然后用户可以创建到这些命名锚记的链接，这些链接可快速地将浏览者带到指定位置。要在当前页面内实现锚点链接需要定义两个标签：一个为超链接标签；另一个为书签标签。超链接标签的格式如下。

<a href = "#记号名">热点文本</a>

完成设置后，单击链接源文本，将跳转到“记号名”开始的文本。

书签就是用<a>标签对该文本做一个记号。如果有多个链接，不同目标文本要设置不同的书签名，书签名在<a>的 name 属性中定义，格式如下。

<a name = "记号名"> 目标文本附近的字符串</a>

(1) 创建命名锚记

创建命名锚记的步骤如下。

① 在文档窗口的设计视图中，将插入点定位在需要命名锚记的地方，如图 4-21 所示。

② 执行下列操作之一，打开“命名锚记”对话框。

- 执行“插入”→“命名锚记”命令。
- 按 Ctrl+Alt+A 键。
- 在“插入”面板的“常用”类别中，单击“命名锚记”按钮。

③ 在“命名锚记”对话框中，输入锚记的名称(锚记名称不能包括空格)。例如，输入“first”，如图 4-22 所示，然后单击“确定”按钮。

操作完成后，锚记在插入点处出现。

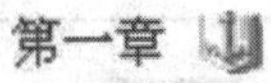

图 4-21 插入点定位

图 4-22 “命名锚记”对话框

(2) 链接到命名锚记

链接到命名锚记的步骤如下。

① 在文档窗口的设计视图中选择链接源文本或图像。

② 打开属性面板，在“链接”文本框中输入“#”号和命名锚记，例如“#first”(锚记名称区分大小写)，如图 4-23 所示。

图 4-23 输入命名锚记名称

▶任务实施

创建网站“招生信息”栏目的其他链接的操作步骤如下。

(1) 打开“招生信息”栏目中网页

启动 Dreamweaver，打开已经建立的站点“信息工程”，打开文件夹 zsxx，并打开文件夹下的更多信息页面 more. html 与新闻页面 news1. html。

(2) 制作“更多信息”页面的外部链接和 E-mail 链接

选中 more. html 文件，在版权信息区域选中“中斯威科技”文本，在属性面板中将链接设置为 http://www. chnsway. com，如图 4-24 所示。

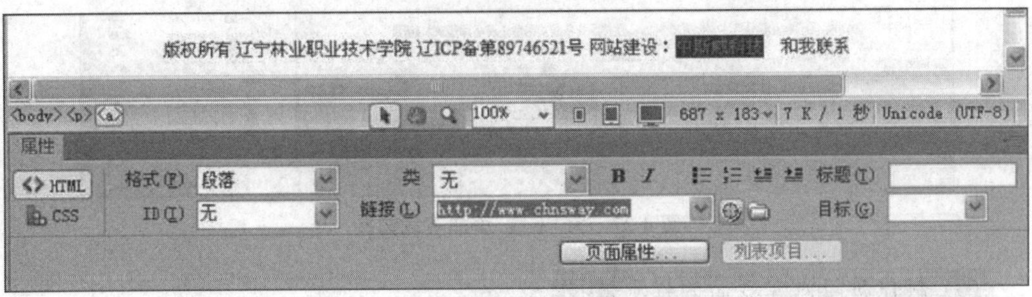

图 4-24 为“中斯威科技”添加外部链接

(3) 制作"更多信息"页面的 E-mail 链接

选中"和我联系"文本,在属性面板中将链接设置为 mailto:zhswkj@163. com,如图 4-25 所示。并为 more. html 页面中所有的新闻添加空链接,完成后的最终效果如图 4-26 所示。

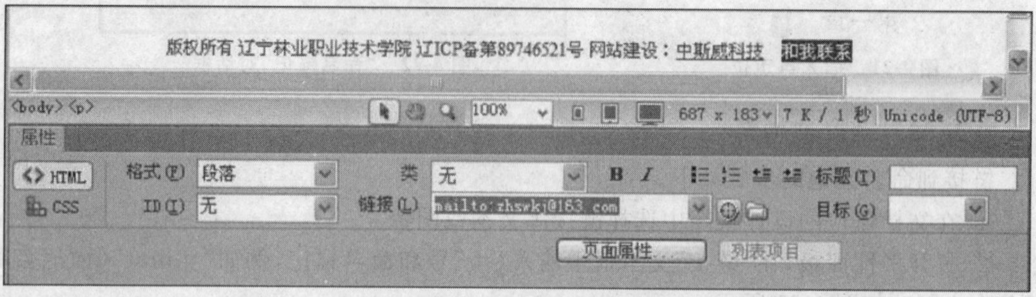

图 4-25　为"和我联系"添加 E-mail 链接

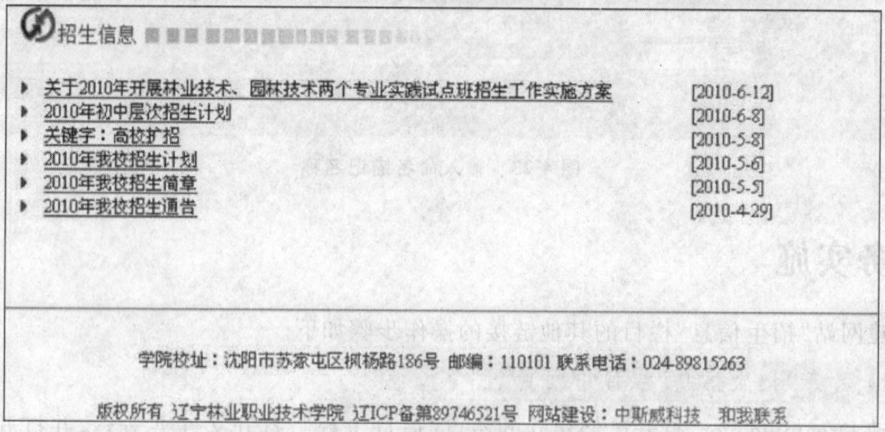

图 4-26　设置链接最终效果

(4) 制作新闻内容页面的下载链接

选中 news1. html 文件中的文字"下载",单击"指向文件"按钮,将超链接目标指向"文件"面板中的 downfile. doc,如图 4-27 所示。

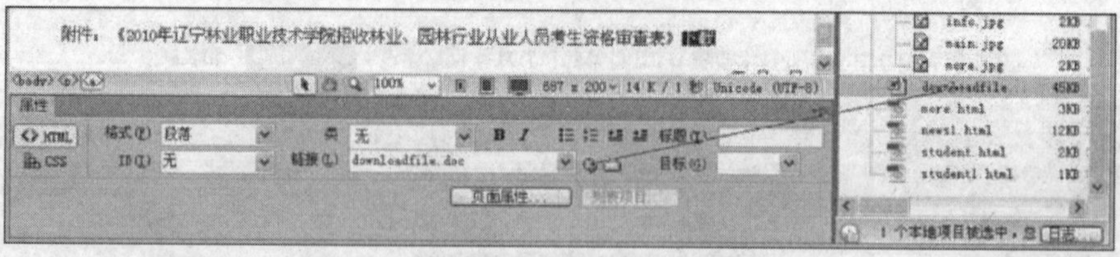

图 4-27　为"下载"添加下载链接

(5) 制作新闻内容页面的锚点链接

因为 news1. html 网页内容较多,一屏显示不下,在本页的页面底部加了"顶端"超链接,用来实现锚点链接。将插入点复位到本页面的第一行上,执行"插入"→"命名锚记"命令,弹出“命名锚记”对话框，输入“top”，如图 4-28 所示。选中“顶端”文本，在属性面板中设置链接为＃top，如图 4-29 所示。最终效果如图 4-30 所示。返回链接同前，在此不再赘述。

图 4-28 将锚记名称设置为 top

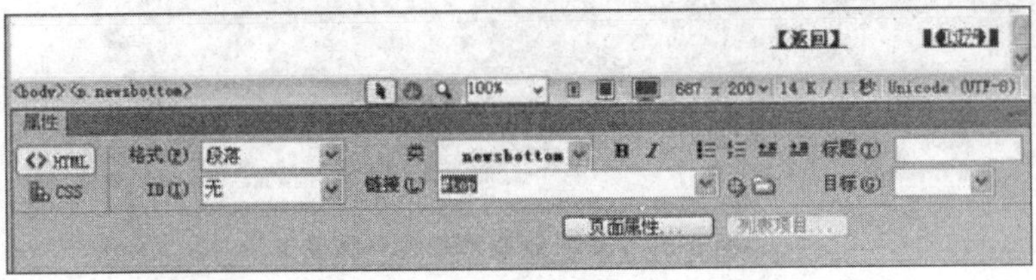

图 4-29 将“顶端”链接到命名锚记

图 4-30 生成锚记

(6) 保存并预览网页

执行菜单“文件”→“保存全部”命令，将页面保存，按 F12 键预览网页。

说明

本任务中锚点链接的锚记在页面的顶部，对于这样中转到顶部的链接，也可以不用锚点链接，可直接选中文字“顶部”，建立一个空链接“＃”，效果与建立锚点链接相同。

拓展任务 制作鸟瞰图的热点链接

▶任务目标

光标移动到某职业技术学院鸟瞰图(见图 4-31)中的体育馆、信息工程系、园林系区域时，光标会由箭头变成小手形状，并在小手的右下方出现各区域的名字，当在鸟瞰图上单击这三部分区域时，会打开相应的网页。

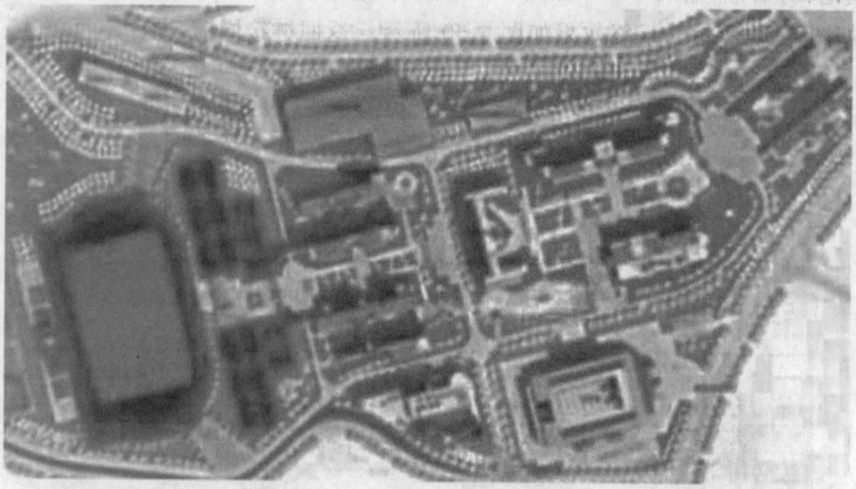

图 4-31　某职业技术学院鸟瞰图

1. 能力目标

会利用图像的热点工具制作热点链接。

2. 知识目标

掌握制作热点链接的方法。

▶任务知识

1. 映射图

映射图指的是将一个图像划分为若干区域，并将每个区域链接到不同的网页、URL 或其他的资源中，这样的图像叫作映射图。

映射图与普通图像的唯一差异在于映射图具有热点。热点指的是对一个图像内一个区域的几何描述，如一个矩形区域的左下角和右上角坐标等。在映射图上，一般每个热点都会链接到不同的网页、URL 或其他资源。当浏览者单击映射图时，浏览器会计算出单击位置是否在一个热点上，并根据判断载入相关联的网页、URL 或其他资源。

映射图可分为服务器端映射图和客户端映射图。由于服务器端映射图存在不少缺点，所以现已被客户端映射图取代。客户端映射图将超链接信息存放在 HTML 文档中，而不是像服务器端的图像映射那样存放在单独的映射文件中。当浏览者单击图像中的一个热点时，相关的 URL 将被直接发送到服务器。这就使客户端的映射图比服务器端的映射图更快，因为服务器不需要解释浏览者单击何处。

2. 图像映射面板

有关图像映射的操作大多数是在图像映射面板中进行的。在图像属性面板上单击图像映射工具上的 3 个按钮□、○和▽之一，并在图像上画出相应的形状，将弹出图像映射面板，如图 4-32 所示。

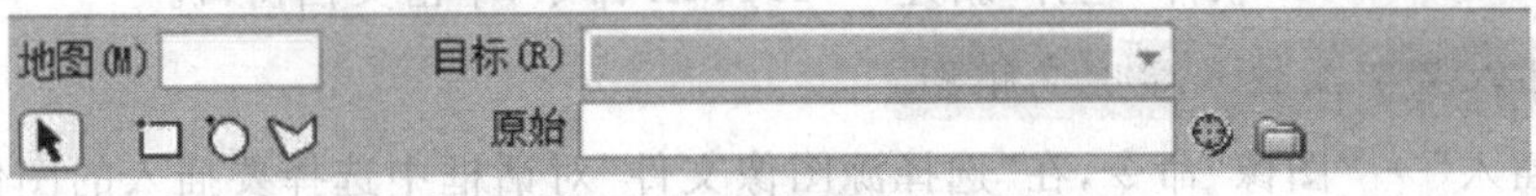

图 4-32 图像映射面板

3. 定义热点

当在网页中插入了图像之后，可以利用热点工具为该图像定义热点，热点的基本形状有矩形、圆形和多边形 3 种。利用不同的工具，可以定义不同的热点形状。

4. 编辑热点

定义热点后，就可以编辑热点。在 Dreamweaver CS6 中，热点的编辑包括改变单个热点的形状、大小，以及多个热点的对齐方式、热点间高与宽的设置等操作。

(1) 编辑单个热点。要编辑单个热点，可先单击图像映射面板上的热点工具，选中要进行操作的热点。要改变热点的大小，可拖动热点周围轮廓线上的正方形控制柄；要移动热点，直接拖动即可；要删除热点，可直接按 Delete 键。

(2) 要编辑多个热点，可按住 Shift 键单击所要选择的所有热点；或按 Ctrl＋A 键，选择整个图像上的所有热点。如果要对齐热点，可右击，在弹出的快捷菜单中选择热点的对齐方式。如果希望每个热点的宽相等，可右击，在弹出的快捷菜单中选择设成宽度相等；如果要想每个热点的高相等，则选择设置高度相等。如果要删除所有的热点，可在选择所有热点后，直接按 Delete 键。复制带有热点的图像，则图像上所有的热点也同时被复制。

5. 为热点建立链接

设定一个热点的轮廓后，就可以建立该热点的链接关系了。热点可以链接到不同的对象上，如一个已经设计好的网页、一个图像或一个动画等。

为热点建立链接时，可单击图像映射面板上的热点工具，在图像上选择要建立链接的热点。在图像映射面板上的"链接"文本框中输入相应的 URL。也可以单击其后的浏览图标，从本地硬盘上选择链接的文件路径。在"目标"下拉列表框中选择链接文件在浏览器中打开的方式，在"替换"文本框中输入光标移至热点时所显示的文字，这样当用户在热点上暂停鼠标指针时，浏览器以工具提示形式显示"替换"文本框中所输入的文字。

▶任务实施

制作鸟瞰图的热点链接的操作过程如下。

（1）新建 html 文档

启动 Dreamweaver 软件，选择“新建”→HTML 命令，单击文档窗口。

（2）插入某职业技术学院鸟瞰图

执行“插入”→“图像”命令，在“选择源图像文件”对话框中选择要插入的图像，单击“确定”按钮，如图 4-33 所示。

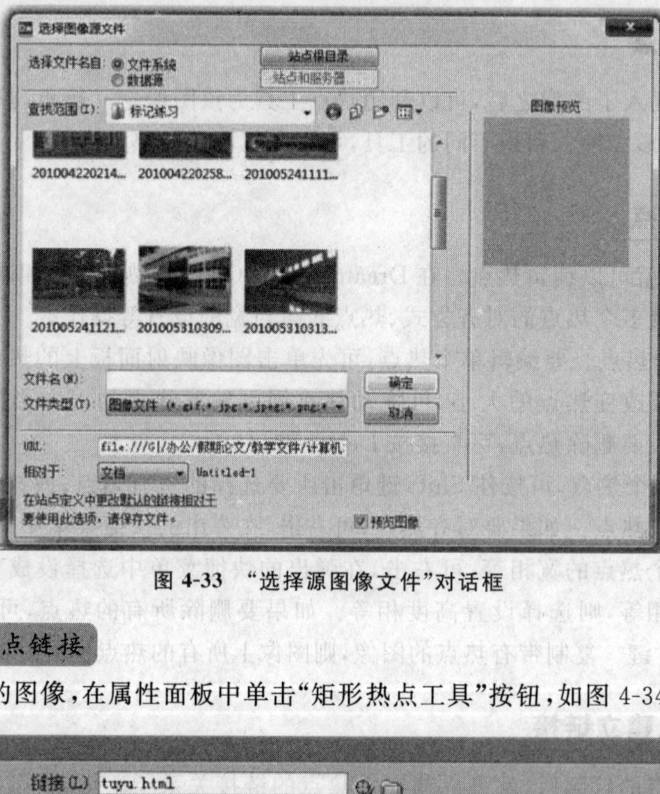

图 4-33 “选择源图像文件”对话框

（3）绘制热点链接

单击已插入的图像，在属性面板中单击“矩形热点工具”按钮，如图 4-34 所示。

图 4-34 选择矩形热点工具

在文档窗口中的体育馆区域绘制出热点，如图 4-35 所示。

（4）设置属性

在属性面板的“链接”文本框中输入“tiyu. html”，在“替换”文本框中输入“体育馆”，如图 4-36所示。

图 4-35 绘制体育馆区域热点

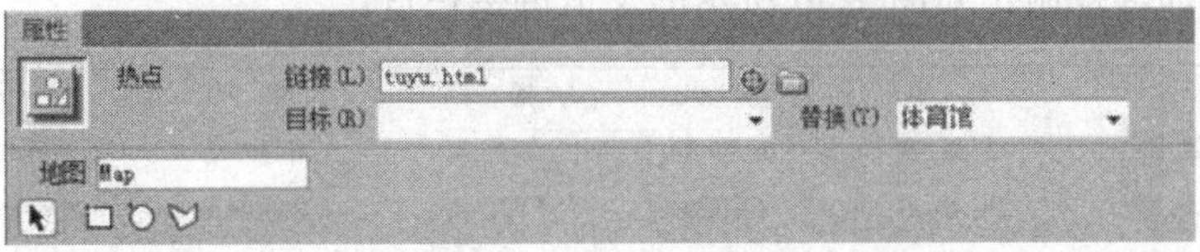

图 4-36 设置属性

(5) 绘制其他热点链接

重复步骤(3)和步骤(4),分别绘制信息工程系和园林系热点链接,并设置相应的属性,效果如图 4-37 所示。

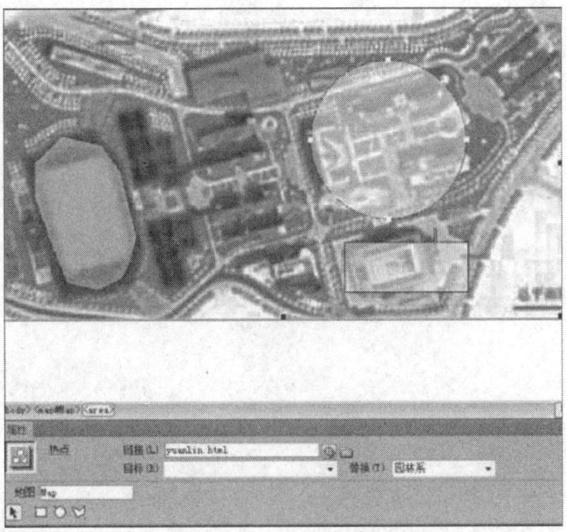

图 4-37 其他热点链接设置

(6) 保存并预览网页

执行“文件”→“保存全部”命令,将页面保存,按 F12 键预览网页。

说明

在创建热点链接时,可以根据需求选择矩形热点工具、椭圆形热点工具和多边形热点工具。

习题

1. 简述创建文字超链接的三种方法。
2. 简述创建外部超链接的地址书写方法。
3. 简述超链接目标有几种形式,各适用什么场合?
4. 使用外部链接制作如图 4-38 所示的友情链接栏目。

百度	新浪	腾讯	搜狐	网易	谷歌
凤凰网	央视网	新华网	人民网	中国移动	中国政府网
人人网	开心网	新浪微博	汽车之家	4399游戏	太平洋电脑网
东方财富	中华英才网	中彩网	赛尔号	智联招聘	携程旅行网
大众点评网	赶集网	58同城	淘宝网	搜房网	搜狐视频
工商银行	当当网	中关村在线	安居客房产网	易车网	去哪儿网
京东网上商城	乐淘网上鞋城	拉手团购	卓越网上购物	凡客诚品购物	世纪佳缘交友

图 4-38 习题 4 效果

项 目 5

利用表格布局网站主页

表格是网页设计与制作时不可缺少的重要元素。无论是排列数据还是在页面上对文本进行排版,表格都表现出了强大的功能。它以简洁明了和高效快捷的方式,将数据、文本、图像、表单等元素有序地显示在页面上,从而设计出版式漂亮的网页。表格最基本的作用就是让复杂的数据变得更有条理,让人容易看懂。在设计页面时,往往要利用表格来布局定位网页元素。本项目主要讲述插入表格、设置表格属性、单元格属性、编辑表格、利用表格进行布局页面、创建电子相册等。

本项目包括如下任务。

任务 5.1　制作各式课程表。

任务 5.2　制作网站主页。

拓展任务　为网页创建多级菜单。

任务 5.1　制作各式课程表

▶任务目标

本任务在网页中利用表格制作一个课程表,在其中插入图片、文字,并通过改变表格的属性及单元格属性,调整其格式,分别做出边框为 2 像素的表格(见图 5-1)、细线表格(见图 5-2)和立体表格(见图 5-3)。

课　程　表

		星期一	星期二	星期三	星期四	星期五
上午	1—2节	网页制作	图形图像	动画制作	C#	图形图像
	3—4节	网页制作	图形图像	动画制作	C#	图形图像
中午休息						
下午	5—6节	计算机英语	就业	心理健康	计算机英语	选修
	7—8节	C#				

图 5-1　边框为 2 像素的课程表

课　程　表

		星期一	星期二	星期三	星期四	星期五
上午	1—2节	网页制作	图形图像	动画制作	C#	图形图像
	3—4节	网页制作	图形图像	动画制作	C#	图形图像
中午休息						
下午	5—6节	计算机英语	就业	心理健康	计算机英语	选修
	7—8节	C#				

图 5-2　细线表格课程表

课　程　表

		星期一	星期二	星期三	星期四	星期五
上午	1—2节	网页制作	图形图像	动画制作	C#	图形图像
	3—4节	网页制作	图形图像	动画制作	C#	图形图像
中午休息						
下午	5—6节	计算机英语	就业	心理健康	计算机英语	选修
	7—8节	C#				

图 5-3　立体表格课程表

1. 能力目标

(1) 会制作各种特殊表格。

(2) 会在表格中插入图片及文字。

2. 知识目标

(1) 掌握表格制作的基本方法。

(2) 掌握表格属性及单元格属性的意义及设置方法。

(3) 掌握表格的基本操作。

▶任务知识

表格是在页面上显示表格式数据，以及对文本和图形进行布局的强有力的工具。利用表格布局页面，可以使整个页面更规则地放置网页元素，并使条目更加清晰。

1. 创建表格

在设计网页页面时，往往要利用表格来定位页面元素。使用表格可以导入表格化数据、设计页面分栏、定位页面上的文本和图像等。

在 Dreamweaver 中创建表格的步骤如下。

(1) 将光标放到要插入表格的位置。

(2) 执行下列操作之一，打开“表格”对话框，如图 5-4 所示。

- 执行“插入”→“表格”命令。
- 单击“插入”面板“常用”类别中的“表格”按钮。
- 按 Ctrl＋Alt＋T 键。

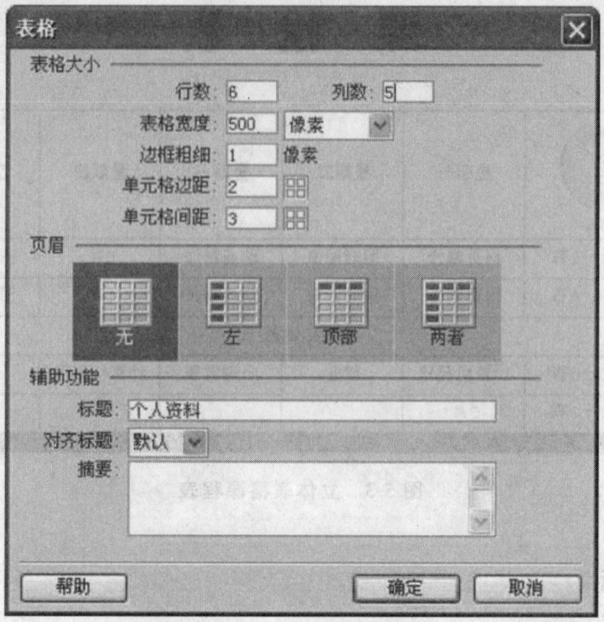

图 5-4 “表格”对话框

(3) 在“行数”文本框中输入表格的行数，在“列数”文本框中输入表格的列数，在“表格宽度”文本框中输入表格在网页中的宽度(可用像素或百分比表示)，在“边框粗细”文本框中输入表格的宽度，在“单元格间距”文本框中输入相邻单元格之间的像素数，在“单元格边距”文本框中输入单元格边框与单元格内容之间的像素数，在“标题”文本框中输入表格名称，在“对齐标题”下拉菜单中选择表格标题的位置。

在设置表格宽度时，通常将最外层表格的宽度设置为绝对像素，以保证整个网页不变形，而内层嵌套表格的宽度既可以是绝对像素，也可以是相对百分比(即相对于当前浏览器窗口的百分比，如 90%时表格宽度相对于当前浏览器窗口的 90%)。设置为百分比表格将随着浏览器窗口的改变而改变。如果需要固定宽度，则不能用百分比。

(4) 单击“确定”按钮，即可在当前光标位置插入一个表格，如图 5-5 所示。

个人资料

图 5-5 生成的表格

2. 设置表格属性

当用户创建了一个表格后，可以通过属性面板进一步设置表格及单元格属性，美化表格的外观。

(1) 设置表格属性

选中表格，打开属性面板，如图 5-6 所示，根据需要更改表格的属性。表格属性各参数的含义如下。

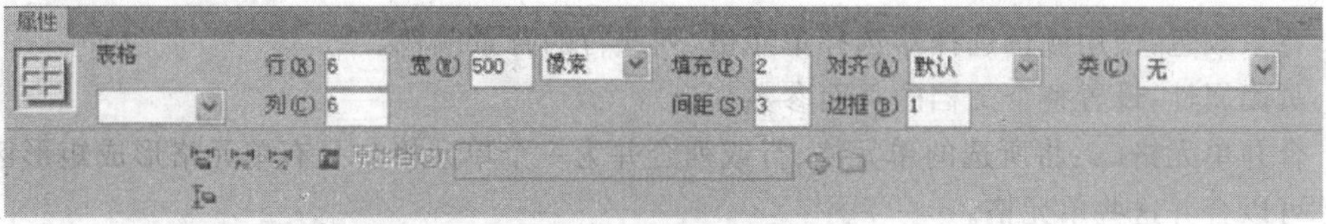

图 5-6 设置表格属性

行、列：表格中行和列的数量。

宽：表格的宽度，以像素为单位，也可以使用占浏览器窗口宽度的百分比为单位。

填充：即单元格边距，指单元格内容与单元格边框之间的像素数。

间距：相邻单元格之间的像素数。

对齐：确定表格相对于同一段落中的其他元素(如文本或图像)的显示位置。

边框：表格边框的宽度，以像素为单位。

类：对该表格设置一个 CSS 类。

清除列宽：删除所有明确指定的列宽。

清除行高：删除所有明确指定的行高。

将表格宽度转换成像素：将表格中每列的宽度设置为以像素为单位的当前宽度。

将表格宽度装换成百分比：将表格中每列的宽度设置为按窗口宽度百分比表示的当前宽度。

(2) 设置单元格及行列属性

设置单元格及行列属性的步骤如下。

① 选择单元格、列或行。

② 打开属性面板，如图 5-7 所示，根据需要更改单元格及行列属性。单元格属性各参数的含义如下。

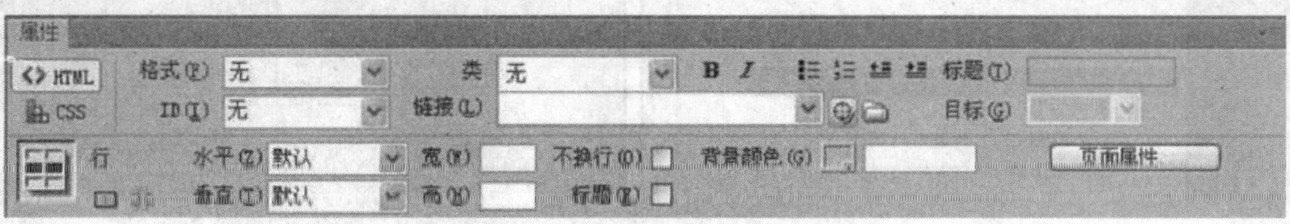

图 5-7 设置单元格属性(一)

水平：指定单元格、行或列内容的水平对齐方式。

垂直：指定单元格、行或列内容的垂直对齐方式，其默认的对齐方式是垂直居中对齐。

宽和高：所选单元格的宽度和高度，以像素为单位或按整个表格宽度或高度的百分比指定。

不换行：单元格内容不换行，从而使给定单元格中的所有文本都在一行上。如果启用该选项，则当用户输入数据或将数据粘贴到单元格时，单元格会加宽来容纳所有数据。

标题：将单元格转换为标题单元格。默认情况下，表格标题单元格的内容为粗体并且居中。

背景颜色：使用颜色选择器选择单元格、列或行的背景颜色。

页面属性：设置整个文档的页面参数。

合并单元格：将所选的单元格、行或列合并为一个单元格。只有单元格形成矩形区域时才可以合并这些单元格。

拆分单元格：将一个单元格分成两个或更多单元格。一次只能拆分一个单元格，如果选择的单元格多于一个，则此按钮将禁用。

3. 表格的基本操作

(1) 向表格添加内容

创建表格后，可以在表格单元格中添加文本、图像及任意可以内嵌在网页中的元素。

首先选中表格，在表格属性中设置对齐方式为“居中对齐”，如图 5-8 所示。

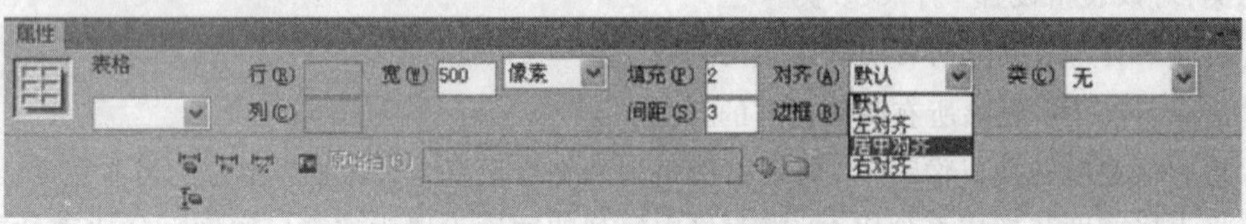

图 5-8　设置表格居中对齐

接下来设置表格的背景图像。选中整个表格，进入拆分视图，在代码视图中找到表格的标签<table>，在标签内添加 background＝" images/backpic. jpg"，如图 5-9 所示。在设计视图中即可看到设置表格背景图像的效果，如图 5-10 所示。

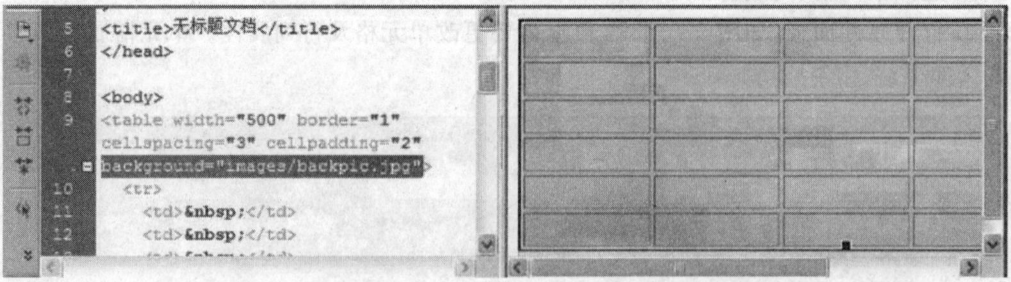

图 5-9　表格加入背景图像

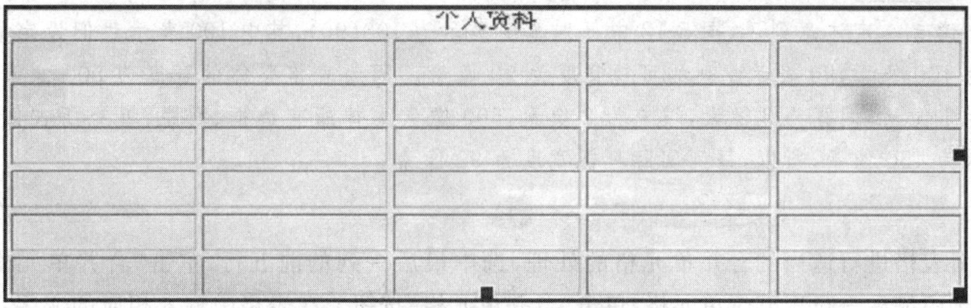

图 5-10 设置表格背景图像的效果

说明

背景图像不会影响到表格的大小，本例中背景图像 backpic.jpg 比表格大很多，故只能显示出背景图像的一部分。若要显示全部图片，需对图片按表格大小进行处理。另外如果背景图像较小，则背景图像会重复布满整个表格。

在输入课程表内容之前，最好先将各个单元格的宽度固定下来，这样可以防止单元格变形。选择所有单元格，在单元格属性面板中将单元格宽度设置为 100 像素，单元格内容水平和垂直方向的对齐方式均为居中对齐，如图 5-11 所示。设置后的效果如图 5-12 所示。

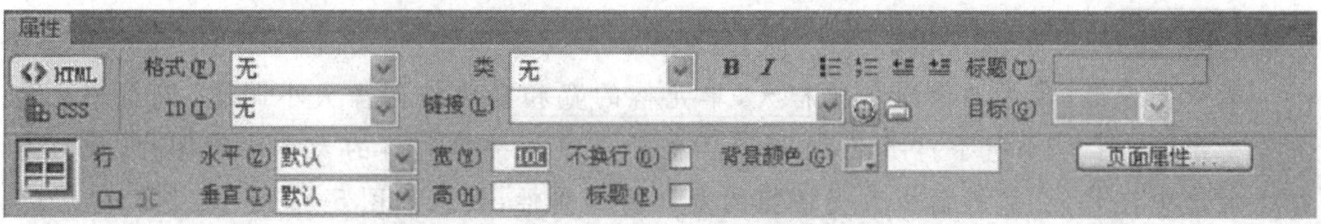

图 5-11 设置单元格属性(二)

图 5-12 设置单元格属性效果

说明

读者一定注意到了，图 5-12 中每列宽度显示为 100(90)，其中 100 表示我们设定的宽度为 100 像素，90 表示此列的可视宽度为 90 像素。因为表格整体的宽度为 500 像素，边框为 1 像素，间距为 3 像素，填充为 2 像素，500 像素去掉所有边框、间距、填充所占像素，结果为 450 像素，所以，每列实际可视宽度为 90 像素。

对表格进行适当的合并单元格的处理，选中最后一列的前五行，单击“合并单元格”按钮。选中最后一行后五个单元格，单击“合并单元格”按钮。在表格中输入相应的文字，效果如图 5-13 所示。

个人资料

姓　名：		性　别：		
出生日期：		民　族：		
毕业日期：		毕业院校：		
所学专业：		申请职位：		
工作经验：		薪资要求：		
联系方式：				

图 5-13　输入文本内容

接下来，插入表格右上角的图像，将光标定位于表格左上角，单击“插入图像”按钮，插入素材文件 yicun.jpg。

说明

插入图像时，如果图像比单元格大，单元格的宽和高将按图像大小调整，使整个表格完全变形，如图 5-14 所示。所以，在插入图像前应事先按单元格的大小修改图片，也可在插入后选中图片，在属性面板改变图像的宽和高的属性，效果如图 5-15 所示。

(2) 选择表格

用户可以一次选择整个表、行或列，也可以选择一个或多个单独的单元格。当用户将鼠标指针移动到表格、行、列或单元格上时，Dreamweaver 将高亮显示选择区域中的所有单元格。图 5-16 所示为选中所有单元格效果；图 5-17 所示为选中一行单元格效果；图 5-18 所示为选中一列单元格效果。选择不连续的单元格时，先单击第一个单元格，然后按住 Ctrl 键依次单击选中基地单元格，如图 5-19 所示。

(3) 调整表格大小

如果调整表格单元格大小比较麻烦，可以清除列宽或行高并重新开始。有时 HTML 代码中设置的列宽度与它们在屏幕上的外观宽度不匹配，发生这种情况时，用户可以调整表格宽度使宽度一致。Dreamweaver 中可以显示表格的宽度和标题菜单，能够帮助用户对表格进行布局。

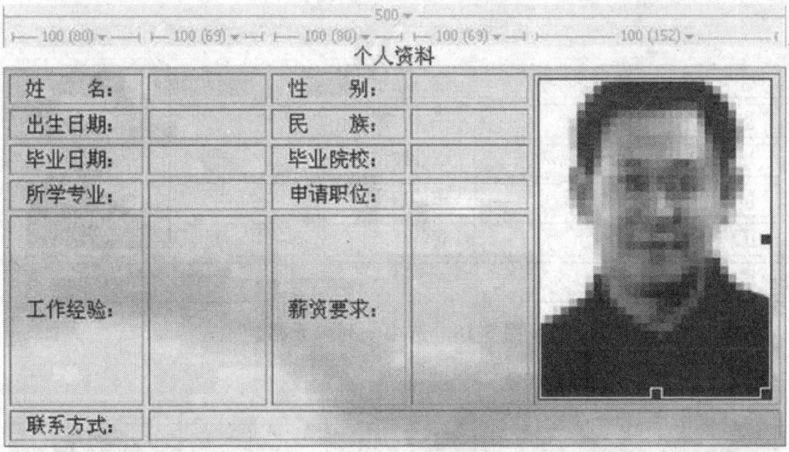

图 5-14 插入比单元格大的图像

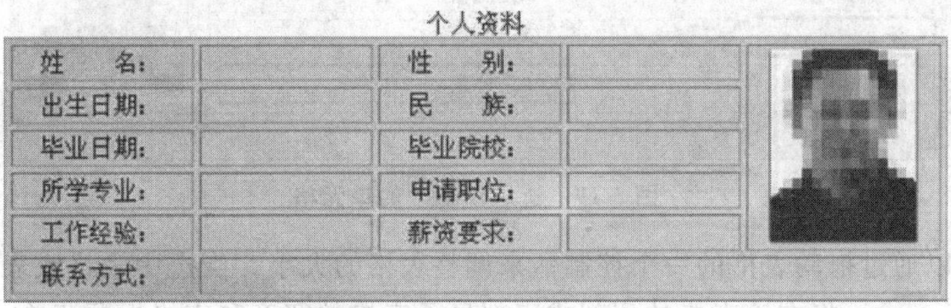

图 5-15 修改图像属性后效果

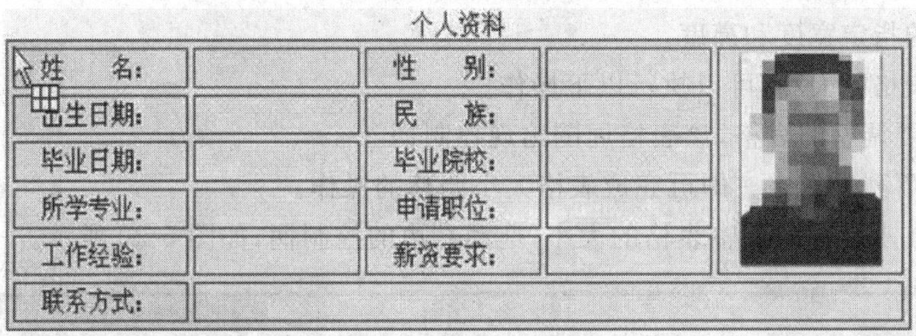

图 5-16 选中所有单元格

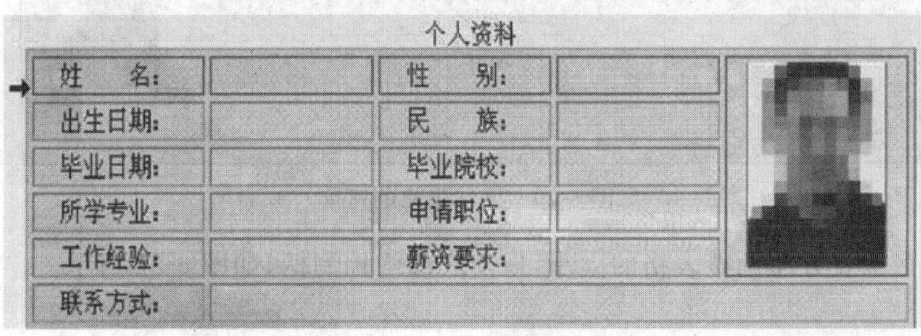

图 5-17 选中一行单元格

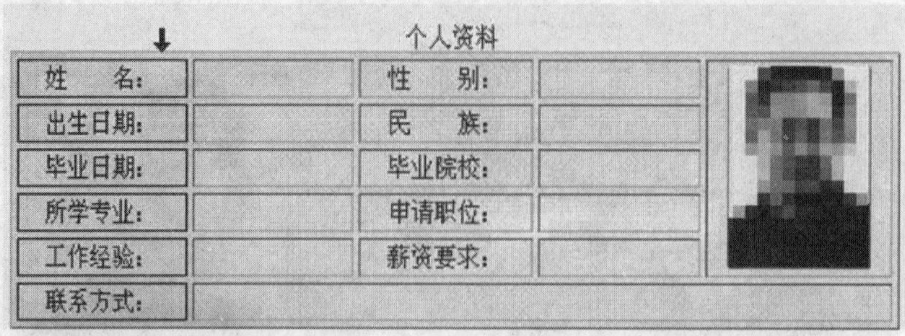

图 5-18　选中一列单元格

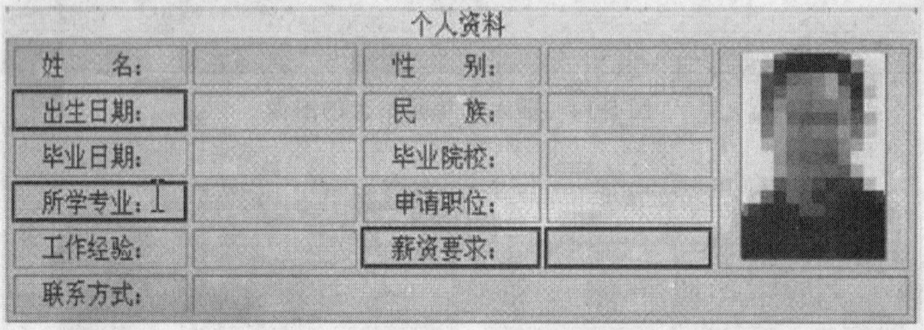

图 5-19　选中不连续的单元格

用户可以通过拖动表格的一个控制柄来调整表格的大小。当选中表格或表格中有插入点时，Dreamweaver 将在该表格的顶部或底部显示表格的宽度和表格标题菜单。

当调整整个表格的大小时，表格中的所有单元格按比例更改大小。如果表格的单元格指定了明确的宽度或高度，则调整表格大小将更改文档窗口中单元格的可视大小，但不更改这些单元格的指定宽度和高度。

要调整表格的大小，可以执行以下操作。

① 选择要调整的表格，该表格周围出现控制柄。

② 执行下列操作之一即可完成表格大小调整的操作。

- 若要在水平方向调整表格的大小，拖动右边的控制柄，如图 5-20 所示。

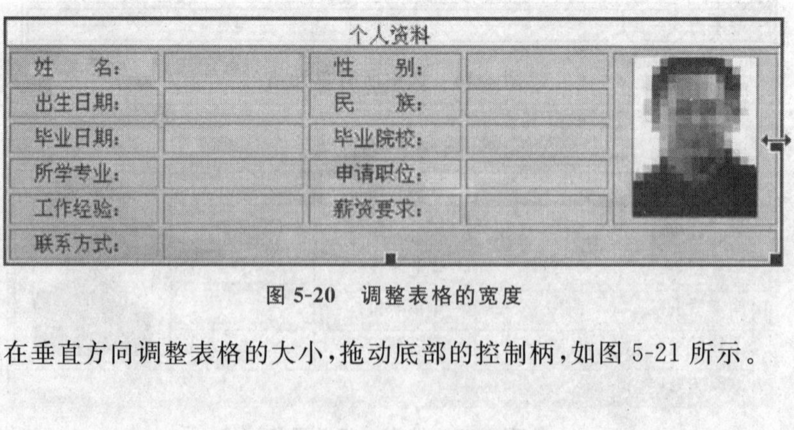

图 5-20　调整表格的宽度

- 若要在垂直方向调整表格的大小，拖动底部的控制柄，如图 5-21 所示。

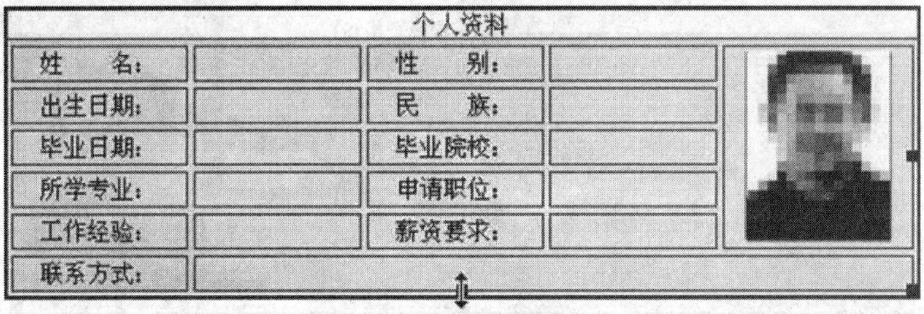

图 5-21 调整表格的高度

- 若要在水平、垂直两个方向调整表格的大小,拖动右下角的控制柄。

(4) 调整列和行的大小

用户可在属性面板中调整列宽或行高,也可以通过拖动列或行的边框来更改列宽或行高,如图 5-22 和图 5-23 所示。

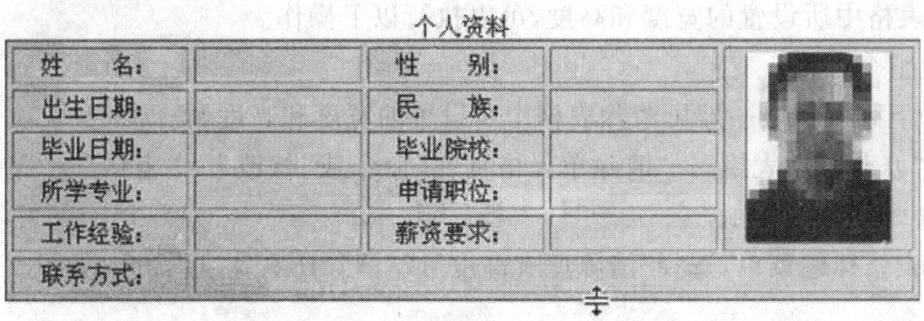

图 5-22 调整最后一行的高度

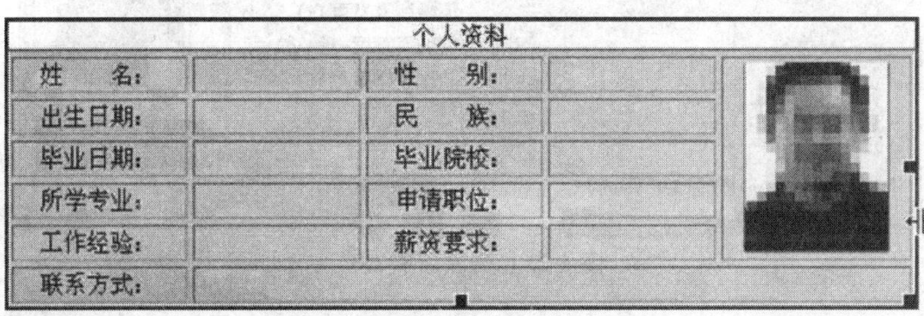

图 5-23 调整最后一列的宽度

(5) 使代码中的列宽与可视宽度一致

如果用户看到一个列的宽度有两个数字,说明 HTML 代码中设置的列宽度与这些列在屏幕上的外观宽度不匹配。用户通过设置可以使代码中指定的列宽与可视宽度相匹配。

要使代码中的列宽与可视宽度一致,可以执行以下操作。

① 选中整个表格。

② 单击表格标题菜单,然后选择“使所有宽度一致”命令,如图 5-24 所示。Dreamweaver 将重置代码中指定的宽度以匹配可视宽度。

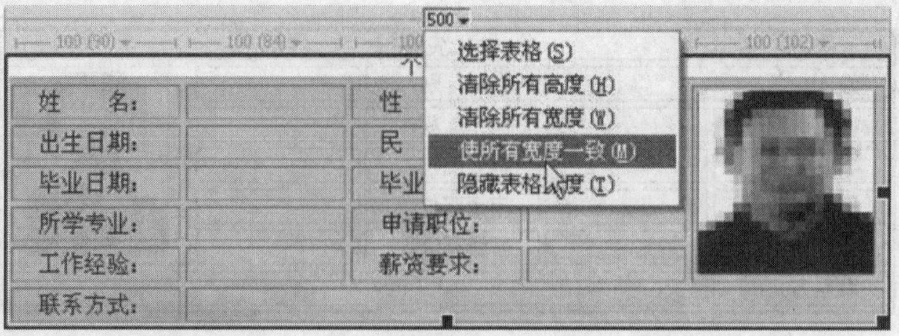

图 5-24　使代码中的列宽与可视宽度一致

(6) 清除设置的宽度和高度

在调整表格或单元格大小前,用户最好清除表格或单元格的宽度和高度。要注意,当拖动其中一个控制柄来调整表格的大小时,改变的是表格中单元格的可视大小,并没有更改单元格的任何指定的宽度或高度。

要清除表格中所设置的宽度和高度,可以执行以下操作。

① 选中整个表格。

② 执行下列操作之一即可清除表格中所设置的宽度和高度。

- 执行"修改"→"表格"→"清除单元格宽度"命令或"修改"→"表格"→"清除单元格高度"命令。
- 单击表格标题菜单,选择"清除所有高度"或"清除所有宽度"命令,如图 5-25 所示。

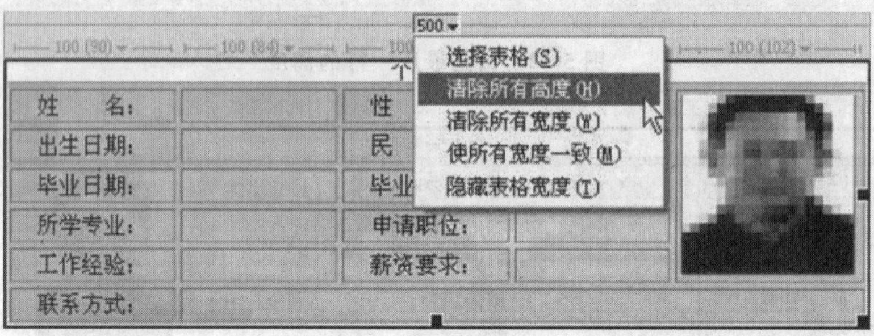

图 5-25　清除所有高度

要清除列的设置宽度,可以在该列中单击以选中该列,单击列标题菜单,然后选择"清除列宽"命令,如图 5-26 所示。

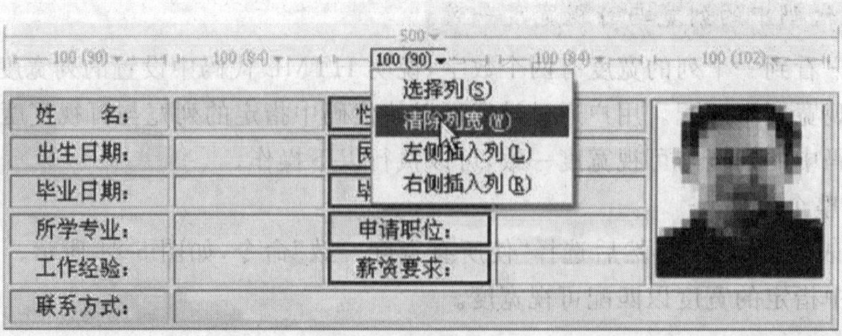

图 5-26　清除列宽

(7) 添加及删除行和列

要添加及删除行和列,可以使用"修改"→"表格"命令或列标题菜单。

① 要添加单个行或列,可以选中一个单元格,执行下列操作之一即可完成添加。

- 执行"修改"→"表格"→"插入行"或"修改"→"表格"→"插入列"命令,在插入点的上面出现一行或在插入点的左侧出现一列。
- 单击列标题菜单,然后选择"左侧插入列"或"右侧插入列"命令,如图 5-27 所示,在插入点的左侧或右侧出现一列。

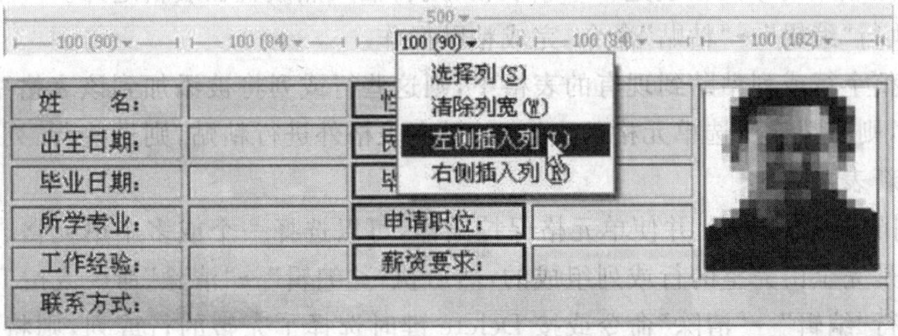

图 5-27　添加单行或单列

② 要添加多行或多列,可以单击一个单元格,执行"修改"→"表格"→"插入行或列"命令,出现"插入行或列"对话框,如图 5-28 所示。

选择"行"或"列"单选项,确定行数或列数,单击"确定"按钮,行或列出现在表格中。

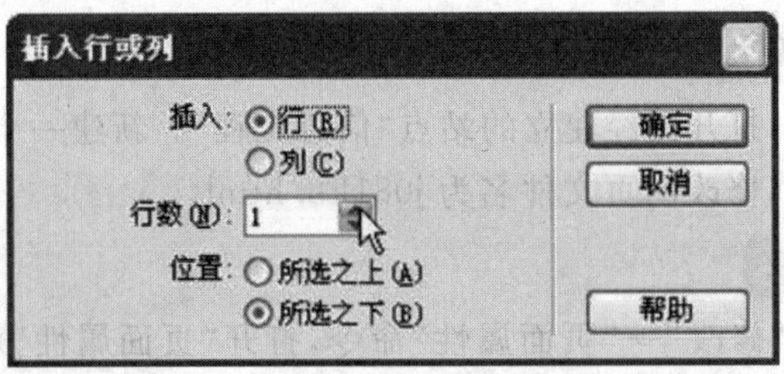

图 5-28　添加多行或多列

③ 要删除某行或列,可以执行以下操作之一。

- 单击要删除的行或列中的一个单元格,然后执行"修改"→"表格"→"删除行"或"修改"→"表格"→"删除列"命令。
- 选择完整的一行或列,然后执行"编辑"→"清除"命令或按 Delete 键。整个行或列即从表格中消失。

(8) 复制、粘贴和删除单元格

用户可以一次性复制、粘贴或删除单个单元格或多个单元格,并保留单元格的格式设置,还可以在插入点处替换现有表格中的所选部分粘贴单元格。若要粘贴多个单元格,剪贴板的内容必须和表格的结构或表格中将粘贴这些单元格的所选部分兼容。

① 要剪切或复制表格单元格,可以选择连续行中形状为矩形的一个或多个单元格,执

行“编辑”→“剪切”或“编辑”→“复制”命令，粘贴表格单元格。

② 要粘贴表格单元格，首先选择要粘贴单元格的位置，根据要粘贴单元格位置的不同进行不同的操作。

- 若要用用户正在粘贴的单元格替换现有的单元格，则选择一组与剪贴板上的单元格具有相同布局的现有单元格。
- 若要在特定单元格上方粘贴一整行单元格，则单击该单元格。
- 若要在特定单元格左侧粘贴一整列单元格，则单击该单元格。
- 若要用粘贴的单元格创建一个新表格，则将插入点放置在表格之外。

最后，执行“编辑”→“粘贴”命令，完成粘贴操作。

如果将整个行或列粘贴到现有的表格中，则这些行或列将被添加到该表格中；如果粘贴单个单元格，则将替换所选单元格的内容；如果在表格外进行粘贴，则这些行、列或单元格用于定义一个新表格。

③ 要删除单元格内容，并使单元格保持原样，可以选择一个或多个单元格，要注意确保所选部分不是完全由完整的行或列组成的，然后执行“编辑”→“清除”命令或按 Delete 键。

如果执行“编辑”→“清除”命令或按 Delete 键时选择了完整的行或列，则将从表格中删除整个行或列，而不仅仅是它们的内容。

▶任务实施

制作课程表的操作过程如下。

(1) 新建课程表网页

启动 Dreamweaver，打开已经建立的站点“信息工程”。新建一个空白网页文档，默认的文件名是 untitled. html，修改网页文件名为 j081kb. html。

(2) 设置页面属性

在文档窗口中执行“修改”→“页面属性”命令，打开“页面属性”对话框。选择“标题/编码”类别，在右侧的“标题”文本框内输入网页的标题“计算机 081 班课程表”。选择“外观”类别，设置页面字体为“黑体”，大小为 14 像素。

(3) 新建表格并设置表格属性

执行“插入”→“表格”命令，弹出“表格”对话框，插入一个 6 行 7 列、边框为 1 像素、边距为5 像素、间距为 0 像素、标题为“课程表”的表格，如图 5-29 所示。

选中整个表格，在表格属性面板中设置对齐方式为居中对齐，使表格居于页面中间。

打开拆分视图，在代码视图中找到表格对应的＜table＞标签，加入 bordercolor＝"＃00cc33"，设置边框颜色为＃00cc33，如图 5-30 所示。

将表格标题选中，在属性面板中单击 [CSS] 按钮，设置目标规则为“＜新 CSS 规则＞”。设置字体大小为 36px，弹出“新建 CSS 规则”对话框，在“选择或输入选择器名称”中输入类的名称 . title。设置颜色为＃0C3，更改字体为华文琥珀，如图 5-31 所示。

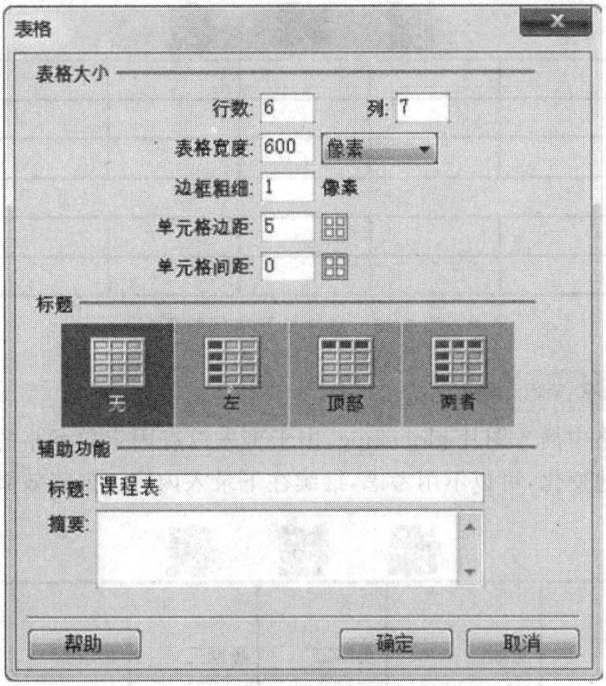

图 5-29 "表格"对话框

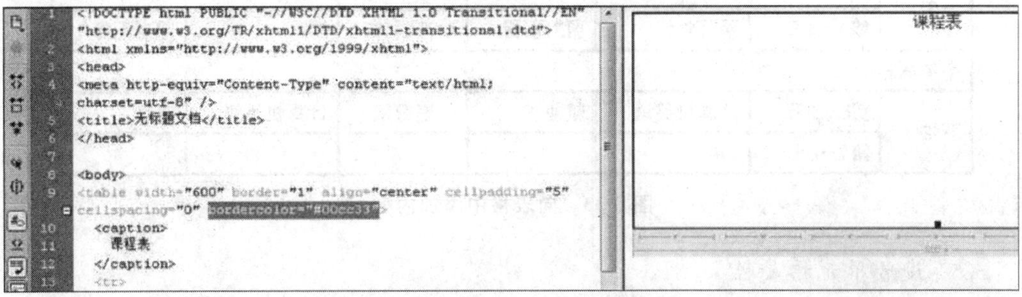

图 5-30 设置表格边框颜色

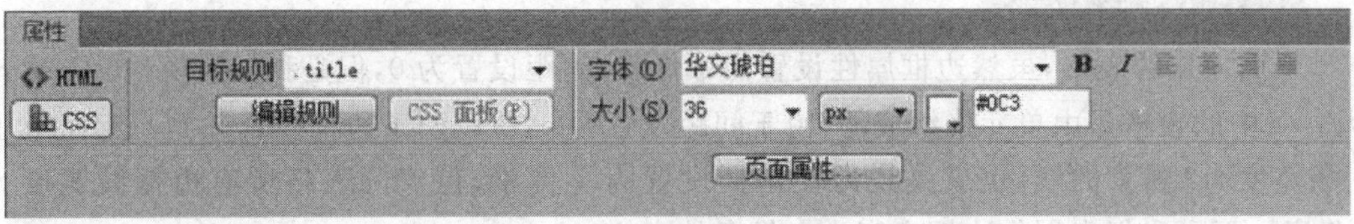

图 5-31 设置标题属性

(4) 合并单元格

选中表格第 1 行第 1、2 列的单元格，单击合并单元格按钮；选中第 1 列的第 2、3 行的单元格，单击合并单元格按钮；选中第 1 列第 5、6 行的单元格，单击合并单元格按钮；选中第 4 行的所有单元格，单击合并单元格按钮。最终效果如图 5-32 所示。

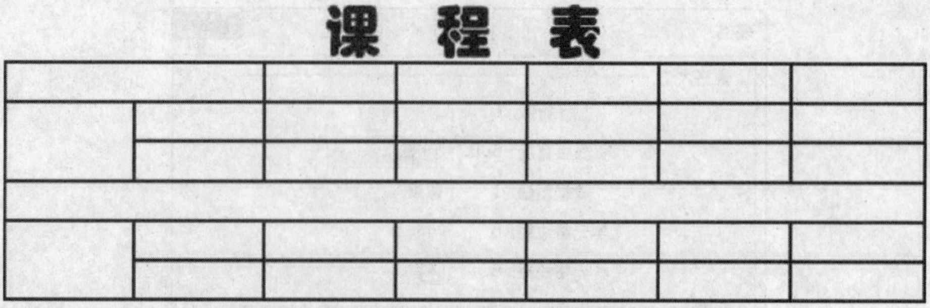

图 5-32 合并单元格后效果

(5) 向表格中输入内容

在第一个单元格中插入图片 globe.jpg，由于事先没有固定单元格的宽度，所以，在输入文字时列宽会不断地变化，可以不用考虑，继续往下录入内容。最终效果如图 5-33 所示。

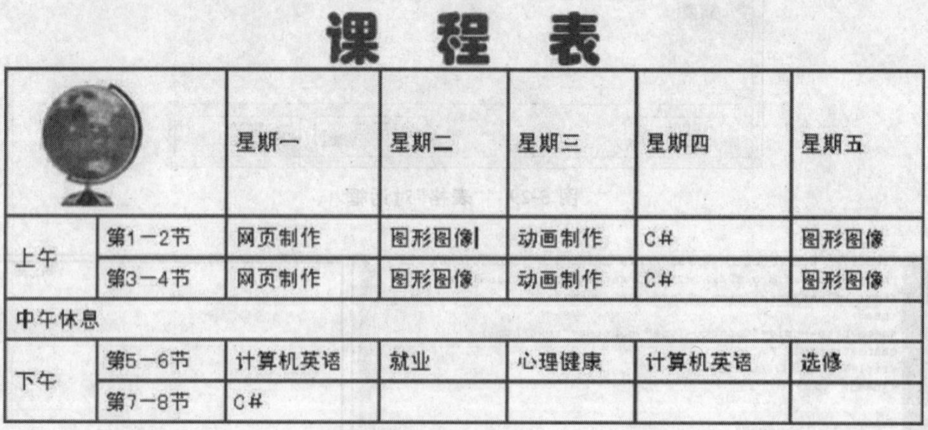

图 5-33 向表格中添加内容

(6) 设置单元格属性

选中所有单元格，在单元格属性面板中，设置水平、垂直均为居中对齐，效果如图 5-34 所示。

(7) 制作细线表格

上面完成的表格，虽然边框属性设置为 1 像素，间距设置为 0，但是我们发现，在 Dreamweaver 中的表格是由单元格组成的，由于间距设置为 0，所以两条边框线合并到一起组成了一条宽度为2 像素的线，也就是说即便边框设置为 1 像素，但实际表格所有边框线宽度为 2 像素。下面我们来制作边框宽度为 1 像素的表格。

选中制作完成的表格，按 Ctrl＋C 键复制表格。将光标定位在表格下面空白处，按 Ctrl＋V 键粘贴表格。

选中新表格，设置表格边框为 0，间距为 1。进入打开拆分视图，在代码视图中找到表格对应的＜table＞标签，加入 bgcolor＝"＃00cc33"，设置背景颜色为＃00cc99，如图 5-35 所示。

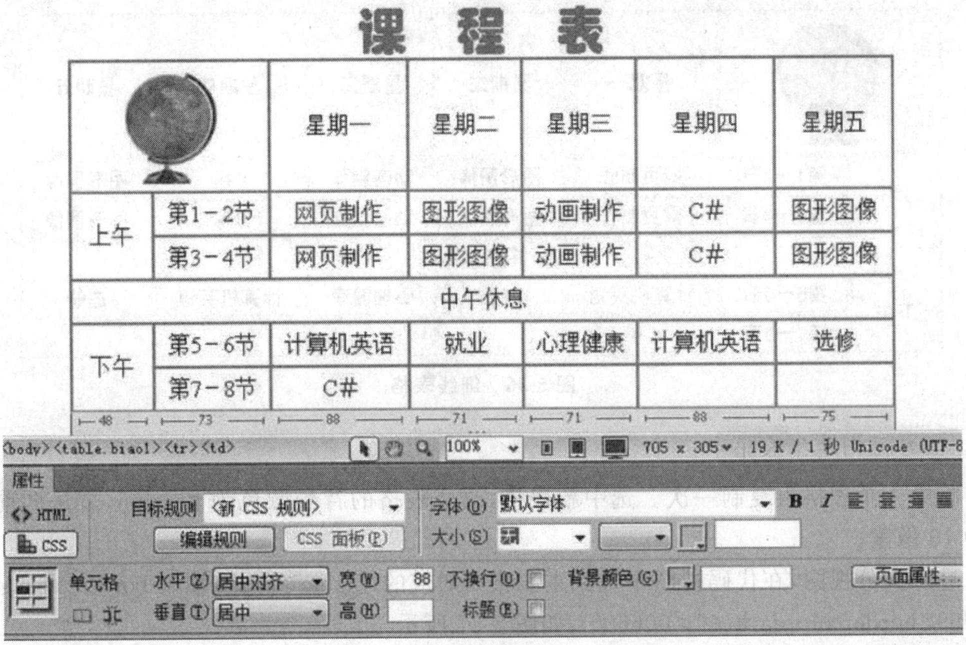

图 5-34 设置单元格居中对齐

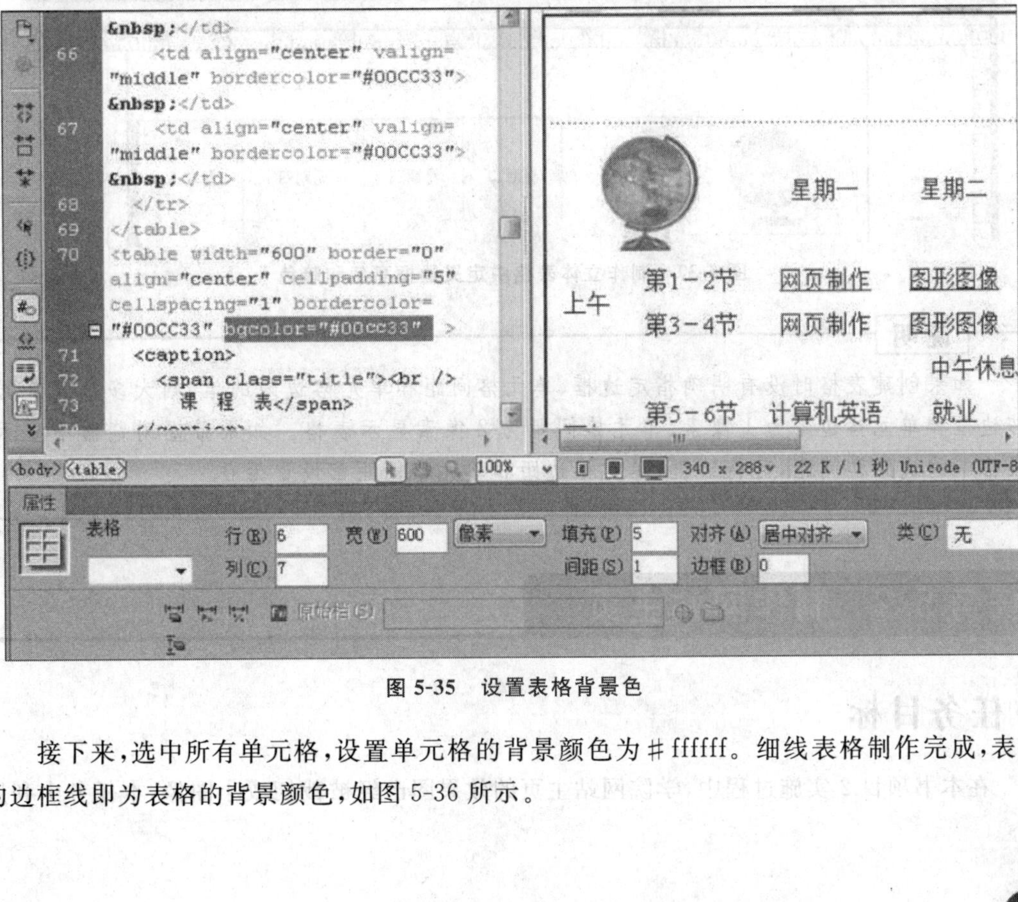

图 5-35 设置表格背景色

接下来，选中所有单元格，设置单元格的背景颜色为 # ffffff。细线表格制作完成，表格的边框线即为表格的背景颜色，如图 5-36 所示。

		星期一	星期二	星期三	星期四	星期五
上午	第1－2节	网页制作	图形图像	动画制作	C#	图形图像
	第3－4节	网页制作	图形图像	动画制作	C#	图形图像
中午休息						
下午	第5－6节	计算机英语	就业	心理健康	计算机英语	选修
	第7－8节	C#				

图 5-36 细线表格

(8) 制作立体表格

将第一个表格再复制一次。选中新表格，改变表格的背景颜色为＃ffff66，方法同前，边框为10像素。

进入拆分视图，在代码视图中找到本表格所对应的<table>标记，输入 bordercolorlight＝"99ff99" bordercolordark＝"＃006600"，如图5-37所示。

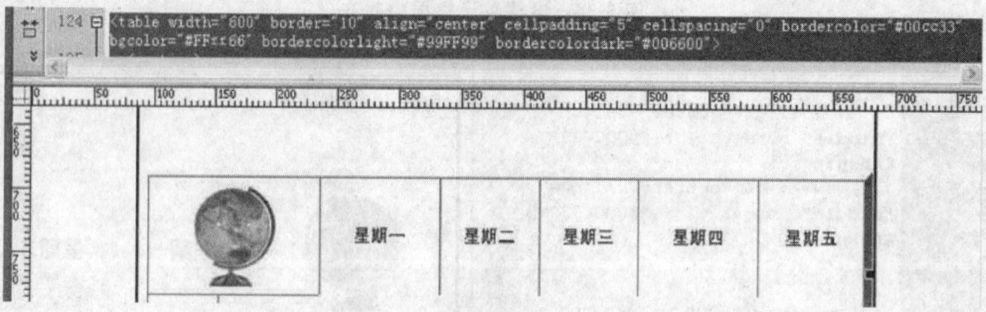

图 5-37 制作立体表格中定义边框亮色和暗色

说明

如果创建表格时没有明确指定边框、单元格间距和单元格边距的值，则大多数浏览器按边框和单元格边距为1像素、单元格间距为2像素显示表格。如果希望浏览器不显示表格中的边距和间距，可将边框、单元格边距和单元格间距都设置为0。

任务 5.2 制作网站主页

▶任务目标

在本书项目2实施过程中，学院网站主页的效果图已经被裁切成小图像，本任务中利用这些小图像,用表格布局的方法制作学院网站的主页,最终效果如图 5-38 所示。

1. 能力目标

会用表格布局制作网页。

2. 知识目标

(1) 进一步掌握表格的属性设置。

(2) 掌握用表格布局网页的方法与步骤。

图 5-38　学院网站主页

▶任务知识

本任务主要讲解利用表格布局的方法制作网站主页的过程。网站首页一般都包含网站导航及重要的栏目,因此,制作首页时必然要大量地使用表格布局技术。下面讲述使用表格布局制作网站首页的一些技术要点。

1. 确定网页的宽度

随着当前计算机显示器的不断发展和升级,19 英寸的显示器已经成为市场主流,考虑到页面在显示器中显示的比例问题,用户制作网站首页时应当首先确定制作页面的宽度。目前,大多数网页设计者已经采用 1000 像素左右的宽度来设计页面。

2. 固定最外层表格的宽度

在设置表格或单元格宽度时，用户既可以使用绝对像素，也可以使用相对百分比。需要特别注意的是，最外层表格的宽度应当是绝对像素，以保证整个网页不变形，而内层嵌套表格的宽度既可以是绝对像素，也可以是相对百分比。

3. 单元格垂直对齐方式的设置

如果一个单元格中嵌套了一个表格，最好将单元格垂直对齐方式设置为顶端对齐，使页面内容不产生较大的空隙。

4. 不同栏目之间的表格布局时应预留一定的空隙

为了使整个页面的效果层次分明、错落有致，就应当注意为不同栏目之间的表格布局时应预留一定的空隙，避免表格之间的内容距离太近，影响版面的清晰性。

5. 页面中正文字体大小的设置

在设置页面属性的默认字体时，不要直接使用 Dreamweaver 默认的字体风格。当前许多流行网站设置的正文字体大小主要有 9 像素、12 像素、14 像素等，这些字体能让浏览者浏览网页时得到最佳的浏览效果。

▶任务实施

利用表格布局制作网站首页的操作过程如下。

(1) 新建网站栏目

启动 Dreamweaver，打开已经建立的站点“信息工程”，将素材复制到栏目的图像文件夹 images 下。

(2) 打开主页文件 index. html

在“文件”面板的中单击站点目录下的主页文件 index. html。

(3) 设置页面属性

在文档窗口中执行修改”→“页面属性”命令，打开“页面属性”对话框。选择“标题/编码”类别，在右侧的“标题”文本框内输入网页的标题“信息工程系欢迎你”。在“页面属性”对话框中选择“外观”类别，设置页面字体为宋体，大小为 12 像素。文本颜色为＃000000，背景颜色为＃cdeeff，将上、下、左、右边距均设置为 0px，如图 5-39 所示。

(4) 制作广告条

在设计视图下，执行“插入”→“表格”命令，插入一个 1 行 3 列，宽度为 1003 像素，边框、单元格边距和单元格间距均为 0 的表格，并设置表格居中对齐。在表格第 1 列，设置宽度为 32 像素，插入背景图片 picx1. jpg。在表格第 2 列，设置宽度为 939 像素，插入图片

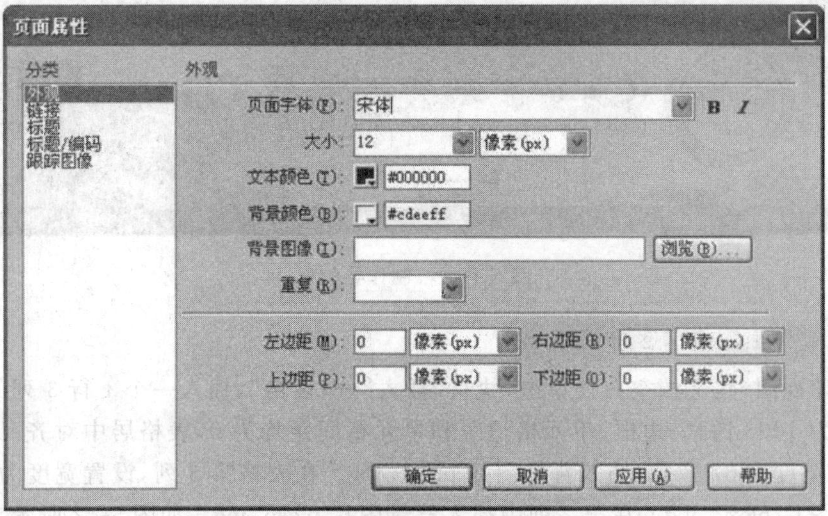

图 5-39　设置页面属性

picx3.jpg。在表格第 3 列，设置宽度为 32 像素，插入背景图片 picx2.jpg。插入背景图片后效果如图 5-40 所示。

图 5-40　制作广告条

说明

插入背景图片与插入图片的方法与效果是不同的，一定要看清楚插入的是背景图片还是图片。

(5) 制作导航栏

执行“插入”→“表格”命令，插入一个 1 行 3 列，宽度为 1003 像素，边框、单元格边距和单元格间距均为 0 的表格，并设置表格居中对齐。在表格第 1 列，设置宽度为 32 像素，插入背景图片 picx1.jpg。在表格第 3 列，设置宽度为 32 像素，插入背景图片 picx2.jpg。

在第 2 列中，设置背景颜色为＃00295d。插入一个 1 行 22 列的表格，高度为 28 像素，将单数列宽度置为 80 像素，双数列宽度置为 1 像素，其中双数列的单元格中插入图片 picx4.jpg，然后在单数列中输入导航栏的栏目文字，导航栏效果如图 5-41 所示。

图 5-41　制作导航栏

(6) 制作主体内容区布局表格

在设计视图，在文档空白处单击，执行“插入”→“表格”，插入一个1行3列的表格，设置其宽度为1003像素，边框、单元格边距和单元格间距均为0，表格居中对齐。在表格第1列，设置宽度为32像素，插入背景图片 picx1. jpg。在表格第3列，设置宽度为32像素，插入背景图片 picx2. jpg。在第2列中插入背景图片 picx5. jpg。如图5-42所示。注意，本步骤制作主体内容区的表格，所以下面的操作，都是在该表格的第2列单元格中嵌套表格来实现。

图 5-42　主体内容的布局表格

(7) 制作导航栏与网页主体内容之间的分隔空隙

在导航栏与网页主体内容之间一般要加上分隔区域，使页面看上去更有层次感，而不显得拥挤。在主体内容区，执行“插入”→“表格”命令，插入一个1行1列的表格。设置其宽度为100%，高度为4像素。设置完发现没有变化，这是由于单元格中有空格，在代码视图中将空格代码“ ”删除，如图5-43所示，否则单元格中由于包含空格，其实际高度为16像素，不会按照用户设置的高度显示。

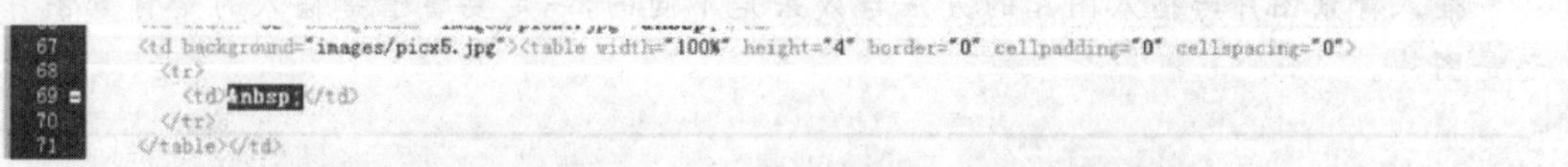

图 5-43　制作导航栏与网页主体内容之间的分隔空隙

(8) 制作左侧栏目的外边框

将光标置于分隔空隙表的后面，插入一个1行2列，宽度为100%，边框、单元格边距和单元格间距均为0的表格，设置左侧单元格宽度为225像素，如图5-44所示。

图 5-44　制作左侧栏目的外边框

为给左侧栏目添加一个像素为1的外边框，接下来进行下面的操作。在左侧单元格中执行“插入”→“表格”命令，插入一个1行1列的表格，宽度为220像素，边框、单元格边距为0，单元格间距为1的表格，表格背景颜色设置为＃e5e6eb(选中整个表格，打开拆分视图，在代码视图中找到表格的标签＜table＞，在标签内添加 bgcolor＝"＃e5e6eb")。选中单元格，设置单元格背景为＃ffffff。这样灰色的边框就有了。

(9) 制作左侧栏目的布局表格

根据左侧栏目的内容，在第(8)步制作的细线表格中，插入一个6行1列的表格，宽度为216像素，边框、单元格边距和单元格间距均为0，如图5-45所示。

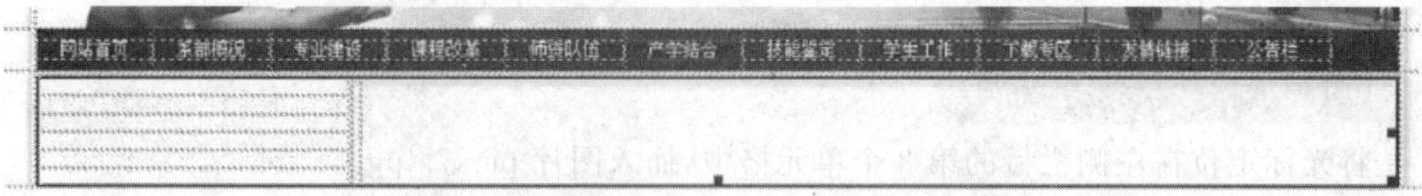

图 5-45 制作主体内容左侧栏目的布局表格

(10) 制作“公告栏”

将光标定位在左侧栏目表格的第1个单元格中，插入图片 picx6.jpg。

将光标定位在左侧栏目表格的第2个单元格中，设置该单元格高度为170像素。执行“插入”→“表格”命令，插入一个3行1列的表格，设置其宽度为194像素，高度为56像素，边框、单元格边距、单元格间距均为0。

为将表格置于单元格顶端，选中表格所在单元格，在属性面板中将“垂直”参数设置为“顶端”，如图5-46所示。

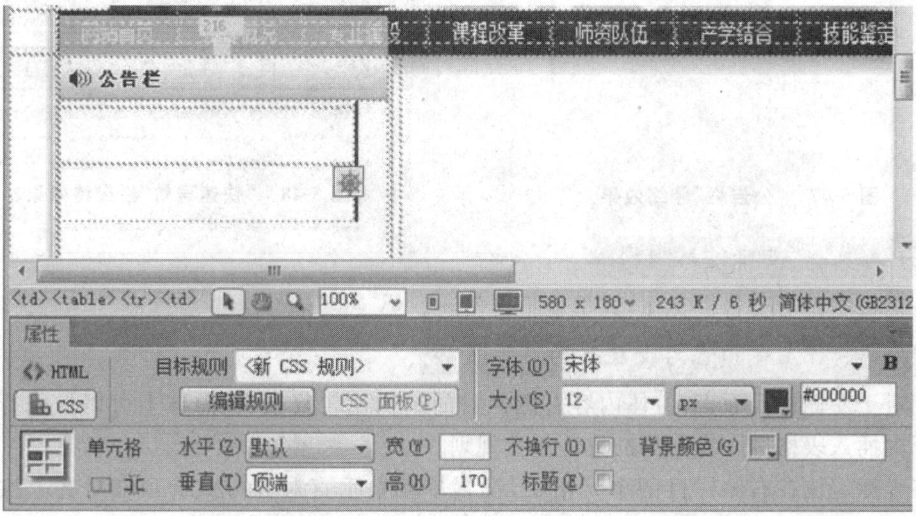

图 5-46 设置公告栏内容顶端对齐

提示

选中表格所在单元格的方法有两种。

方法一：在设计视图中单击表格外面的空白处。

方法二：在状态栏标签选择器中，选择当前表格标签<table>前的单元格标签<td>。

将第一个单元格高度设置为 4 像素，在代码视图中删除该单元格内的空格中代码“ ”。在另外两个单元格中输入公告内容，设置字体颜色为＃1e5da2，效果如图 5-47 所示。

(11) 制作“快速导航”栏

将光标定位在左侧栏目的第 3 个单元格中，插入图片 picx7. jpg。

将光标定位在左侧栏目的第 4 个单元格中，设置其高度为 67 像素，插入背景图片 picx8. jpg。执行“插入”→“表格”命令，插入一个 4 行 3 列的表格，设置其宽度为 216 像素，边框、单元格边距、单元格间距均为 0。将表格置于单元格顶端，选中表格所在单元格，在属性面板中，将“垂直”参数设置为“顶端”。将第 1 行及第 3 行单元格合并，将高度分别设置为 15 像素和 13 像素。在第 2 行与第 4 行各单元格中分别输入内容，效果如图 5-48 所示。

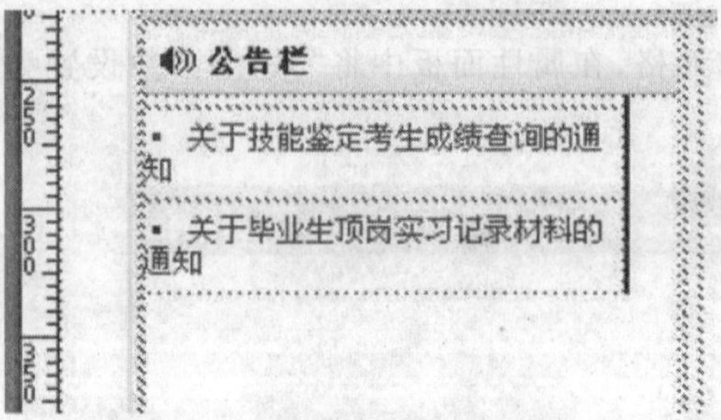

图 5-47 “公告栏”最终效果

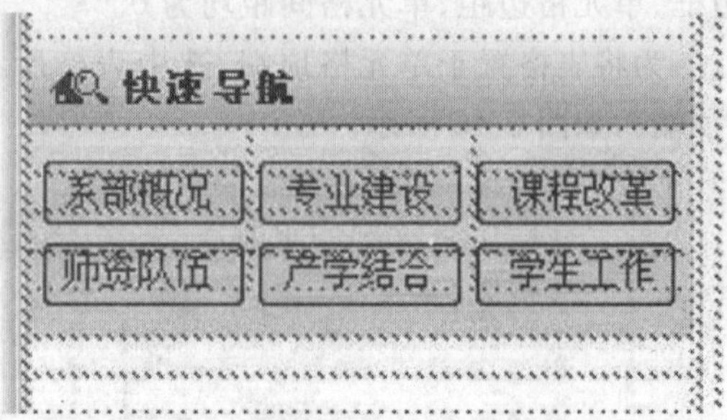

图 5-48 “快速导航”栏最终效果

(12) 制作“友情链接”栏目

该栏目制作与公告栏类似，这里就不再赘述。

(13) 制作主体内容右侧栏目的布局表格

相对于左侧栏目而言，主体内容右侧栏目的结构比较复杂，但总体上可以按先行布局，然后行内插入表格进一步布局的方法进行规划。

将光标定位在右侧栏目的单元格中，设置单元格垂直对齐方式为顶端对齐。执行“插入”→“表格”命令，插入一个 4 行 1 列，宽度为 708 像素，边框、单元格边距和单元格间距均为 0 的表格，如图 5-49 所示。

图 5-49　制作主体内容右侧栏目的布局表格

(14) 制作“新闻动态”栏目

在第一行中,执行“插入”→“表格”命令,插入一个 1 行 2 列,宽度为 100%,边框、单元格边距和单元格间距均为 0 的表格。设置第 1 列宽度为 316 像素。在第 1 列单元格中,执行“插入”→“表格”命令,插入一个 1 行 1 列,宽度为 305 像素,边框为 0,单元格边距为2 像素,单元格间距为 1 像素的表格。表格背景颜色设置为#cccccc(选中整个表格,打开拆分视图,在代码视图中找到表格的标签<table>,在标签内添加 bgcolor="#cccccc")。选中单元格,将背景颜色设置为#ffffff。为此表格增加边框。在单元格中插入静态图片 news1.jpg。以静态图片代替最新新闻的幻灯切换广告效果如图 5-50 所示。

图 5-50　以静态图片代替最新新闻的幻灯切换广告

将光标定位在右侧部分的单元格中,设置垂直对齐方式为顶端。执行“插入”→“表格”命令,插入一个 1 行 2 列,宽度为 100%,边框、单元格边距和单元格间距均为 0 的表格。在第一个单元格中,设置高度为 33 像素,插入背景图片 picx11.jpg。插入图片 bn0.gif,设置图片宽度为 50 像素,高度为 20 像素,对齐方式为右对齐。新闻动态标题效果如图 5-51所示。

图 5-51　新闻动态标题效果

bn0.gif 是一个透明的 1×1 像素的小图片，通过改变大小，把它放在需要建立链接的背景图片上，起到透明按钮的作用。在网页制作上有很多小技巧，可以通过多做练习去发现并掌握。

将光标定位在第二个单元格中，执行"插入"→"表格"命令，插入一个 8 行 2 列，宽度为 97%，边框、单元格边距和单元格间距均为 0 的表格。选中左侧的全部单元格，设置其宽度为 79%，高度为 28，水平对齐方式为左对齐，垂直对齐方式为底部，如图 5-52 所示。同样的方法选中右侧的全部单元格，设置水平对齐方式为右对齐，垂直对齐方式为底部。在表格中输入内容，"新闻动态"栏目最终效果如图 5-53 所示。

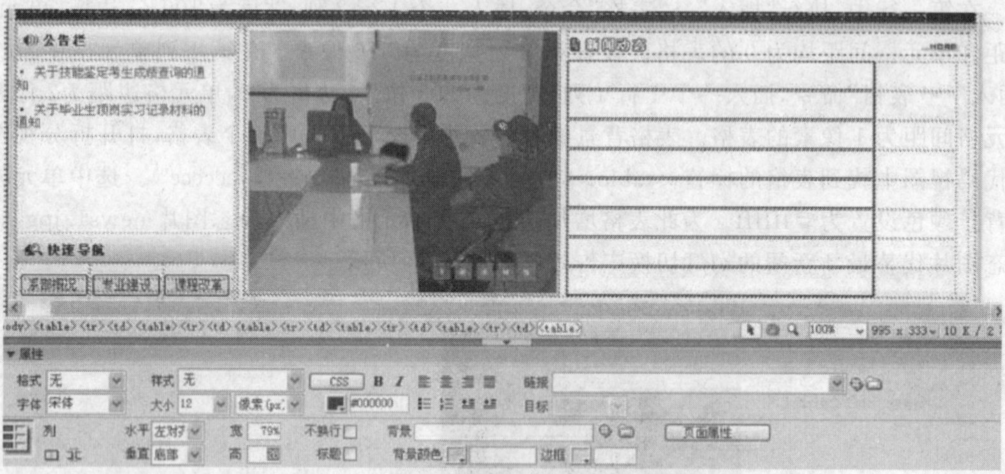

图 5-52　设置"新闻动态"栏目

图 5-53　"新闻动态"栏目最终效果

(15) 制作"系内风采"栏目

将光标定位在第二行，该行是用于控制栏目空隙的，设置其高度为 4 像素，在代码视图下删除该单元格中的空格代码" "。

将光标定位在第三行，执行"插入"→"表格"命令，插入一个 1 行 1 列，宽度为 100%像素，边框、单元格边距为 0 像素，单元格间距为 1 像素的表格。将表格背景颜色设置为 #e4e6eb(选中整个表格，打开拆分视图，在代码视图中找到表格的标签<table>，在标签内添加 bgcolor="#e4e6eb")。选中单元格,将单元格背景颜色设置为#ffffff。

执行"插入"→"表格"命令,插入一个1行3列,宽度为100%,边框、单元格边距和单元格间距均为0的表格。设置第1列宽度为97像素,插入图片 picx12.jpg。设置第2列宽度为553像素,插入背景图片 picx13.jpg。在第3列插入背景图片 picx14.jpg,再插入图片 bn0.gif。设置图片宽度为50像素,高度为20像素,对齐方式为右对齐,效果如图5-54所示。

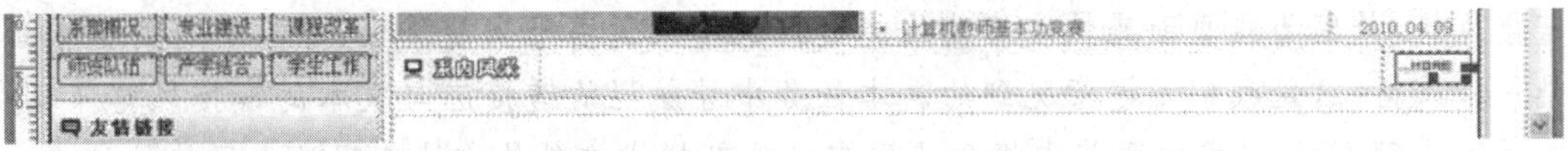

图 5-54 "系内风采"栏目标题效果

将光标定位在标题表格的最右侧,插入3列2行的表格,制作"系内风采"栏目的详细内容,此处可先用静态图片代替,具体制作过程不再赘述。最终效果如图5-55所示。

图 5-55 "系内风采"栏目最终效果

(16) 制作版权信息区域

版权信息区域的制作非常简单,这里不再赘述。制作完毕的效果如图5-56所示。

图 5-56 版权信息区域效果

(17) 保存并预览网页

执行"文件"→"保存全部"命令,将页面保存,按F12键预览网页。

说明

(1) 本任务局部区域没有完全达到用户要求的效果，因为该任务主要让读者掌握采用表格布局页面的技术来制作网站首页的过程。“新闻动态”栏目中的文字格式，可以在学习 CSS 样式后轻松解决。

(2) 页面中的超链接风格采用的是系统默认的超链接风格，之所以不修改首页的超链接风格，是因为在页面属性中修改的超链接风格只适用于当前页面，并且所有的链接都是一种风格，这是我们不愿意见到的。本任务中导航栏的链接应与文本的链接风格不同，在后面讲解 CSS 样式的章节中将会使用定义外部样式文件的方法实现站点风格的统一。

拓展任务　为网页创建多级菜单

▶任务目标

本任务中利用 Dreamweaver CS6 提供的 Spry 框架功能，制作二级、三级导航菜单。Spry 框架是一个 JavaScript 库，Web 设计人员使用它可以构建能够向站点访问者提供更丰富体验的 Web 页。有了 Spry，就可以使用 HTML、CSS 和极少量的 JavaScript 将 XML 数据合并到 HTML 文档中，创建构件（如折叠构件和菜单栏），向各种页面元素中添加不同种类的效果。最终效果如图 5-57 所示。

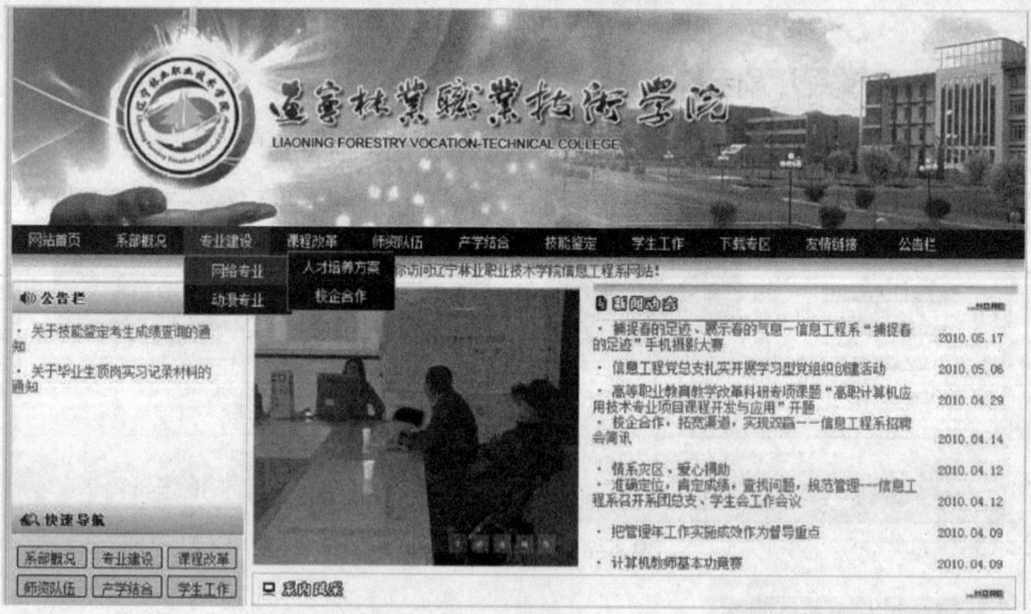

图 5-57　多级菜单栏效果

1. 能力目标

能利用 Spry 框架制作二级、三级菜单。

2. 知识目标

掌握利用 Spry 框架制作菜单的方法。

▶任务知识

Spry 框架是一个 JavaScript 库,Web 设计人员使用它可以构建能够向站点访问者提供更丰富体验的 Web 页。有了 Spry,就可以使用 HTML、CSS 和极少量的 JavaScript 将 XML 数据合并到 HTML 文档中,创建构件(如折叠构件和菜单栏),向各种页面元素中添加不同种类的效果。

1. 插入 Spry 菜单栏

Spry 菜单是一组可导航的菜单按钮,执行“插入”→“布局”→“Spry 菜单栏”命令,打开“Spry 菜单栏”对话框,如图 5-58 所示,可创建子菜单。

注意: 插入 Spry 构件前,页面必须先保存,否则会弹出提示对话框。插入 Spry 菜单后保存页面,会自动保存生成的 JS 文件和图片文件到 SpryAssets 文件夹中。

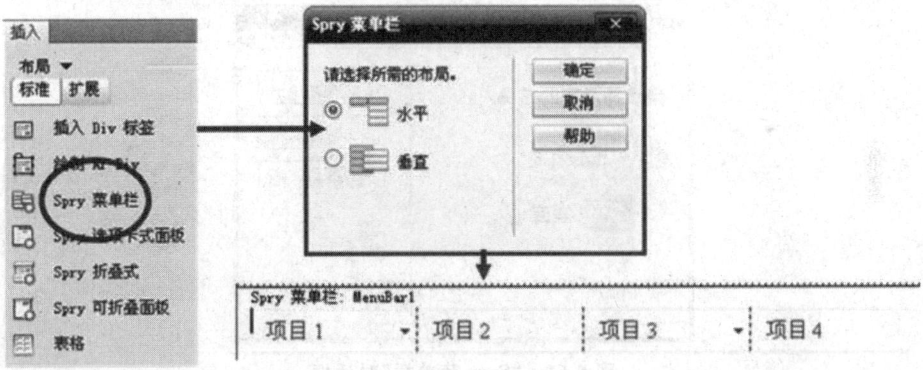

图 5-58 插入 Spry 菜单栏的操作方法

2. 设置菜单栏属性

选中插入的 Spry 菜单栏,在属性面板中设置相关信息,如图 5-59 所示。

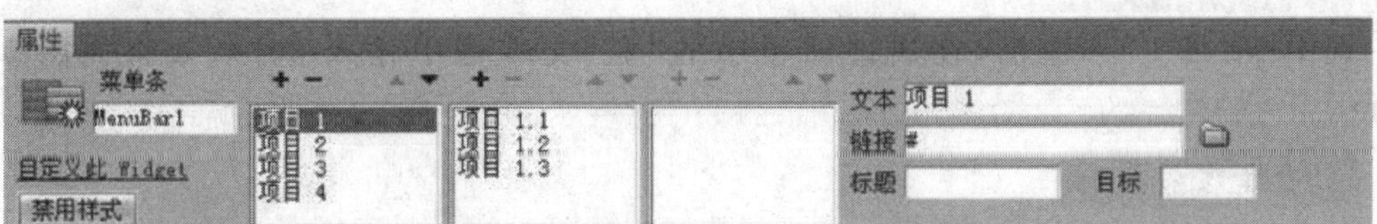

图 5-59 Spry 菜单栏属性面板

▶任务实施

为网页创建多级菜单的操作过程如下。

（1）打开 xinxi. html

在 xinxi. html 文件上右击，选择“打开方式”→DW CS6 命令。

（2）删除原有导航菜单

打开 xinxi. html 文档后，选中导航菜单所在的表格，如图 5-60 所示。按 BackSpace 键将导航菜单删除。

图 5-60　选中导航栏

（3）插入 Spry 框架

单击 Spry 框架工具栏中的“Spry 菜单栏”按钮，弹出“Spry 菜单栏”对话框，如图 5-61所示。选择“水平”单选按钮，单击“确定”按钮。插入 Spry 框架后的效果如图 5-62所示。

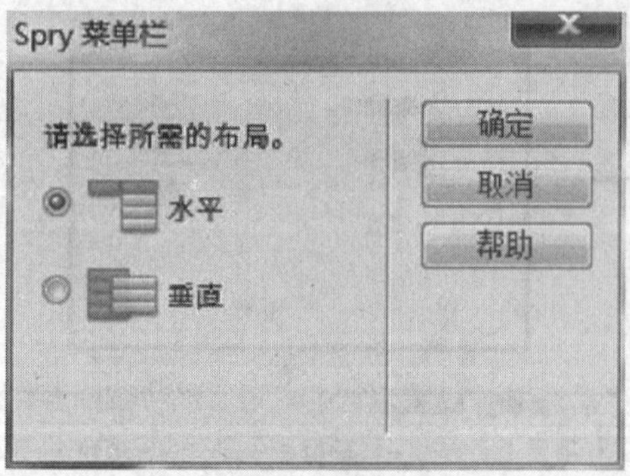

图 5-61　“Spry 菜单栏”对话框

图 5-62　插入 Spry 框架后的效果

（4）设置框架属性

选中“项目 1”外边框，在属性面板中的“宽”文本框中输入 80px，效果如图 5-63 所示。

（5）修改菜单项

单击 <ul#MenuBar1.MenuBarHorizontal> 标签，在属性面板中分别选中“项目 1”～“项目 4”，

图 5-63 设置外边框属性

在右侧的“文本”文本框中添加“网站首页”“系部概况”“专业建设”“课程改革”，效果如图 5-64所示。

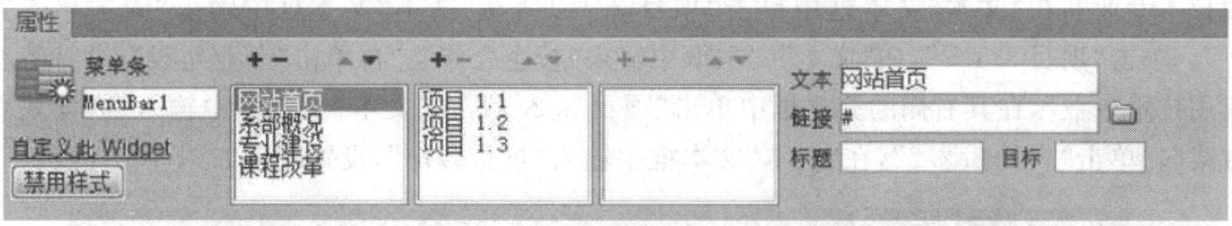

图 5-64 修改菜单项

(6) 增加菜单项

单击<ul#MenuBar1.MenuBarHorizontal>标签，在属性面板中单击“课程改革”项，然后再单击+按钮，将会看到在“课程改革”菜单项中出现“无标题项目”。在右侧的“文本”文本框中输入“师资队伍”并按回车键，设置效果如图 5-65 所示。重复上述操作，增加“产学结合”“技能鉴定”“学生工作”“下载专区”“友情链接”“公告栏”等菜单项。

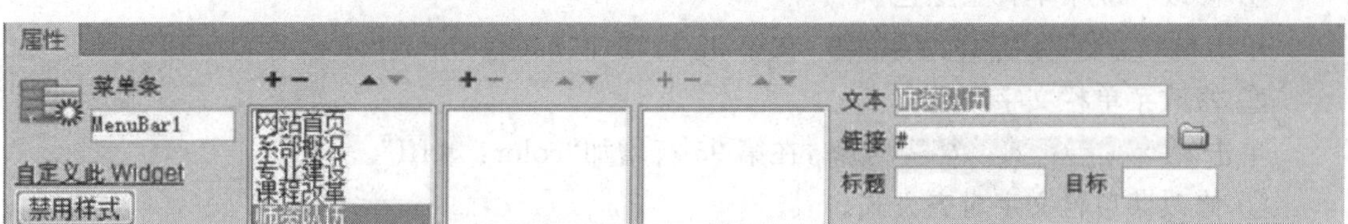

图 5-65 增加菜单项

(7) 删除二级菜单项

单击 <ul#MenuBar1.MenuBarHorizontal> 标签，在属性面板中单击“网站首页”，在中间的文本框中显示出了“项目 1.1”～“项目 1.3”。分别将这三项选中，单击其上方的 − 按钮，就可以将“网站首页”的二级菜单删除掉。

(8) 增加二级菜单项

单击 <ul#MenuBar1.MenuBarHorizontal> 标签，在属性面板中单击“下载专区”，在其右侧的文本框上方单击 +，将会看到在该文本框中出现“无标题项目”。在其右侧的“文本”文本框中输入“软件”，按回车键，效果如图 5-66 所示。重复上述操作，设置“下载专区”的二级菜单项“视频”和 MP3，设置“专业建设”的二级菜单项“网络专业”和“动漫专业”。

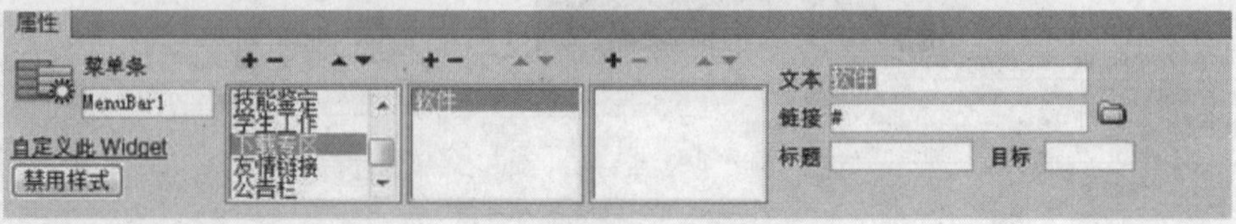

图 5-66　设置二级菜单效果

(9) 增加三级菜单项

单击 <ul#MenuBar1.MenuBarHorizontal> 标签，在属性面板中单击“专业建设”→“计算机应用技术专业”，在“文本”文本框中单击“项目 3.1.1”，在“文本”文本框中输入“人才培养方案”。单击“项目 3.1.2”，在“文本”文本框中输入“校企合作”。再单击“专业建设”→“计算机应用技术专业”，在其右侧的文本框中单击“项目 3.2.1”，在“文本”文本框中输入“人才培养方案”。单击“项目 3.2.2”，在“文本”文本框中输入“校企合作”，设置效果如图 5-67 所示。

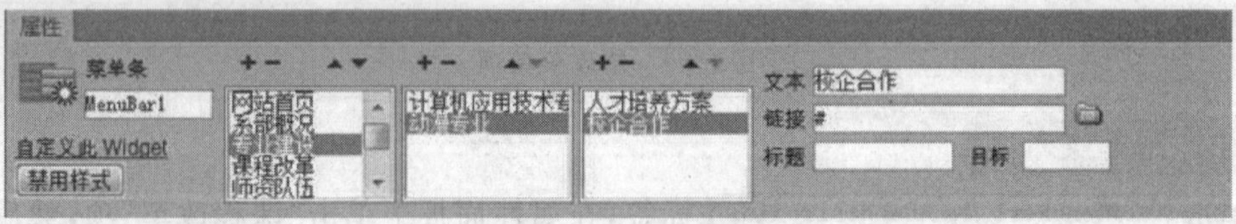

图 5-67　设置三级菜单效果

(10) 设置菜单样式

① 修改一级菜单背景颜色。

单击 SpryMenuBarHorizontal.css，在第 93 行增加“background-color：#00295d”。

② 修改菜单栏文字颜色。

单击 SpryMenuBarHorizontal.css，在第 95 行增加“color：#fff”。

③ 修改菜单栏文字对齐方式。

单击 SpryMenuBarHorizontal.css，在第 36 行增加“text-align：center”。

④ 修改菜单栏文字字体大小。

单击 SpryMenuBarHorizontal.css，在第 97 行增加“font-size:12px;”。

⑤ 去掉一级、二级菜单项右侧的三角形。

单击 SpryMenuBarHorizontal.css，在第 123 行删除“background-image：url（SpryMenuBarDown. gif）;”。

单击 SpryMenuBarHorizontal.css，在第 130 行删除“background-image：url（SpryMenuBarRight. gif）”。

单击 SpryMenuBarHorizontal.css，在第 138 行删除“background-image：url（SpryMenuBarRight. gif）”。

单击 SpryMenuBarHorizontal.css，在第 145 行删除“background-image：url（SpryMenuBarRightHover. gif）;”。

（11）保存并预览网页

执行“文件”→“保存全部”命令，将页面保存，按 F12 键预览网页。

说明

修改菜单样式，要在 sprymenubarhorizontal. css 中修改。在插入 Spry 框架时会自动产生 spryassets 文件夹，该文件夹中包含 SpryMenuBar. js、SpryMenuBarDown. gif、SpryMenuBarDownHover. gif、SpryMenuBarHorizontal. css、SpryMenuBarRight. gif、SpryMenuBarRightHover. gif 这 6 个文件。

习题

1. 简述设置表格单元格背景图像与在单元格中插入图像的区别。
2. 用表格布局技术将如图 5-68 所示的效果图转换成网页。

图 5-68　习题 2 效果

3. 用表格布局技术将如图 5-69 所示的效果图转换成网页。

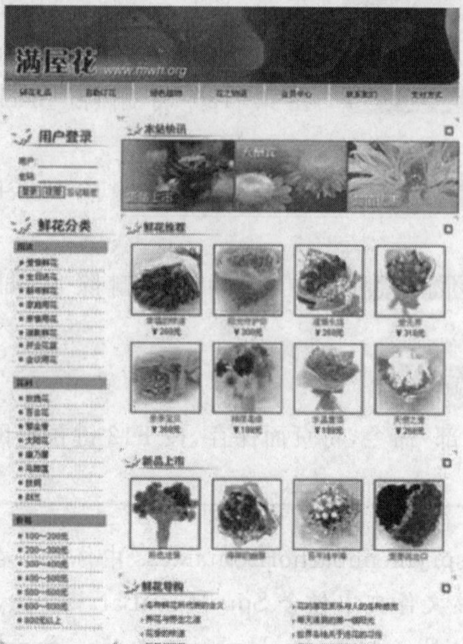

图 5-69 习题 3 效果

项　目　6

在页面中加入特效

"行为"可以说是 Dreamweaver 中最有特色的功能,它可以让用户不用编写一行代码即可实现多种动态页面效果。

JavaScript 语言在实际设计网页时非常有用,运用它可以设计出一些丰富多彩的网页。JavaScript 的出现使信息和用户之间不仅是显示和浏览的关系,而且也实现了实时的、动态的、可交互的表达。本项目主要讲述使用行为、JavaScript 制作动感特效网页、插入层及时间轴动画等。

本项目包括以下任务。

任务 6.1　制作弹出窗口页面。

任务 6.2　制作页面中滚动的字幕。

任务 6.3　制作页面中图片循环滚动效果。

任务 6.4　制作页面中幻灯片切换新闻图片效果。

拓展任务　利用行为功能制作页面。

任务 6.1　制作弹出窗口页面

▶任务目标

在浏览网站时,经常会遇到在浏览器中打开某页面,立刻弹出广告页窗口。本任务中,利用 Dreamweaver 中的行为功能制作弹出窗口,窗口宽度为 400 像素、高度为 300 像素,效果如图 6-1 所示。

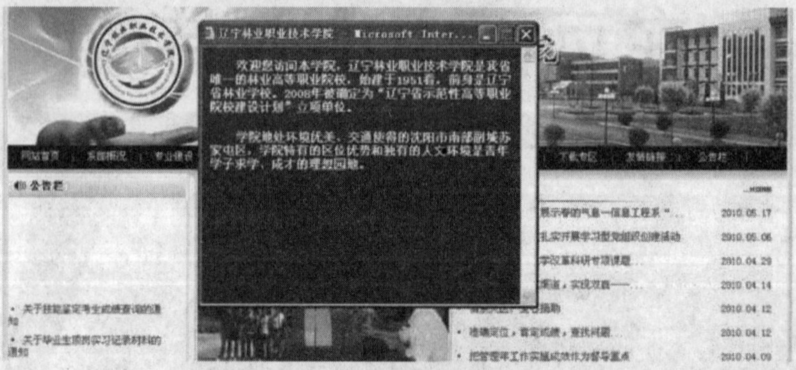

图 6-1　弹出窗口页面效果

1. 能力目标

能够为页面添加行为。

2. 知识目标

掌握使用"行为"面板添加行为、修改事件的方法。

▶任务知识

一般来说，动态网页是通过 JavaScript 或基于 JavaScript 的 DHTML 代码来实现的。包含 JavaScript 脚本的网页还能够实现用户与页面的简单交互，但是编写脚本需要专门学习。Dreamweaver 提供了“行为”的机制，虽然行为也是基于 JavaScript 来实现动态网页和交互的，但用户无须书写任何代码。在可视化环境中单击几个按钮，填几个选项就可以实现丰富的动态页面效果，实现简单的交互。

行为是事件与动作的彼此结合。例如，当光标移动到网页的图片上方时，图片高亮显示，此时的鼠标移动称为事件，图片的变化称为动作，一般的行为都是要由事件来激活动作。动作由预先写好的能够执行某种任务的 JavaScript 代码组成，而事件是与浏览器前用户的操作相关，如单击鼠标(onMouseClick)、鼠标滑过(onMouseOver)等。

1. 了解行为

行为可以创建网页动态效果，实现用户与页面的交互。行为是由事件和动作组成的。例如，将光标移到一幅图像上产生了一个事件，如果图像发生变化(如前面介绍过的鼠标经过时变换图像)，就导致发生了一个动作。有三个重要的元素与行为相关——对象(如图像)、事件(如鼠标经过)和动作(如图像变换)。

(1) 对象(Object)

对象是产生行为的主体，很多网页元素都可以成为对象，如图片、文字、多媒体文件等，甚至是整个页面。

(2) 事件(Event)

事件是触发动态效果的原因，它可以被附加到各种页面元素上，也可以被附加到HTML标签中。一个事件是针对页面元素或标签而言的，例如，将光标移到图片上、把光标移在图片之外、单击鼠标，这是与鼠标有关的三个最常见的事件(onMouseOver、onMouseOut、onClick)。不同的浏览器支持的事件种类和数量是不一样的，通常高版本的浏览器支持更多的事件。

(3) 动作(Action)

可通过动作来完成动态效果，如图片翻转、打开浏览器、播放声音等。动作通常是一段 JavaScript 代码，在 Dreamweaver 中使用内置的行为往页面中添加 JavaScript 代码，不必自己编写。

(4) 事件与动作

将事件和动作组合起来就构成了行为，例如，将 onClick 事件与一段 JavaScript 代码相关联，单击鼠标时就可以执行相应的 JavaScript 代码(动作)。一个事件可以同多个动作相关联，即发生事件时可以执行多个动作。为了实现需要的效果，还可以指定和修改动作发生的顺序。

Dreamweaver 内置了许多行为，好像是一个现成的 JavaScript 库。除此之外，第三方厂商提供了更多的行为库，下载并在 Dreamweaver 中安装行为库中的文件，可以获得更多的可操作行为。如果熟悉 JavaScript 语言，也可以自行设计新动作，添加到 Dreamweaver 中。

2. 应用行为

(1)“行为”面板

在 Dreamweaver 中，对行为的添加和控制主要通过“行为”面板来实现。选择“窗口”→“行为”命令，打开“行为”面板，如图 6-2 所示。

在“行为”面板上可以进行如下操作。

显示设置事件：仅显示附加当前文档中的事件，每个类别的事件都包含在下拉列表框中，如图 6-3 所示。

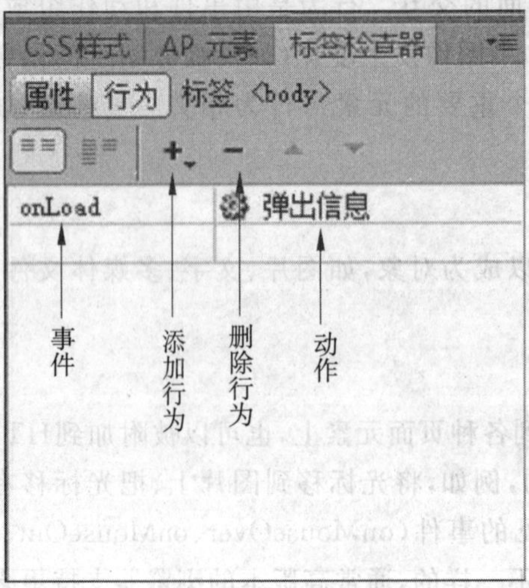

图 6-2 “行为”面板

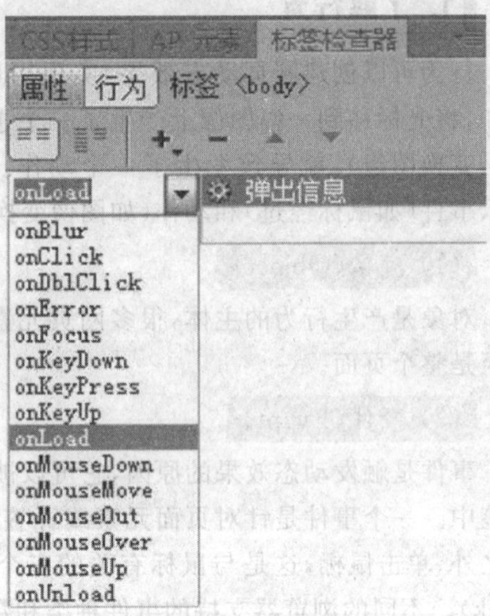

图 6-3 设置行为属性

显示所有事件：按字母顺序显示属于特定类别的所有事件，如图 6-4 所示。

添加行为：显示行为菜单，如图 6-5 所示，其中包含可以附加到当前选定元素的动作。当从该列表中选择一个动作时，将出现一个对话框，用户可以在对话框中指定该动作的参数。如果菜单上所有的动作都处于灰色禁用状态，则表示选定的元素无法生成任何事件。

删除事件：从行为列表中删除所选的事件和动作。

向上箭头和向下箭头：在行为列表中上下移动特定事件的选定动作。对于不能在列表中上下移动的动作，箭头按钮将处于禁用状态。

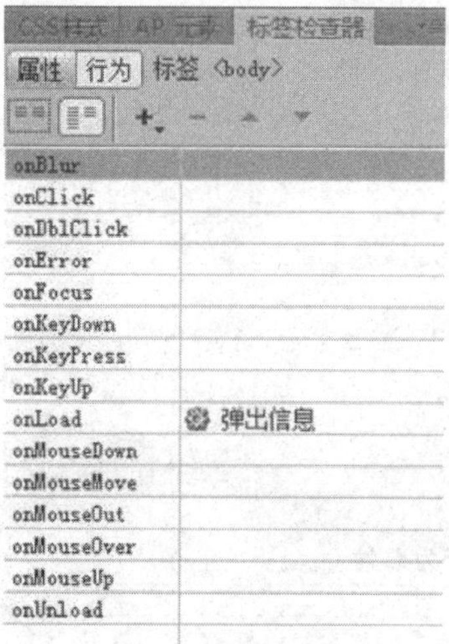

图 6-4 特定类别的所有事件

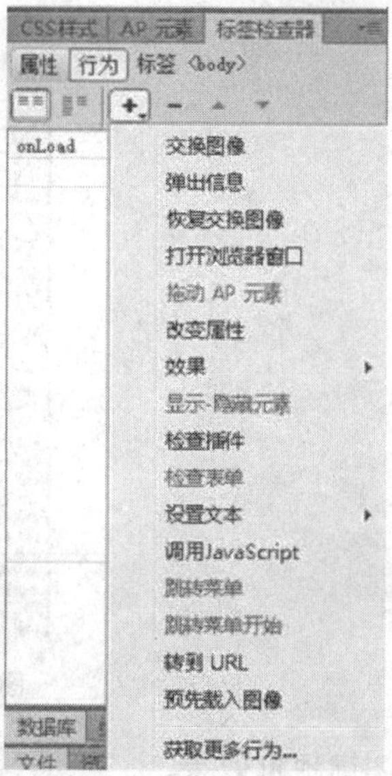

图 6-5 行为菜单

(2) 创建行为

创建行为有三个步骤:选择对象、添加动作和调整事件。

下面通过一个“打开浏览器窗口”实例说明如何创建行为。我们需要的效果是,当光标滑过网页中的一幅小图像时,打开一个新窗口显示放大的图像。

① 在 Dreamweaver 中打开 xyfc. html 页面,选中图片。

② 单击“行为”面板上的添加行为按钮,打开行为菜单。选择“打开浏览器窗口”命令,在弹出的对话框中设置参数,如图 6-6 所示。

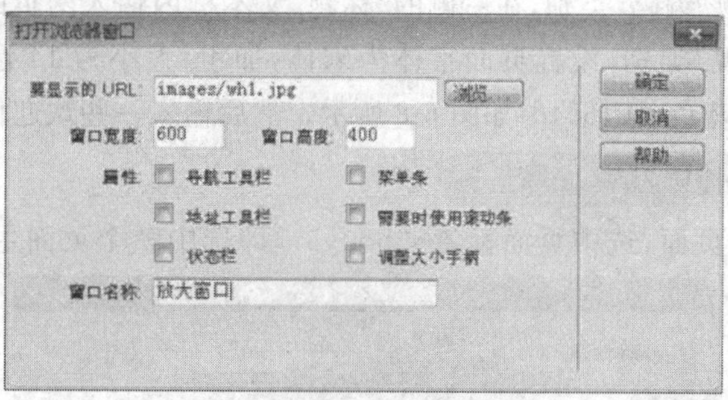

图 6-6 “打开浏览器窗口”对话框

在“要显示的 URL”文本框中,单击“浏览”按钮选择在新窗口中载入的目标 URL 地址(可以是网页也可以是图像)。将窗口宽度设为 600px,高度设为 400px,名称设为“放大图片”。

③ 添加行为时,系统自动选择了事件 onClick(单击鼠标),现在,单击“行为”面板上的事件菜单按钮,打开事件菜单,重新选择一个触发行为的事件。把 onClick(单击鼠标)的事件改为 onMouseOver(鼠标滑过),如图 6-7 所示。

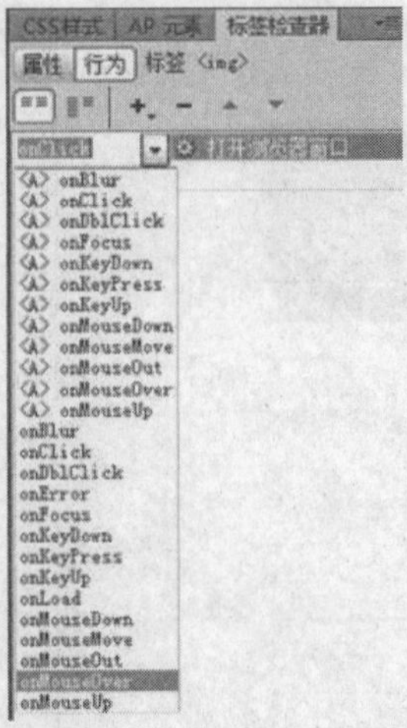

图 6-7　改变行为事件

④ 按 F12 键预览效果。

▶任务实施

制作网站弹出窗口页面操作过程如下。

(1) 打开学院网站首页

启动 Dreamweaver，打开站点“信息工程”根目录下的 index. html。

(2) 制作广告页面

在当前站点下新建一个名为 ad. html 的页面，执行“修改”→“页面属性”命令，打开“页面属性”对话框。选中“标题/编码”类别，在右侧的“标题”文本框内输入网页的标题“辽宁林业职业技术学院”。选择“外观”类别，设置页面字体为宋体，加粗，大小为 14 像素，文本颜色为白色 ＃ffffff，背景颜色为深蓝色＃01654d，如图 6-8 所示。然后输入一些欢迎信息，如图 6-9 所示。

(3) 添加“打开浏览器窗口”行为

打开 index. html 页面，选中页面标签＜body＞，即选中整个页面主体，如图 6-10 所示。

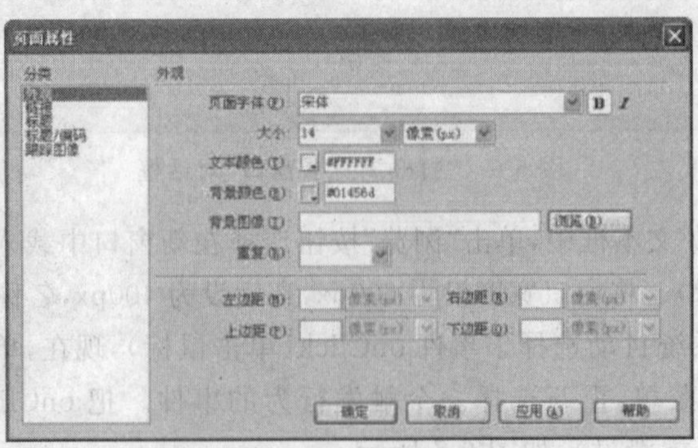

图 6-8　设置页面属性

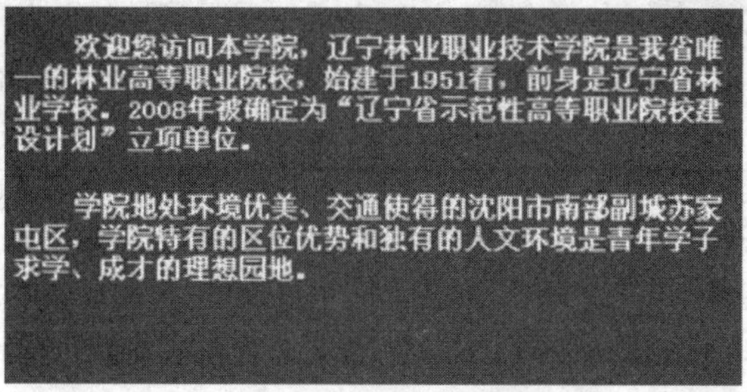

图 6-9 输入广告页面的欢迎信息

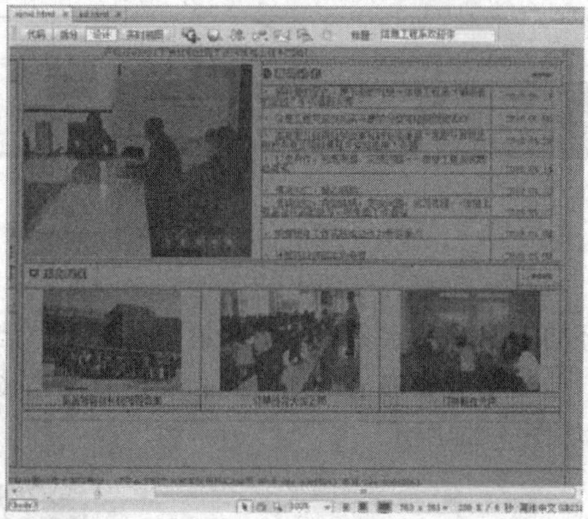

图 6-10 选中页面标签<body>

单击“行为”面板上的添加行为按钮，在弹出的下拉菜单中选择“打开浏览器窗口”命令，弹出“打开浏览器窗口”对话框。在对话框中设置要显示的 URL 为 ad.html，窗口宽度为 400 像素，窗口高度为 200 像素。选中“需要时使用滚动条”复选框。将窗口名称设置为 gg，如图 6-11 所示。

单击“确定”按钮，此时在“行为”面板中会自动添加一个页面加载的 onLoad 事件，如图 6-12所示，这样当网站首页加载时，广告页面就会随着首页的打开而打开。

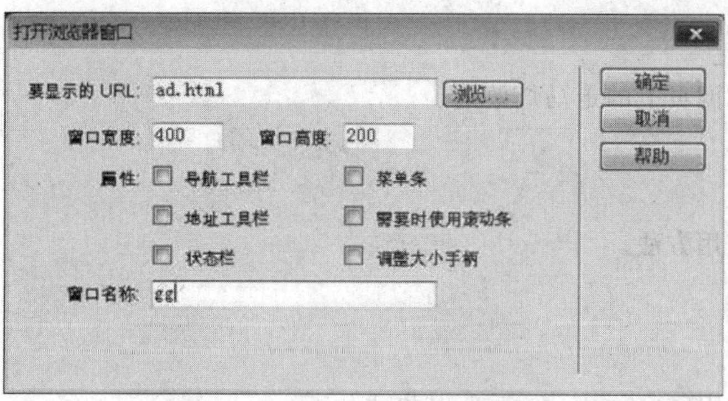

图 6-11 设置广告窗口相应的参数

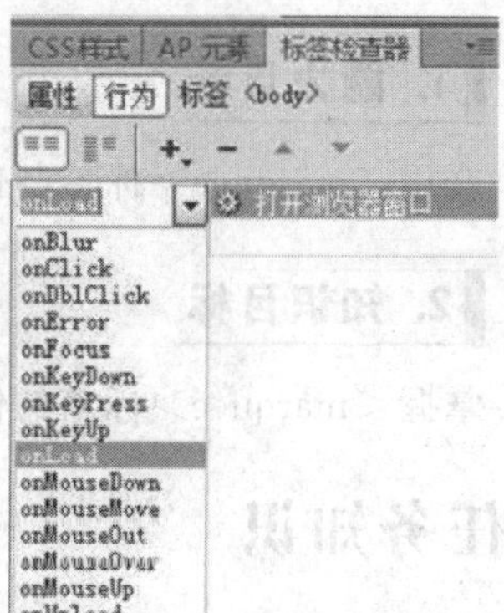

图 6-12 添加 onLoad 事件

(4) 保存并预览网页

执行"文件"→"保存全部"命令,保存所有页面,按 F12 键预览网页。

说明

由于广告页面一般用来显示一些公告信息,设置广告窗口的参数时不必为该窗口页面设置"导航工具栏""菜单条"等选项,一般只须选中需设置"需要时使用滚动条"选项即可。

通过任务 6.1,读者对于 Dreamweaver 的内置行为的用法有了初步的了解。如果需要在网页中制作复杂的网页特效,仅仅使用内置行为是远远不够的。因此,在后面的任务中将讲解基于对象的 JavaScript 脚本语言的基本用法,使读者能在此基础上制作出更多的网页特效。

任务 6.2 制作页面中滚动的字幕

▶任务目标

本任务制作使用循环向上滚动的字幕展示公告栏信息效果。当浏览者将光标移动到字幕区域后,字幕停止运动,使浏览者能够清晰地看到相关信息。当浏览者将光标移出字幕区后,字幕继续运动。效果如图 6-13 所示。

图 6-13 循环向上滚动展示公告栏信息

1. 能力目标

会用<marquee>标签制作网页上的走马灯效果。

2. 知识目标

掌握<marquee>标签的使用方法。

▶任务知识

在网页中,制作滚动字幕使用<marquee>标记,其格式如下。

```
<. marquee Direction = "left/right/up/down" Behavior = "scroll/side/alternate"
      Loop = "i/-1/infinite"Hspace = "m" Vspace = "n" Scrollamount  = "i" Scrolldelay = "j"
      Bgcolor = "色彩" Width = "x/x % "Height = "y">图片或(和)流动文字
</marquee>
```

其中,各参数的含义如下。

Direction:设置字幕内容的滚动方向。

Behavior:设置字幕内容的运动方式。

Loop:设置字幕内容的滚动次数,默认值为无限。

Hspace:设置字幕水平方向空白像素数。

Scrollamount:设置字幕每次滚动的数量,单位是像素。该值越小滚动速度越慢,滚动越平滑。

Scrolldelay:设置字幕滚动的延迟时间,单位是毫秒。该值越小滚动速度越快。

Bgcolor:设置背景字幕的颜色。

Width:设置字幕的宽度,单位是像素。

Height:设置字幕的高度,单位是像素。

▶任务实施

制作网站页面中滚动字幕的操作过程如下。

(1) 打开信息工程系网站首页

启动 Dreamweaver,打开“信息工程”站点根目录下的 index. html。

(2) 制作循环向上滚动字幕

将光标定位到“公告栏”单元格内,选中“公告栏”中内容的表格,如图 6-14 所示。切换到代码视图,单击代码区中代码序号栏中的 ⊟ 按钮,将“公告栏”内容代码折叠,在折叠代码之前插入滚动字幕代码,如图 6-15 所示。

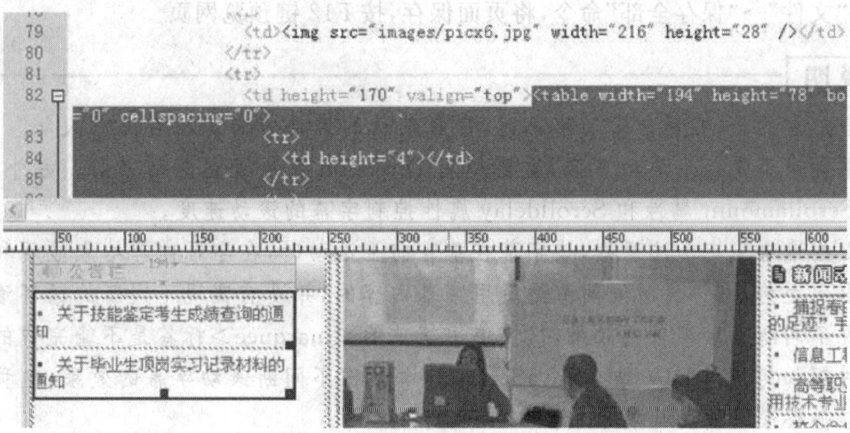

图 6-14 选定“公告栏”滚动的文字区

插入的代码如下。

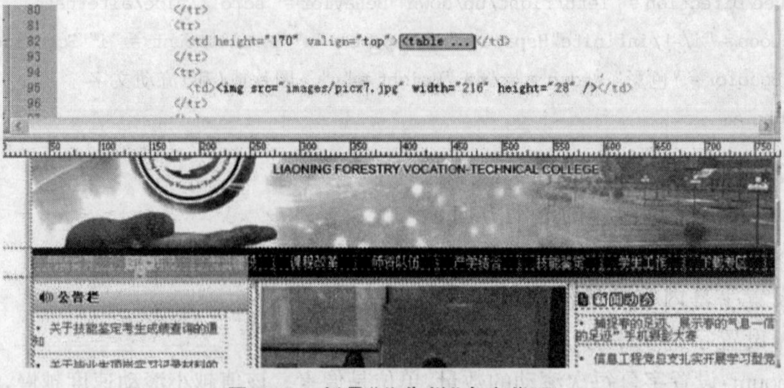

图 6-15　折叠“公告栏”内容代码

```
<marquee Direction = "up" Scrollamount = "2" Scrolldelay = "1" Height = "200"
        onmouseout = "this.start();" onmouseover = "this.stop();">
</marquee>
```

在<marquee>标签中设置字幕的参数含义如下。

Direction＝"up"：表示字幕垂直向上滚动。

Height＝"200"：表示字幕滚动的高度范围，注意该参数应该小于字幕所在单元格的高度。

onmouseout＝"this.start();"：调用 JavaScript 脚本控制字幕的运动，当光标移出字幕区域，字幕开始运动。

onmouseover＝"this.stop();"：调用 JavaScript 脚本控制字幕的运动，当光标移入字幕区域，字幕停止运动。

Scrollamount＝"2"：表示每次字幕滚动的数量是 2 像素。

Scrolldelay＝"1"：表示字幕滚动的延迟时间是 1 毫秒。

(3) 保存并预览网页

执行“文件”→“保存全部”命令，将页面保存，按 F12 键预览网页。

说明

应当注意的是，在制作滚动字幕时，字幕默认的滚动方向是从右向左滚动。因此，制作的字幕如果不是这个滚动方向，需要使用 Direction 属性设置滚动方向。另外，可以同时设置 Scrollamount 属性和 Scrolldelay 属性控制字幕的滚动速度。

细心的读者一定会注意到，该字幕在垂直向上滚动时，在字幕内容结束显示和下次滚动内容出现之前，有一段时间间隙是没用字幕内容的，并没有实现不间断的循环滚动。如果要实现不间断滚动字幕的效果，仅仅使用简单的<marquee>标签是不能完成的。下面的任务讲解如何使用 DIV 结合 JavaScript 脚本制作不间断滚动字幕的效果，这种效果通常应用在循环滚动的图片展示中。

任务6.3 制作页面中图片循环滚动效果

▶任务目标

本任务使用循环向左滚动的图片展示“系内风采”栏目。当浏览者将光标移入栏目区域后，图片停止运动；当浏览者将光标移出栏区域后，图片继续运动。该栏目中的图片是不间断循环滚动的，最终效果如图 6-16 所示。

图 6-16 不间断循环滚动的图片效果

1. 能力目标

会制作不间断滚动的图片。

2. 知识目标

掌握使用 JavaScript 脚本语言制作不间断滚动图片的方法。

▶任务知识

1. JavaScript 语言

JavaScript 是一种基于对象和事件驱动并具有安全性能的脚本语言，有了 JavaScript，可使网页变得生动。HTML 代码与 JavaScript 代码一起可以实现在一个网页中链接多个对象、与客户交互的作用，从而可以开发客户端的应用程序。它是通过嵌入标准的 HTML 语言代码来实现的。

2. 脚本编写语言

JavaScript 是一种脚本语言，它采用小程序段的方式实现编程。像其他脚本语言一样，JavaScript 同样是一种解释性语言。它的基本结构形式与 C、C++、VB、Delphi 十分类似。但它不像这些语言一样需要先编译，而是在程序运行过程中被逐行地解释。它与 HTML 标签结合在一起，从而便于用户操作。

3. 基于对象的语言

JavaScript 是一种基于对象的语言,这意味着它能运用自己已经创建的对象。

▶任务实施

制作网站页面中图片循环滚动效果的操作如下。

(1) 打开网站首页

启动 Dreamweaver,打开"信息工程"站点根目录下的 index. html。

(2) 制作循环向左滚动字幕展示"系内风采"系列图片

在前面项目中制作的展示"系内风采"系列图片的操作中,采用的是插入静态图片实现的,本任务将对这些图片添加不间断滚动的效果。将光标定位到"系内风采"系列图片的单元格内,切换到代码窗口,删除单元格标签<td>和</td>之间的所有代码,插入以下 JavaScript 脚本代码。插入代码如下:

```
<div align = "center" id = "dem10" style = "overflow:hidden;height:200px;width:700px;">
  <table width = "700" border = "0" cellspacing = "0" cellpadding = "0" align = "center">
    <tr>
      <td align = "center" id = "demo11">
        <table border = "0" cellspacing = "4" cellpadding = "0">
          <tr>
            <td ><a href = "#" target = "_blank"><img title = "订单班在大庆"
                    src = "images/m1.JPG" border = 0/></a></td>
            <td ><a href = "#" target = "_blank"><img title = "订单班在大庆上课"
                    src = "images/m2.JPG" border = 0 /></a></td >
            <td ><a href = "#" target = "_blank"><img title = "我系领导与科瑞领导会
                    面"src = "images/m3.JPG" border = 0/></a></td >
            <td ><a href = "#" target = "_blank"><img title = "专业实训教室"
                    src = "images/m4.JPG" border = 0/></a></td >
            <td ><a href = "#" target = "_blank"><img title = "专业实训教室"
                    src = "images/m5.JPG" border = 0/></a></td>
            <td ><a href = "#" target = "_blank"><img title = "数字基地"
                    src = "images/m6.JPG" border = 0/></a></td >
            <td ><a href = "#" target = "_blank"><img title = "学生作品 - 网页效果图"
                    src = "images/m7.JPG" border = 0/></a></td >
            <td ><a href = "#" target = "_blank"><img title = "学生作品 - 网页效果图"
                    src = "images/m8.JPG" border = 0/></a></td >
            <td ><a href = "#" target = "_blank"><img title = "学生作品 - 厨房样板间"
                    src = "images/m9.JPG" border = 0/></a></td >
```

```
        </tr>
        <tr >
            <td >订单班在大庆</td >
            <td >订单班在大庆上课</td >
            <td >我系领导与科瑞领导会面</td >
            <td >专业实训教室</td >
            <td >专业实训教室</td >
            <td >数字基地</td >
            <td >学生作品 - 网页效果图</td >
            <td >学生作品 - 网页效果图</td >
            <td >学生作品 - 厨房样板间</td >
          </tr>
        </table>
      </td>
      <td id = "demo12">   </td >
    </tr>
  </table>
</div>
<script language = "javascript" type = "text/javascript"><! --
    var demo10 = document.getElementById("demo10");
    var demo11 = document.getElementById("demo11");
    var demo12 = document.getElementById("demo12");
    var speed = 20;      //数值越大滚动速度越慢
    demo12.innerHTML = demo11.innerHTML
    function Marquee(){
        if(demo12.offsetWidth-demo10.scrollLeft< = 0)
            demo10.scrollLeft- = demo11.offsetWidth
        else{
            demo10.scrollLeft + +
        }
    }
    var MyMar = setInterval(Marquee,speed);
    demo10.onmouseover = function(){clearInterval(MyMar)}
    demo10.onmouseout = function(){MyMar = setInterval(Marquee,speed)}
  -- ></script>
```

(3) 保存并预览网页

执行“文件”→“保存全部”命令，将页面保存，按 F12 键预览网页。

说明

制作循环滚动不间断字幕的关键在于字幕参数的设置及图像素材的适当选择，其要求如下。

(1) 插入代码的第 1 行定义的是字幕 DIV，其宽度决定了字幕中能够同时显示的最多图片个数。例如，本例中每个图片的宽度为 183 像素，设置字幕 DIV 的宽度为 700 像素。字幕所在单元格的宽度应当大于等于字幕 DIV 的宽度。

(2) 字幕 DIV 的高度应当大于滚动表格的高度，这样可以使图片在垂直方向与其他页面元素保持一定的间隙。例如，本例中每个图片的高度为 132 像素，设置字幕 DIV 的高度为 200 像素，这样既能够显示出完整的图片，也能为图片上下保留一定的间隙，保持页面的美观。

(3) 字幕 DIV 中的内容可以随意地添加或删除，此例中，如果只滚动图片，可将图片行后的标签<tr>和</tr>中的内容全部删除。

任务 6.4　制作页面中幻灯片切换新闻图片效果

▶任务目标

本任务制作辽宁林业职业技术学院网站首页幻灯片切换新闻图片。每隔一段时间，图片自动切换到下一幅图片。若单击广告下方的数字，将直接切换到相应的图片，最终效果如图 6-17 所示。

(a) 第一幅图片　　(b) 自动切换到下一幅图片

图 6-17　幻灯片切换新闻图片效果

1. 能力目标

会用 JavaScript 脚本制作动态新闻效果。

2. 知识目标

掌握网页中插入 JavaScript 脚本制作动态新闻的方法。

▶任务实施

制作网站页面中幻灯片切换新闻图片的操作过程如下。

(1) 打开网站首页

启动 Dreamweaver,打开已经建立的站点“信息工程”,将素材图片复制到图像文件夹 images 下,打开 index. html。

(2) 删除网站首页“新闻动态”栏目中的静态图片

选中“新闻动态”栏目中的静态图片,按 Delete 键将该图片删除,删除后的效果如图 6-18 所示。

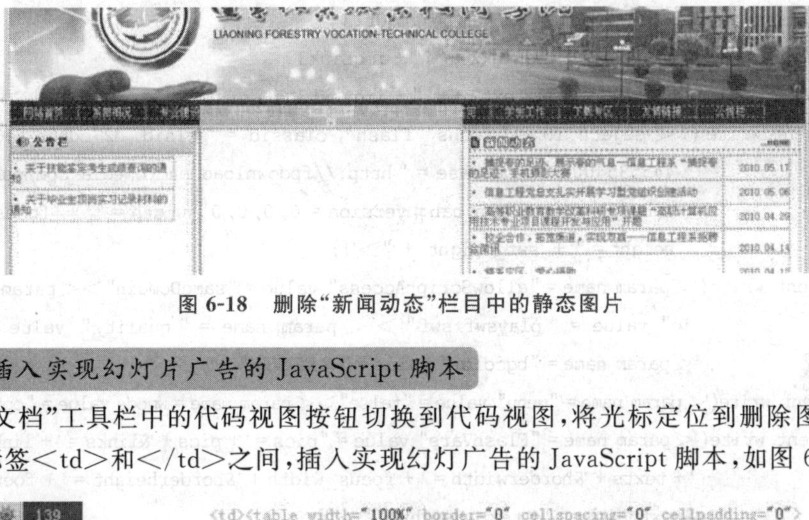

图 6-18 删除“新闻动态”栏目中的静态图片

(3) 插入实现幻灯片广告的 JavaScript 脚本

单击“文档”工具栏中的代码视图按钮切换到代码视图,将光标定位到删除图片后的单元格代码标签<td>和</td>之间,插入实现幻灯广告的 JavaScript 脚本,如图 6-19 所示。

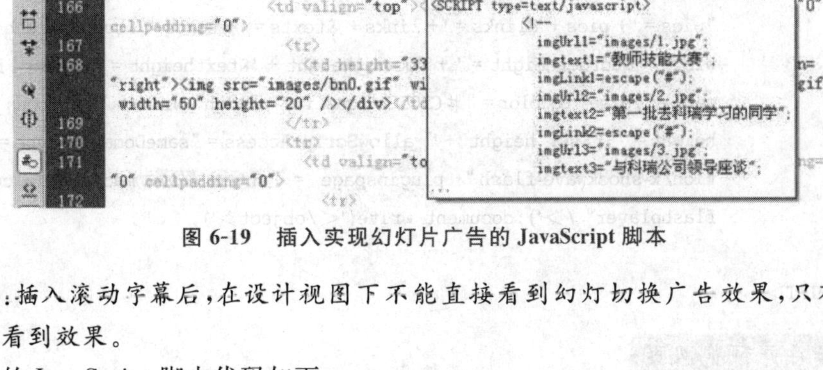

图 6-19 插入实现幻灯片广告的 JavaScript 脚本

注意:插入滚动字幕后,在设计视图下不能直接看到幻灯切换广告效果,只有页面在浏览时才能看到效果。

插入的 JavaScript 脚本代码如下。

```
<SCRIPT type = text/javascript>
<! --
  imgUrl1 = "images/1.JPG";
  imgtext1 = "教师技能大赛";
  imgLink1 = escape("#");
  imgUrl2 = "images/2.JPG";
  imgtext2 = "第一批去科瑞学习的同学";
  imgLink2 = escape("#");
  imgUrl3 = "images/3.JPG";
  imgtext3 = "与科瑞公司领导座谈";
  imgLink3 = escape("#");
  var focus_width = 303
  var focus_height = 251
  var text_height = 20
  var swf_height =  focus_height + text_height
  var pics =  imgUrl1 + "|" + imgUrl2 + "|" + imgUrl3
  var links =  imgLink1 + "|" + imgLink2 + "|" + imgLink3
  var texts =  imgtext1 + "|" + imgtext2 + "|" + imgtext3
  document.write ('<object ID = "focus_flash" classid = "clsid: d27cdb6e-ae6d-11cf-96b8-
                  44553540000" codebase = "http://fpdownload.macromedia.com/pub/shockwave/
                  cabs/flash/swflash.cab#version = 6,0,0,0" width = "'+ focus_width +'"
                  height = "'+ swf_height +'">');
  document.write('<param name = "allowScriptAccess" value = "sameDomain"><param name = "mov-
                  ie" value = "playswf.swf"><param name = "quality" value = "high">
                  <param name = "bgcolor" value = "#FFFFFF">');
  document.write('<param name = "menu" value = "false"><param name = wmode value = "opaque">');
  document.write('<param name = "FlashVars" value = "pics = '+ pics + '&links = '+ links + '&texts =
                  '+ texts + '&borderwidth = '+ focus_width + '&borderheight = '+ focus_height + '
                  &textheight = '+ text_height + '">');
  document.write('<embed ID = "focus_flash" src = "playswf.swf" wmode = "opaque" FlashVars =
                  "pics = '+ pics + '&links = '+ links + '&texts = '+ texts + '&borderwidth = '+ focus_
                  width + '&borderheight = '+ focus_height + '&textheight = '+ text_height + '"
                  menu = "false" bgcolor = "#C5C5C5" quality = "high" width = "'+ focus_width +'"
                  height = "'+ swf_height +'" allowScriptAccess = "sameDomain" type = "applica-
                  tion/x-shockwave-flash" pluginspage = "http://www.macromedia.com/go/get-
                  flashplayer" />');document.write('</object>');
  -->
</SCRIPT>
```

(4) 保存并预览网页

执行“文件”→“保存全部”命令，将页面保存，按 F12 键预览网页。

说明

制作幻灯切换广告的关键在于播放器参数的设置及图像素材的适当选择,其要求如下。

(1) 播放器参数中的 focus_width 设置为图片的宽度 303px,focus_height 设置为图片的高度 252px,text_height 设置为文字的高度 20px,pics 定义图片的来源,links 定义链接文字的链接地址,texts 定义链接文字的内容。可根据图片的实际大小来设定 focus_width 与 focus_height 的值。

(2) 幻灯广告所在表格的宽度应当大于等于图片的宽度。

(3) 本任务效果为三幅图片切换,实际应用中可增加图片,如添加至 4 幅图,则代码如下。

```
imgUrl1 = "images/1.JPG";
imgtext1 = "教师技能大赛";
imgLink1 = escape("#");
imgUrl2 = "images/2.JPG";
imgtext2 = "第一批去科瑞学习的同学";
imgLink2 = escape("#");
imgUrl3 = "images/3.JPG";
imgtext3 = "与科瑞公司领导座谈";
imgLink3 = escape("#");
imgUrl4 = "images/4.JPG";
imgtext4 = "学术会议交流";
imgLink4 = escape("#");
var focus_width = 303
var focus_height = 251
var text_height = 20
var swf_height  =  focus_height + text_height
var pics  =  imgUrl1 + "|" + imgUrl2 + "|" + imgUrl3 + "|" + imgUrl4
var links  =  imgLink1 + "|" + imgLink2 + "|" + imgLink3 + "|" + imgLink4
var texts  =  imgtext1 + "|" + imgtext2 + "|" + imgtext3 + "|" + imgtext4
```

(4) 其他部分不变。

拓展任务 利用行为功能制作页面

▶任务目标

当光标在专业简介页面上滑过“网络专业”时,在其下方显示“网络专业简介”。当光标滑过“动漫专业”时,在其下方显示“动漫专业简介”。效果如图 6 20 所示。

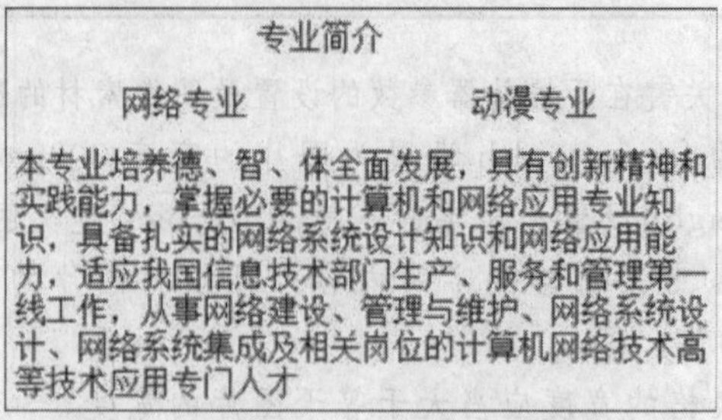

图 6-20　显示网络专业简介和动漫专业简介

1. 能力目标

会用层及行为制作特殊效果。

2. 知识目标

(1) 掌握层的应用。
(2) 掌握行为的应用。

▶任务知识

层是CSS中的定位技术，在Dreamweaver中对其进行了可视化操作。通常，对文本、图像、表格等元素只能固定其位置，不能互相叠加在一起。层可以放置在网页文档内的任何一个位置。层内可以放置网页文档中的其他构成元素，层可以自由移动，层与层之间还可以重叠。层体现了网页技术从二维空间向三维空间的一种延伸。

1. 层的基本操作

(1) 插入层

选择“插入”→“布局对象”→AP Div命令，即可将层插入页面中，如图6-21所示。

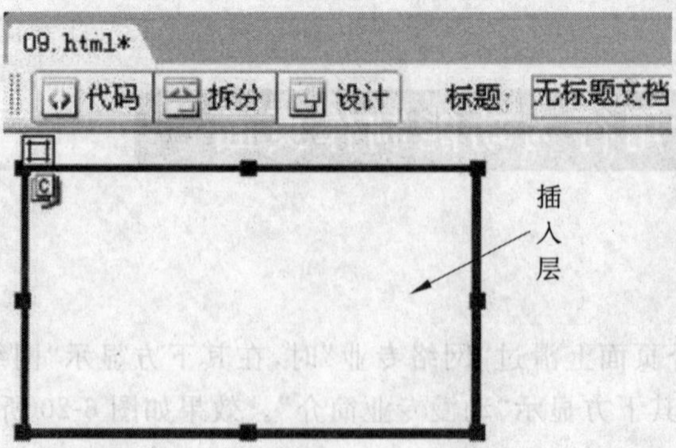

图 6-21　插入层

使用这种方法插入层，层的位置由光标所在的位置决定，光标放置在什么位置，层就在什么位置出现。选中层会出现 8 个控制柄，拖动控制柄可以改变层的大小。

(2) 拖放绘制层

在“插入”工具栏的“布局”类别中，单击“绘制 AP Div”按钮，如图 6-22 所示。按住鼠标左键不放，拖动图标到文档窗口中，然后释放鼠标左键，层就会出现在页面中。

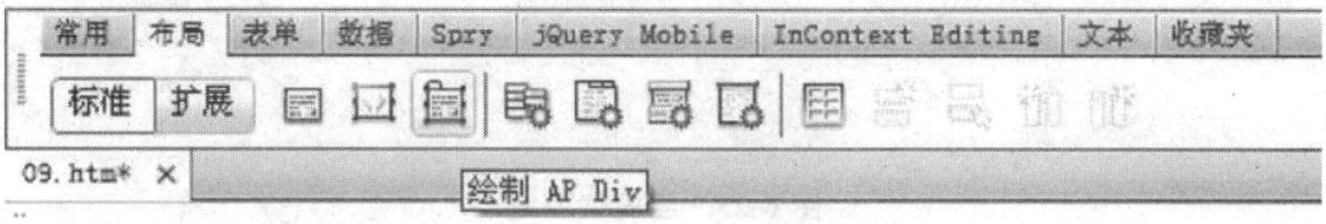

图 6-22 绘制 AP Div

(3) 手动绘制层

单击“绘制 AP Div”按钮，在文档窗口中鼠标指针会变成十字形。按住鼠标左键，拖动出一个矩形，矩形的大小就是层的大小，释放鼠标左键层就会出现在页面中。

(4) 创建嵌套层

创建嵌套层就是在一个层内插入另外的层。创建嵌套层有以下两种方法。

方法一：将光标放在某层内，选择“插入”→“布局对象”→ AP Div 命令，效果如图 6-23所示。

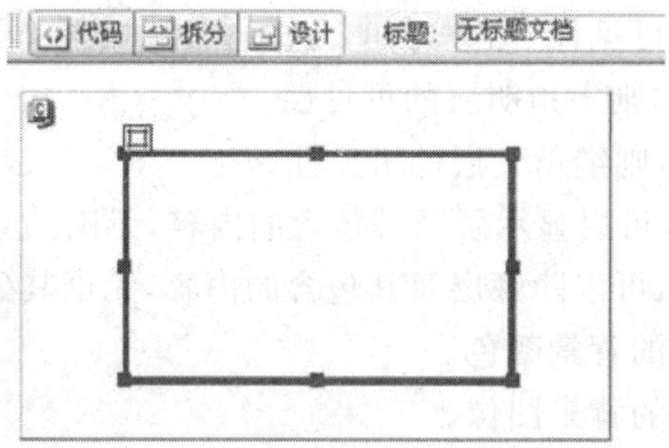

图 6-23 在层内插入层

方法二：打开“层”面板，从中选择需要嵌套的层，此时按住 Ctrl 键拖动该层到另外一个层上，直到出现如图 6-24 所示图标后，释放 Ctrl 键和鼠标左键，这样普通层就转换为嵌套层了。

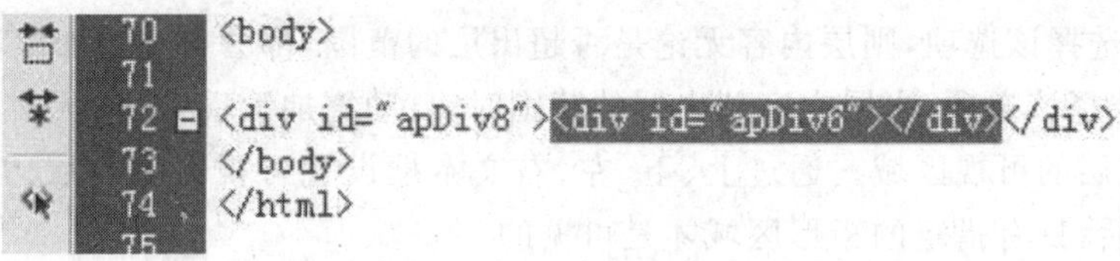

图 6-24 在代码窗口中将层嵌套

2. 设置层的属性

选中要设置的层，就可以在属性面板中设置层的属性了，如图 6-25 所示。层属性中各参数的含义如下。

图 6-25　层属性面板

层编号：给层命名，以便在层面板和 JavaScript 代码中标识该层。

左、上：指定层的左上角相对于页面（如果嵌套，则为父层）左上角的位置。

宽、高：指定层的宽度和高度。如果层的内容超过指定大小，层的底边缘（按照在 Dreamweaver设计视图中的显示）会延伸以容纳这些内容。如果“溢出”属性没有设置为“可见”，那么当层在浏览器中出现时，底边缘将不会延伸。

Z 轴：设置层的层次属性。在浏览器中，编号较大的层出现在编号较小的层的前面。值可以为正，也可以为负。当更改层的堆叠顺序时，使用“层”面板要比输入特定的 Z 轴值更为简便。

可见性：在“可见性”下拉列表中，设置层的可见性。使用脚本语言如 JavaScript 可以控制层的动态显示和隐藏。“可见性”参数有四个选项，各选项含义如下。

- default：选择该选项，则不指明层的可见性。
- inherit：选择该选项，则继承父层的可见性。
- visible：选择该选项，可以显示层及其包含的内容，无论其父级层是否可见。
- hidden：选择该选项，可以隐藏层及其包含的内容，无论其父级层是否可见。

背景颜色：用来设置层的背景颜色。

背景图像：用来设置层的背景图像。

溢出：选择当层内容超过层的大小时的处理方式。“溢出”参数有四个选项，各选项含义如下。

- visible：选择该选项，当层内容超出层的范围时，可自动增加层尺寸。
- hidden：选择该选项，当层内容超出层的范围时，保持层尺寸不变，隐藏超出部分的内容。
- scroll：选择该选项，则层内容无论是否超出层的范围，都会自动增加滚动条。
- auto：选择该选项，当层内容超出层的范围时，自动增加滚动条（默认）。

剪辑：设置层的可视区域。通过上、下、左、右文本框设置可视区域与层边界的像素值。层经过“剪辑”后，只有指定的矩形区域才是可见的。

类：在“类”的下拉列表中，可以选择已经设置好的 CSS 样式或新建 CSS 样式。

说明

(1) 位置和大小的默认单位为像素(px)，也可以指定以下单位：pc(pica)、pt(点)、in(英寸)、mm(毫米)、cm(厘米)或 %(父层相应值的百分比)，缩写必须紧跟在值之后，中间不留空格。

(2) 使用层制作特效时，可以发现层可以在网页上随意改变位置，在设定层的属性时，了解到层有显示隐藏的功能，通过这两个功能可以实现很多令人激动的网页动态效果。

▶任务实施

利用“行为”功能制作网站页面的操作过程如下。

(1) 新建专业简介首页

启动 Dreamweaver，打开已经建立的站点“信息工程”，新建 zyjj. html。

(2) 在页面上添加层

执行“插入”→“布局对象”→AP Div 命令插入层。再重复三次，共插入四个层，其中在第二层里插入一个一行两列的表格。

(3) 布局层并设置层的内容

在第一个层中输入“专业简介”；在第二个层中插入“网络专业”“动漫专业”(分别插入一行两列的单元格内)；在第三个层中插入“本专业培养德、智、体全面发展，具有创新精神和实践能力，掌握必要的计算机和网络应用专业知识，具备扎实的网络系统设计知识和网络应用能力，适应我国信息技术部门生产、服务和管理第一线工作，从事网络建设、管理与维护、网络系统设计、网络系统集成及相关岗位的计算机网络技术高等技术应用专门人才”；在第四个层中插入“本专业培养适应社会主义现代化建设需要，德、智、体、美全面发展的，具有较高的文化艺术修养及较强的影视动漫画设计、原创及制作能力”。将四个层按要求摆放好位置(注意，层 apDiv3 和层 apDiv4 是重叠的)。效果如图 6-26 所示。

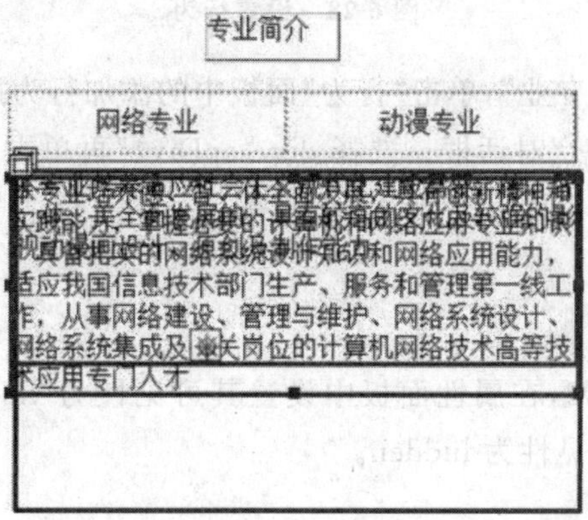

图 6-26 在专业简介页面添加层

(4) 打开"行为"面板

执行"窗口"→"行为"命令,打开"行为"面板。

(5) 显示/隐藏层

在文档窗口中选择"网络专业",单击"行为"面板中的添加行为按钮,单击"显示、隐藏元素",打开"显示-隐藏元素"对话框。选择 div "apDiv3" 再单击"显示"按钮,选择 div "apDiv4"再单击"隐藏"按钮,最后单击"确定"按钮。设置效果如图 6-27 所示。在"行为"下拉列表框中选择 onMouseOver,如图 6-28 所示。

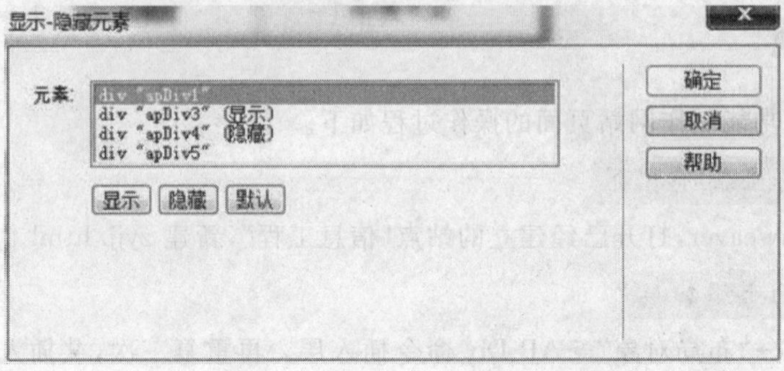

图 6-27 显示、隐藏元素设置效果

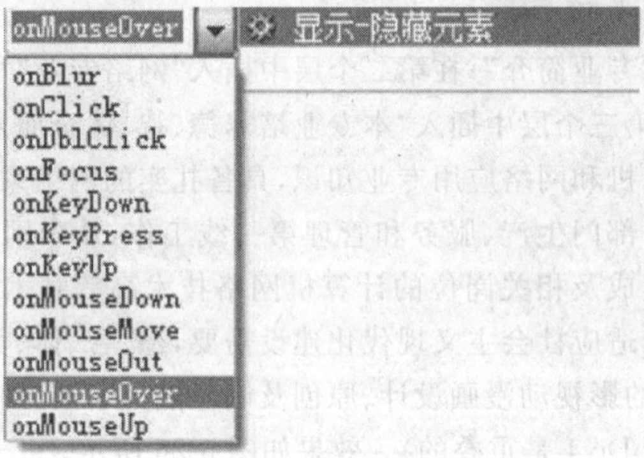

图 6-28 设置行为

在文档窗口选择"动漫专业",单击"行为"面板中的添加行为按钮 +。单击"显示、隐藏元素",打开"显示-隐藏元素"对话框。选择 div "apDiv4"再单击"显示"按钮,选择 div "apDiv3"再单击"隐藏"按钮,最后单击"确定"按钮。在"行为"下拉列表框中选择 onMouseOver。

(6) 设置层的可见性

单击文档窗口的 apDiv3,在属性面板中设置其可见性为 visible。单击文档窗口的 apDiv4,在属性面板中设置可见性为 hidden。

(7) 保存并预览网页

执行"文件"→"保存全部"命令,将页面保存,按 F12 键预览网页。

说明

本任务中插入了层，并且将层与行为结合，利用行为将层显示或隐藏，在行为面板中还有许多方法和事件，同学们可以进一步讨论学习。

习题

1. 为网站主页改变状态栏，效果如图 6-29 所示。

图 6-29　设置辽宁林业职业技术学院网站主页状态栏内容

2. 为网站主页上的浮动广告增加鼠标经过停止、鼠标离开继续运动的效果。
3. 为"专业建设"栏增加弹出式菜单，如图 6-30 所示。

图 6-30　添加弹出菜单

4. 利用行为功能为网页添加背景音乐。

项目 7

利用框架技术制作网站栏目

利用框架技术可以把浏览器的显示空间分割成几个区域，每个区域可以分别显示不同的网页，而且替换窗口中的内容时，各个窗口之间没有影响。本项目将主要介绍创建框架和框架集、选择框架和框架集、设置框架和框架集属性、插入浮动框架及修改浮动框架的属性等。

本项目包括以下任务。

任务　利用框架制作网站栏目。

拓展任务　利用浮动框架制作网站栏目。

任务　利用框架制作网站栏目

▶任务目标

本任务用框架结构完成“学生工作”栏目的系列页面，页面分为三个区域：上边是网站主题区，左边是导航区，右边是内容区。在浏览网页时，单击导航栏中的某个文本链接，则对应的链接内容显示在右边，而上边的网站主题和左边的导航栏目仍然留在屏幕上，效果如图 7-1所示。

(a)“学生工作”显示页面

(b)“学生管理”显示页面

图 7-1　网站栏目系列页面显示效果

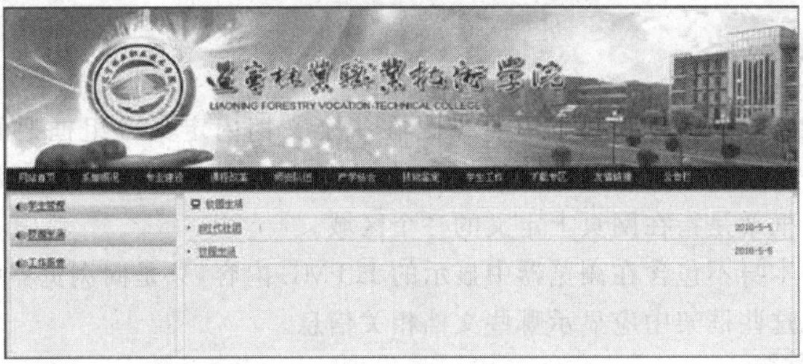

(c)“校园生活”显示页面

(d)“工作报告”显示页面

图 7-1(续)

1. 能力目标

会用框架结构制作网页。

2. 知识目标

(1) 掌握框架集的定义。
(2) 掌握框架页面链接的方法。
(3) 进一步掌握利用表格布局页面的技巧。

▶任务知识

框架也称为多窗口页面或帧,可以在同一浏览器窗口中显示多个相互隔离的 HTML 页的结构,每个区域显示一个 HTML 文件。利用框架结构可以在页面中同时浏览多个页面,还可以在一个区域中显示所有页面的总索引。通过单击该区域中的超链接,相关网页就会显示在另一个区域中,非常直观,使得用户在浏览局部内容时仍可以对整个网站的结构有清晰地认识,不至于进入多层链接后迷失方向。

1. 创建框架页

框架由框架集和单个框架组成。框架是在一个文档内定义一组框架的 HTML 网页。框架集定义了一个网页中显示的框架集数、框架集的大小、载入框架的网页源和其他可定义的属性等。单个框架是指在网页上定义的一个区域。

框架集文件本身不包含在浏览器中显示的 HTML 内容，只是向浏览器中提供如何显示一组框架以及在这些框架中应显示哪些文档相关信息。

（1）框架类型

Dreamweaver 预定义了多种类型的框架结构。选择“插入”→HTM→“框架”命令，在弹出的菜单中，用户可以选择系统预定的框架结构，如图 7-2 所示。

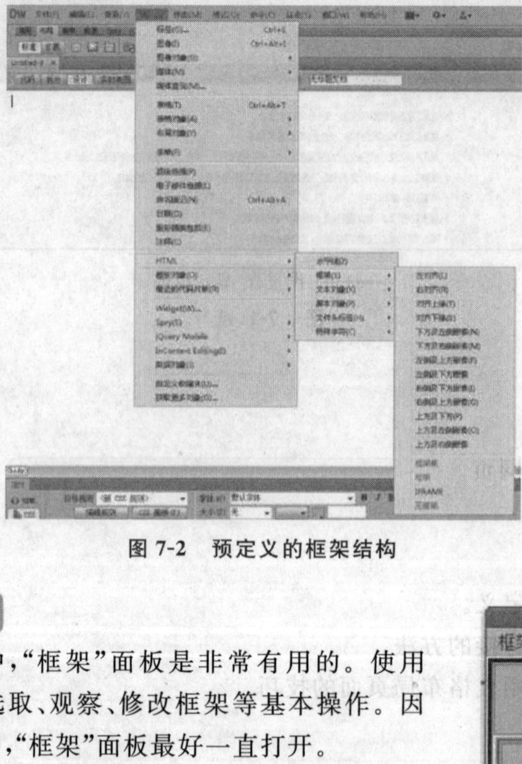

图 7-2　预定义的框架结构

（2）“框架”面板

在操作框架过程中，“框架”面板是非常有用的。使用“框架”面板可以进行选取、观察、修改框架等基本操作。因此在对框架进行操作时，“框架”面板最好一直打开。

对框架进行操作时，可以执行“窗口”→“框架”命令或按 Shift＋F2 键打开“框架”面板，如图 7-3所示。在“框架”面板中，框架集边框是粗三维边框，而框架则是细灰线边框。

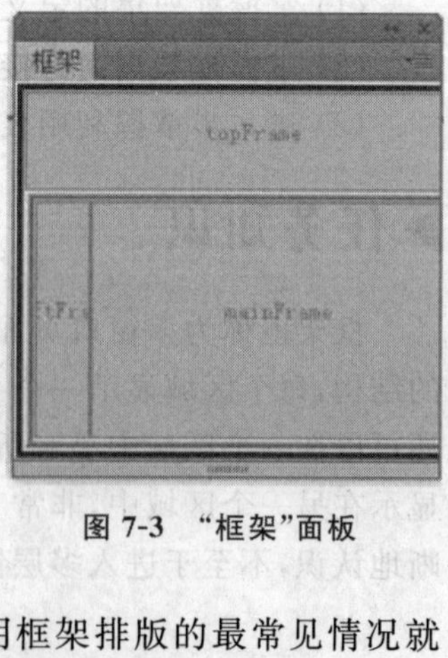

图 7-3　“框架”面板

（3）新建框架页

框架又可以叫作帧，是一种可以独立变化的、在一定情况下可以用鼠标滚动的窗口。这些窗口被组合在一起，从而使网页不仅仅在视觉上更具有吸引力，而且更加容易使用。使用框架排版的最常见情况就是，一个框架显示包含导航控件的文档，而另一个框架显示包含内容的文档。

在 Dreamweaver 中有多种创建框架集的方法，用户可从预定义的框架集中选择并创建框架集，也可以自己设计框架集，还可以使用编写代码的方法建立框架集。

选择预定义的框架集将会设置创建布局所需的所有框架集，是迅速创建基于框架布局的最简单的方法，用户只能在文档窗口的设计视图中插入预定义的框架集，步骤如下。

① 将插入点放在当前打开的文档当中，执行“插入”→HTML→“框架”命令，并选择预定义的框架集，如上方及左侧嵌套。

② 在打开的“框架标签辅助功能属性”对话框中，输入框架的标题，如图 7-4 所示。单击“确定”按钮，生成的框架集页面如图 7-5 所示。

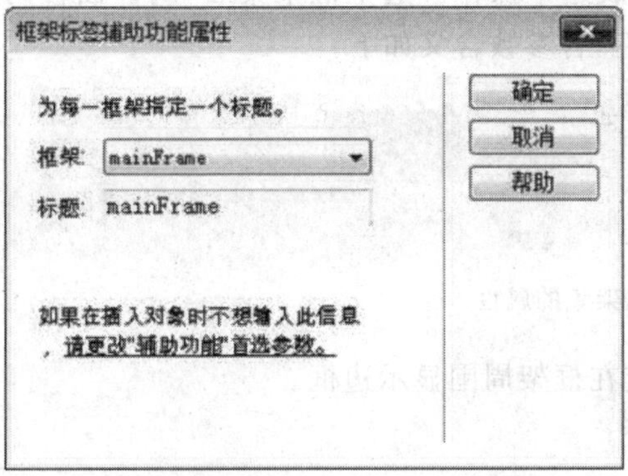

图 7-4 “框架标签辅助功能属性”对话框

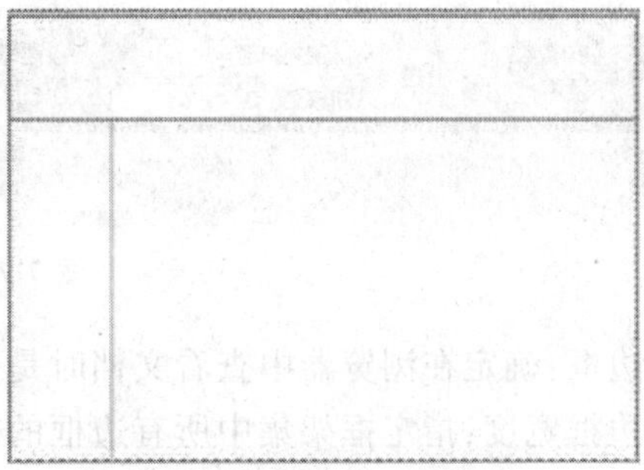

图 7-5 生成的框架集页面

(4) 保存框架页

用户在浏览器中预览框架集前，必须保存框架集文件以及要在框架中显示的所有文档。用户既可以单独保存框架集文件和每个框架中的文档，也可以同时保存框架集文件和框架中出现的所有文档。

执行“文件”→“保存全部”命令，保存在框架集中打开的所有文档，包括框架集文件和所有带框架的文档。

说明

如何知道保存的文件是哪一部分的文件呢？

这里有个技巧，即保存的时候被虚线框包围的框架就是正在保存的框架文件，如图 7-6所示。

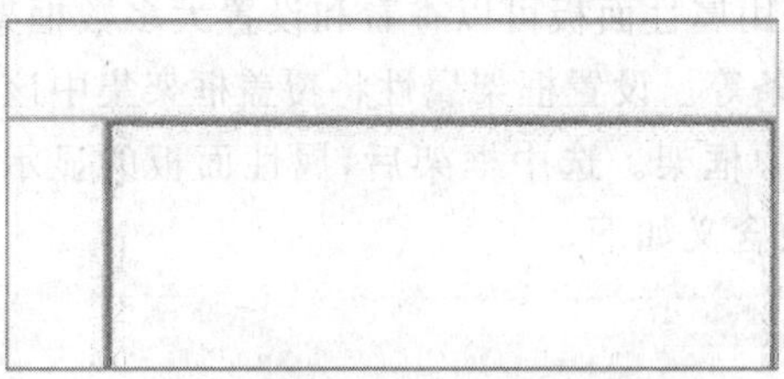

图 7-6 止在保存的框架文件

2. 框架页面链接

(1) 设置框架属性

框架属性设置包括两部分:框架集属性和框架属性。

① 设置框架集属性。使用属性面板可以查看和设置大多数框架集属性,包括框架集标题、框架,以及框架大小等。设置框架集属性的方法如下。

首先选中框架集,可通过在文档窗口的设计视图中单击框架集中两个框架之间的边框,或在"框架"面板中单击围绕框架集的边框完成选中操作。选中框架集后,属性面板的显示如图 7-7 所示。在属性面板中设置框架集属性,各参数含义如下。

图 7-7　框架集的属性

边框:确定在浏览器中查看文档时是否应在框架周围显示边框。

边框宽度:指定框架集中所有边框的宽度。

边框颜色:设置边框的颜色。

行列选定范围:如果要设置选定框架集行和列的框架大小,单击"行列选定范围"区域左侧或顶部的选项卡,然后在"值"文本框中输入高度或宽度。

如果指定浏览器分配给每个框架的空间大小,在"单位"下拉列表框中选择以下选项。

像素:将选定列或行的大小设置为一个绝对值。对于应始终保持相同大小的框架(如导航条)选择此选项。在为以"百分比"或"相对值"为单位指定大小的框架分配空间前,需要为以"像素"为指定单位大小的框架分配空间。

百分比:指定选定的列或行为相当于其框架集的总宽度或总高度的一个百分比。以"百分比"为单位的框架分配空间在以"像素"为单位的框架之后,但在以"相对"为单位的框架之前。

相对:指定在为"像素"和"百分比"框架分配空间后,为选定列或行分配其余可用空间,剩余空间在大小设置为"相对"的框架之间按比例划分。

② 设置框架属性。使用属性面板可以查看和设置大多数框架属性,包括边框、边距,以及是否在框架中显示滚动条等。设置框架属性将覆盖框架集中该属性的设置,方法如下。

在框架面板中单击选中框架。选中框架后,属性面板的显示如图 7-8 所示。在属性面板中设置框架属性,各参数含义如下。

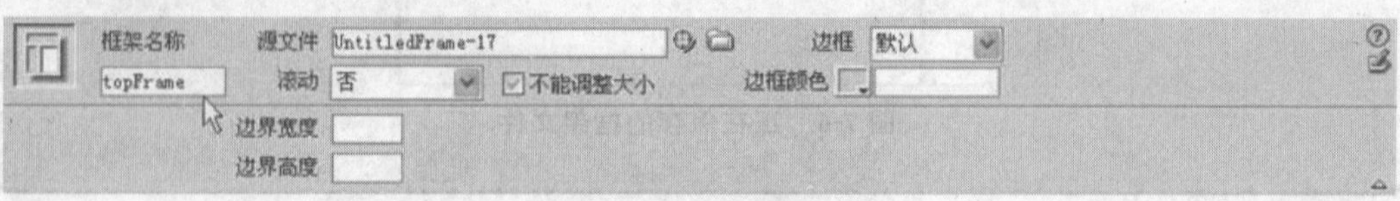

图 7-8　框架的属性

框架名称:链接的目标文件属性或脚本在引用框架时所使用的名称。

源文件:指定在框架中显示的源文件,单击文件夹图标可以浏览并选择相应文件。

滚动:指定在框架中是否显示滚动条,大多数浏览器默认为“自动”,这意味着只有在浏览器窗口中没有足够空间来显示当前框架的完整内容时才显示滚动条。

不能调整大小:使浏览者无法通过拖动框架边框在浏览器中调整框架大小。

边框:在浏览器中查看框架时显示或隐藏当前框架的边框,选择“边框”选项将覆盖框架集的边框设置。大多数浏览器默认为显示边框,只有当共享边框的所有框架都将“边框”设置为“否”,或者当父框架集的“边框”属性设置为“否”且共享该边框的框架都将“边框”设置为“默认值”时,才会隐藏边框。

边框颜色:设置所有框架边框颜色,此颜色应用于和框架接触的所有边框,并且重新定义框架集的指定边框颜色。

边界宽度:以像素为单位,设置框架边框与内容之间的左边距和右边距的宽度。

边界高度:以像素为单位,设置框架边框与内容之间的上边距和下边距的高度。

(2) 设置框架页面之间的链接

在很多网页中,常在一个框架中显示一个所有网页内容的目录,而通过单击其中的某项,在另一个框架中显示相应内容。这些目录是热点文本,需要在框架之间建立超链接,并指明显示的目标文件的框架。

用户既可以使用属性面板的设置创建框架页面链接,也可以使用编写代码的方式创建框架页面链接。

① 使用属性面板的设置创建框架页面链接的方法如下。在设计视图下,选择文本或对象,在属性面板的“链接”列表中,执行下列操作之一。

- 单击文件夹图标并选择要链接到的文件。
- 将“指向文件”图标拖动到“文件”面板并选择要链接到的文件。在属性面板的“目标”下拉列表框中,选择应显示链接文档的框架名,如图 7-9 所示。

图 7-9 选择应显示链接文档的框架名

从图 7-9 中可以看出,在属性面板的“目标”下拉列表框中,除了 new 和最下面的 3 个用户定义的框架名之外,框架名列表中还有 4 个系统命名的特殊名称,分别实现 4 类特殊的操作。

_blank:链接的目标文件被显示在一个新的没有名字的浏览器窗口。

_self:链接的目标文件被显示在当前框架中,代替正在显示的热点文本所在的那个文件，是省略 target 属性的默认值。

_top：链接的目标文件被显示在整个浏览器窗口（取消框架）中。

_parent：当框架嵌套时，链接的目标文件被显示在父框架中；否则，被显示在整个浏览器窗口中。

② 编写代码创建框架页面链接。使用<a>标签的 target 属性就可以控制目标在那个框架内显示。当单击链接时，目标文件就会出现在有 target 指定的框架内。target 属性的值可以为框架名，使用格式如下。

```
<a href = "目标文件名 . html" target = "框架名">热点文本</a>
```

▶任务实施

利用框架制作网站栏目的操作过程如下。

(1) 新建网站栏目

启动 Dreamweaver，打开已经建立的站点“信息工程”，在“文件”面板的本地站点根目录下新建一个栏目文件夹 xsgz，并在 xsgz 文件夹中建立栏目的图像文件夹 images，将素材图片复制到栏目的图像文件夹 images 下。

(2) 新建框架集页面

执行“插入”→HTML→“框架”→“上方及左侧嵌套”命令，如图 7-10 所示。

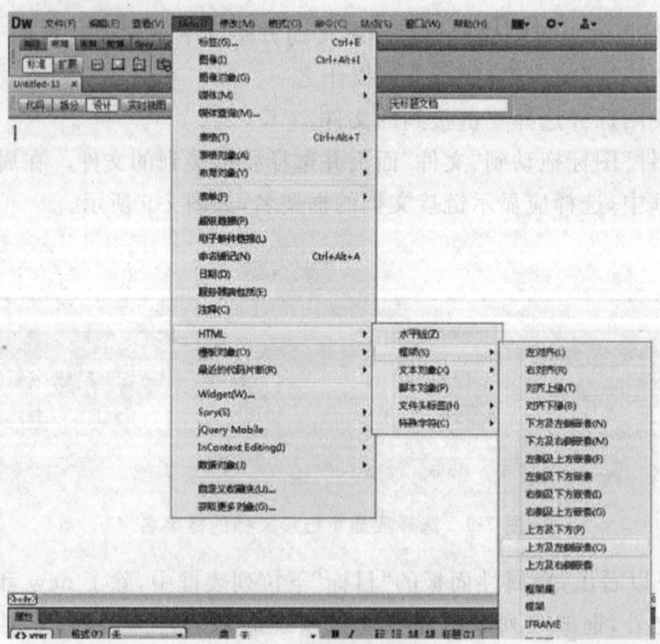

图 7-10　新建框架集页面

在文档窗口中出现了包含 3 个区域的框架集，如图 7-11 所示。

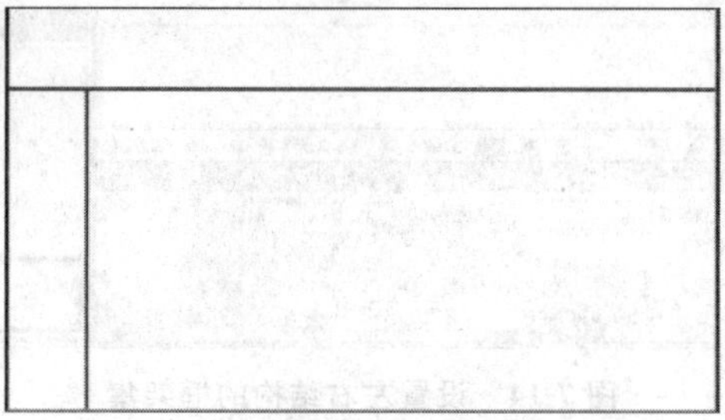

图 7-11 “上方固定，左侧嵌套”的框架集

图 7-12 框架集的结构

按 Shift＋F2 键打开“框架”面板。在“框架”面板中，框架集边框是粗三维边框，而框架边框则是细灰线边框，并且每个框架都有相应的框架名称标识，如图 7-12 所示。顶部框架的名称为 topFrame，左边框架的名称为 leftFrame，主框架的名称为 mainFrame。

(3) 选择并设置框架集

单击“框架”面板中的最外层边框，选择整个框架集。在其属性面板中，在“行”右边的“值”文本框中输入 223，在“单位”下拉列表框内选择“像素”，在“边框”下拉列表框中选择“否”，将“边框宽度”设置为 0，如图 7-13 所示。在“框架”面板中选择包含左右结构的框架集，在其属性面板中设置“列”为 220，“单位”为“像素”，“边框”为“否”，“边框宽度”为 0。修改后的属性面板如图 7-14 所示。

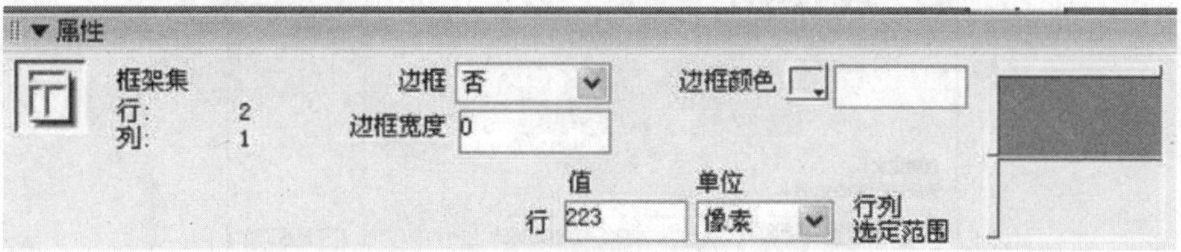

图 7-13 设置整个框架集的属性

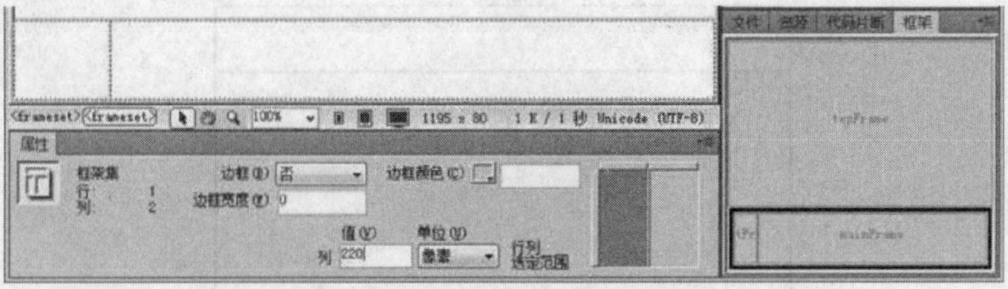

图 7-14　设置左右结构的框架集

(4) 保存框架文件

执行“文件”→“保存全部”命令，同时保存框架集中的所有网页文件到 xsgz 文件夹中。首先保存框架集网页文件 student. html，接着，分别保存主框架网页 main. html、左侧框架网页 left. html 和顶部框架网页 top. html。

(5) 制作外部样式表

为使网站风格统一，建立一个外部样式表，单击“新建样式表规则”按钮(见图 7-15)，弹出“新建 CSS 规则”对话框，如图 7-16 所示。在“选择器类型”中选择“标签(重新定义HTML元素)”，在“选择器名称”中输入“body”，在“规则定义”中选择“(新建样式表文件)”，单击“确定”按钮。

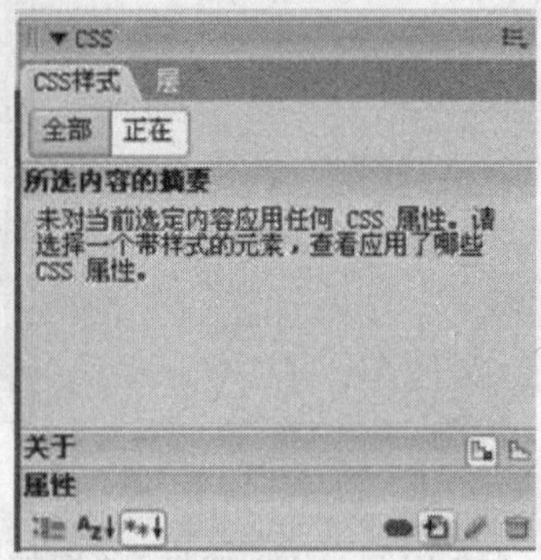

图 7-15　“CSS 样式”面板

在“将样式表文件另存为”对话框中，将文件命名为 webstyle. css，并将其存入站点中，如图 7-17 所示。单击“保存”按钮，弹出“body 的 CSS 规则定义(在 webstyle. css 中)”对话框。选择“分类”类别中“类型”选项，将字体设置为宋体，字号设置为 12，单位设置为 px，如图 7-18 所示。选择“分类”类别中“方框”选项，将填充、边界均设置为 0 像素，如图 7-19 所示。单击“确定”按钮。

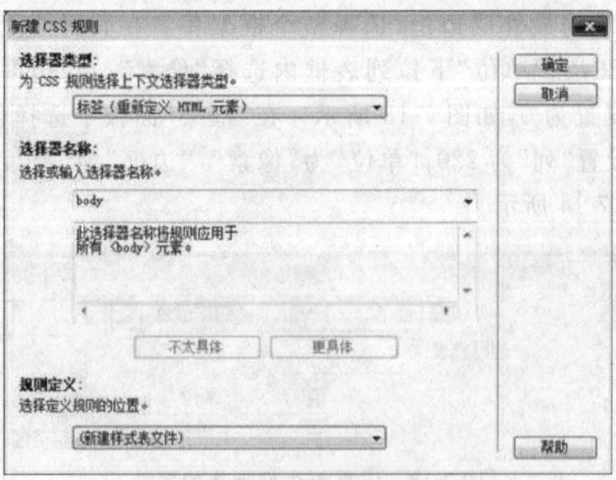

图 7-16　新建 CSS 样式表文件

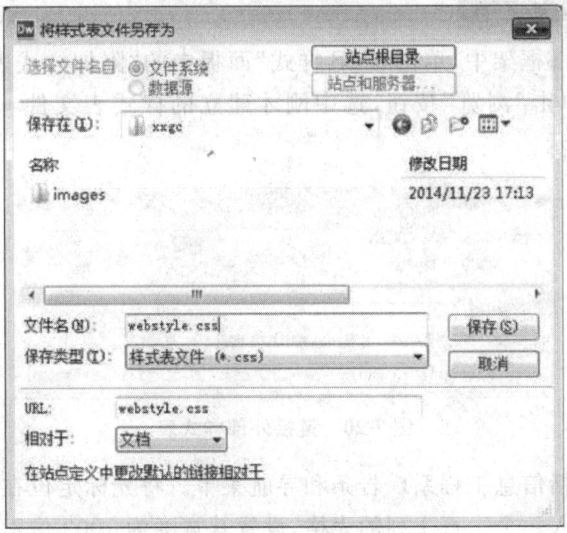

图 7-17 保存为样式表文件

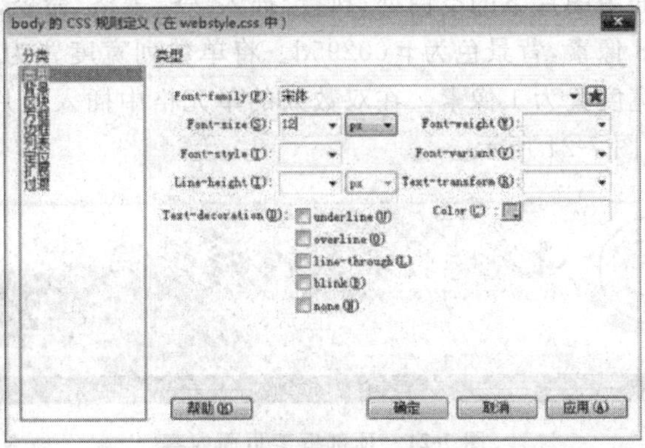

图 7-18 为 body 添加字体及大小样式

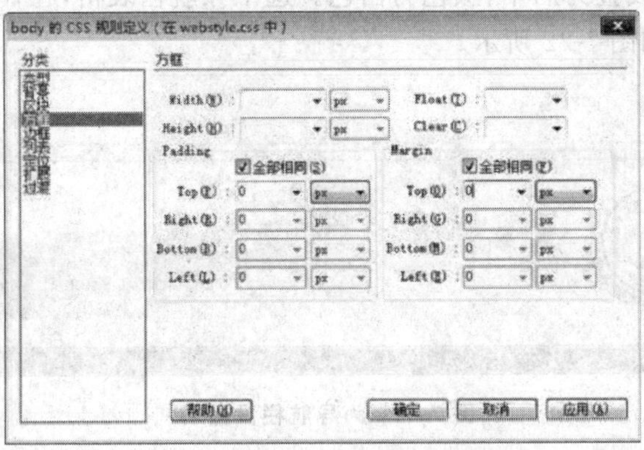

图 7-19 为 body 添加填充和边界样式

(6) 制作顶部框架页面

将光标定位在顶部框架中，单击“CSS 样式”面板中的“附加样式表”按钮，弹出“链接外部样式表”对话框。单击“浏览”按钮，选中刚才建立的样式表文件 webstyle. css，单击“确定”按钮，如图 7-20所示。

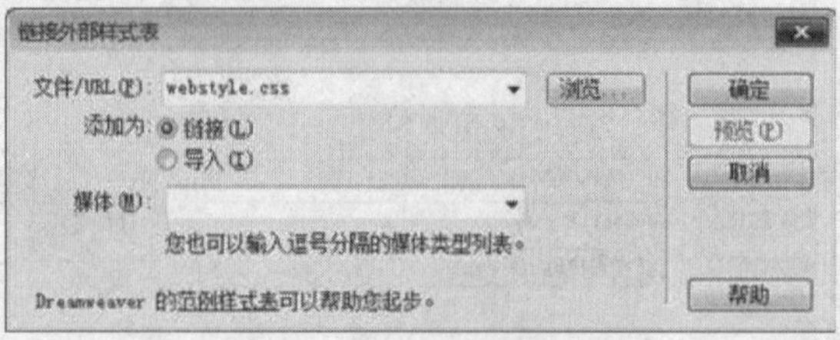

图 7-20　链接外部样式表

顶部框架页面包括信息工程系广告条和导航菜单。将光标定位在顶部框架中，执行“插入”→“表格”命令，插入一个 1 行 1 列的表格，设置其宽度为 1003 像素，边框、单元格边距和单元间距均为 0 像素。插入\images\picx3. jpg，将图片宽度设置为 1003 像素。

单击顶部框架页面中图片下的空白处，执行“插入”→“表格”命令，插入一个 1 行23 列的表格，设置其高度为 28 像素，背景色为＃00295d。将单数列宽度置为 80 像素(注意第23 列不设置宽度)，双数列宽度置为 1 像素。在双数列的单元格中插入图片 picx4. jpg，然后输入导航栏的栏目文字，如图 7-21 所示。

图 7-21　顶部框架页面内容

将导航栏的文字设置为居中，颜色为白色。选中导航栏表格，在代码视图<table>标签中，加入 id＝"nav"，如图 7-22 所示。

图 7-22　为导航栏设置 ID

打开样式表文件 webstyle. css，在文件中加入以下代码。

```
＃nav td{
```

```
color:#FFFFFF;
text-align:center;
}
```

保存 webstyle.css 文件，得到最后效果，如图 7-23 所示。

图 7-23 顶部框架页效果

(7) 制作左边框架页

将光标定位在顶部框架中，单击“附加样式表”按钮，弹出“链接外部样式表”对话框。单击“浏览”，选中刚才建立的样式表文件 webstyle.css，单击“确定”按钮。

执行“插入”→“表格”命令，插入一个 1 行 1 列的表格，设置其宽度为 220 像素，边框、单元格边距和单元间距均为 0 像素。插入背景图片 picx5.jpg。

再为其加上分隔区域。将光标定位在单元格内，执行“插入”→“表格”命令，插入一个 2 行1 列的表格，设置其宽度为 100%，边框、单元格边距和单元间距均为 0 像素。将第一行高度设置为 4 像素。在代码视图下将空格代码“ ”删除。

将光标定位在第二行的单元格中，设置单元格居中对齐。执行“插入”→“表格”命令，插入一个1 行1 列的表格，设置其边框、单元格边距和单元间距均为 0 像素。设置表格宽度为 214 像素，高度为 200 像素。该表格需要加一个边框，此处利用样式来实现。打开样式表文件 webstyle.css，在末尾加入以下代码，定义 .biankuang 类。

```
.biankuang{
    border:1px #e5e6eb solid;
 }
```

保存 webstyle.css 文件。

选中表格，进入拆分视图，选中表格的<table>标签，在其内添加 class="biankuang"，如图 7-24 所示。

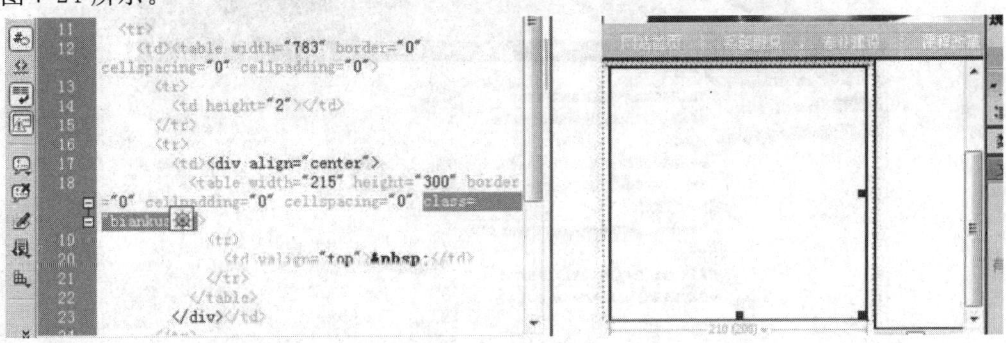

图 7-24 给表格添加类

将光标定位在表格中，再将单元格的“垂直”属性设置为“顶端”。执行“插入”→“表格”命令，插入一个5行2列的表格，设置其边框、单元格边距和单元间距均为0像素，宽度为210像素。第1列列宽为24像素，第2列宽为186像素。第1行、第3行和第5行的行高设置为28像素；第2行与第4行起间隔作用，行高定义为7像素（记得删除代码视图中的“ ”，因为一行有两列，将两列的“ ”均删除）。将第1行第1列的背景设置为picx6.jpg，第2列背景设置为picx120.jpg。第3行及第5行与第1行设置相同，不再赘述。最终效果如图7-25所示。

图7-25　左侧框架页效果

(8) 制作主框架页

将光标定位在顶部框架中，单击“附加样式表”按钮，弹出“链接外部样式表”对话框。单击“浏览”按钮，选中刚才建立的样式表文件webstyle.css，单击“确定”按钮。

执行“插入”→“表格”命令，插入一个1行1列的表格，设置其宽度为783像素，边框、单元格边距和单元间距均为0像素。插入背景图片picx5.jpg。

再为其加上分隔区域。将光标定位在单元格内，执行“插入”→“表格”命令，插入一个2行1列的表格，设置其宽度为100%，边框、单元格边距和单元间距均为0像素。将第一行高度设置为4像素，在代码视图下将空格代码“ ”删除。

此页面制作方法与前面实现基本相似，不同之处在于中间用到点线作为分隔线。下面介绍点线制作方法：每一条点线占用一行，将此行各单元格合并，插入背景图片picx30.jpg，并设置此行高度为1像素。

其他制作方法与前相同，不再赘述，最终效果如图7-26所示。

图7-26　student.html最终效果

(9) 制作学生管理、校园生活、工作报告网页

按照制作 main. html 网页的方法，分别做出学生管理 xxgl. html、校园生活 xysh. html、工作报告 gzbg. html 等网页。

(10) 制作左侧导航文字与主框架之间的链接

选择 student. html 文件中左侧框架中的“学生管理”文字，在属性面板中设置其链接页面的地址为 xxgl. html，目标为主框架 mainFrame，如图 7-27 所示。同理实现“校园生活”“工作报告”文字的链接设置。

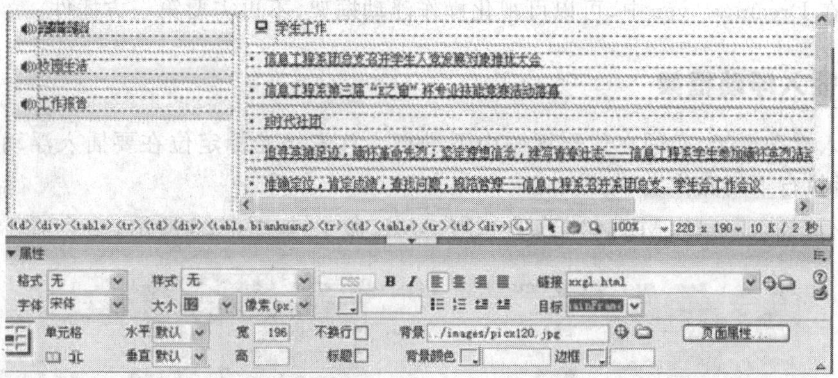

图 7-27 设置左框架中栏目的链接

(11) 保存并预览网页

执行“文件”→“保存全部”命令，将页面保存，按 F12 键预览网页。

> **说明**
>
> 在建立导航文字和主框架间的链接之前，首先应当明确链接目标的设置。本例中左侧导航文字的链接目标均为主框架 mainFrame。

拓展任务 利用浮动框架制作网站栏目

▶任务目标

本任务中利用浮动框架制作网站栏目，效果与框架结构实现的效果很相似，当单击左侧链接文字时，页面中只有右侧的内容区发生变化，最终效果如图 7-1 所示。

1. 能力目标

会用浮动框架制作网页。

2. 知识目标

(1) 进一步掌握表格布局制作网页技巧。

(2) 掌握使用浮动框架技术。

▶任务知识

浮动框架也称为嵌入式框架。嵌入式框架可以把一个网页的框架和内容嵌入在现有的网页中。在 Dreamweaver 中,可以可视化操作浮动框架,不再需要第三方插件。

1. 插入浮动框架

要插入浮动框架,必须在代码视图中下进行。首先将光标定位在要插入浮动框架的位置上,然后执行下列操作之一。

- 执行"插入"→HTML→"框架"→IFRAME 命令,如图 7-28 所示。

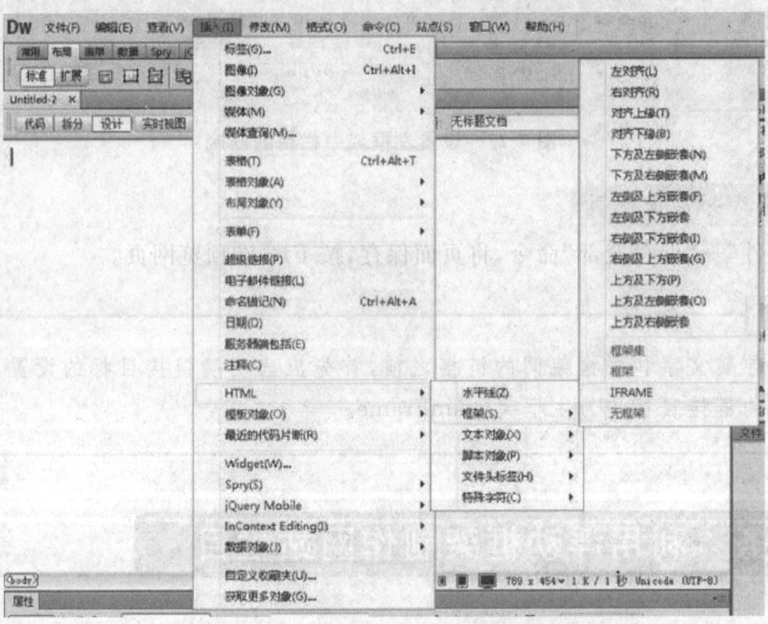

图 7-28 在"插入"菜单中插入浮动框架

- 直接在代码视图中写入代码<iframe>…</iframe>。

2. 浮动框架标记格式

<iframe>标签的使用格式如下。

```
<iframe src= "URL " width= "x " height= "x " scrolling= "[OPTION] " frameborder= "x "
        name= "main ">
```

```
</iframe>
```

各参数的含义如下。

src：文件的路径，既可是 HTML 文件，也可以是文本、ASP 等文件。

width、height：内部框架区域的宽与高。

scrolling：当 src 指定的 HTML 文件在指定的区域不能完全显示时，设置滚动选项，如果设置为 no，则不出现滚动条；如为 auto 则自动出现滚动条；如为 yes，则显示滚动条。

frameborder：区域边框的宽度，为了让内部框架与邻近的内容相融合，常设置为 0。

name：框架的名字，用来进行识别。

例如：

```
<iframe src = "main.html" width = "250" height = "200" scrolling = "Auto" frameborder = "0"
        name = "main">
</iframe>
```

当想用父框架控制内部框架时，可以将链接目标设置为框架的名称来控制。

▶任务实施

利用浮动框架制作网站栏目的操作步骤如下。

(1) 新建包含浮动框架的页面

启动 Dreamweaver，在\xsgz 文件夹下，新建 iframe.html 文件，效果如图 7-29 所示。

图 7-29　新建包含浮动框架的页面

(2) 创建浮动框架

将光标定位在主体内容区右侧单元格内，进入拆分视图，在代码视图中选中单元格内的空格代码“ ”，如图 7-30 所示。

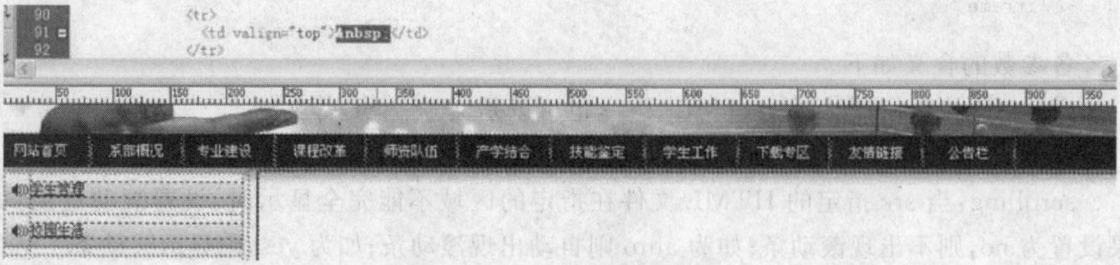

图 7-30　将光标定位在代码视图中要插入浮动框架的单元格内

执行“插入”→HTML→“框架”→IFRAME 命令。进入拆分视图，在代码视图的代码区出现<iframe> </iframe>。在<iframe>标签内将宽度设置为 780 像素，高度设置为 300 像素，名称设置为 fudong（此处名称可以自己随意命名），链接目标设置为 main. html。代码如图 7-31 所示，预览效果如图 7-32 所示。

图 7-31　设置浮动框架相关属性

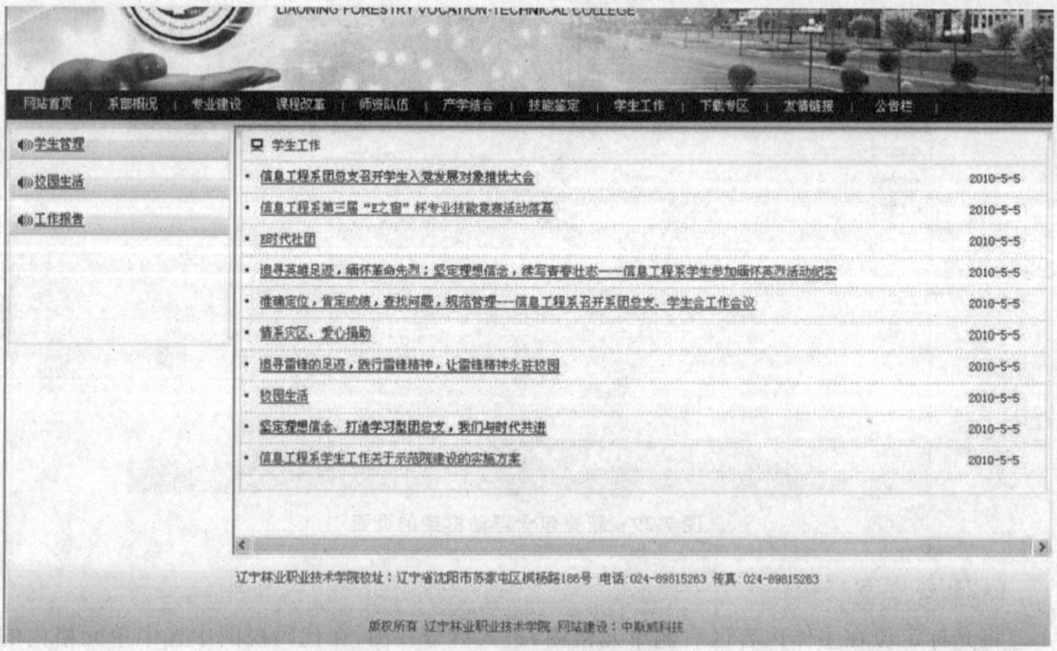

图 7-32　插入浮动框架后预览效果

(3) 创建左侧文字的链接

选择左侧栏目中“学生管理”文字,使其链接到 xsgl. html,目标为 fudong(此处为 iframe 标记中 name 属性所设的值)。

选择左侧栏目中“校园生活”文字,使其链接到 xysh. html,目标为 fudong(此处为iframe 标记中 name 属性所设的值)。

选择左侧栏目中“工作报告”文字,使其链接到 gzbg. html,目标为 fudong(此处为iframe 标记中 name 属性所设的值)。

(4) 保存并预览网页

执行“文件”→“保存全部”命令,将页面保存,按 F12 键预览网页。

说明

若在新建活动框架页中要插入浮动框架的单元格内有背景颜色或图片,那么在iframe 标记中,可加入属性 allowtransprarency="true",浮动框架中显示的网页即可呈现透明状态,前提条件为浮动框架所链接的网页中单元格或表格中无背景颜色或图片。

习题

1. 使用框架技术制作如图 7-33 所示的系列页面。页面分为三个区域:上边是网站广告栏,左边是导航区,右边是内容区。

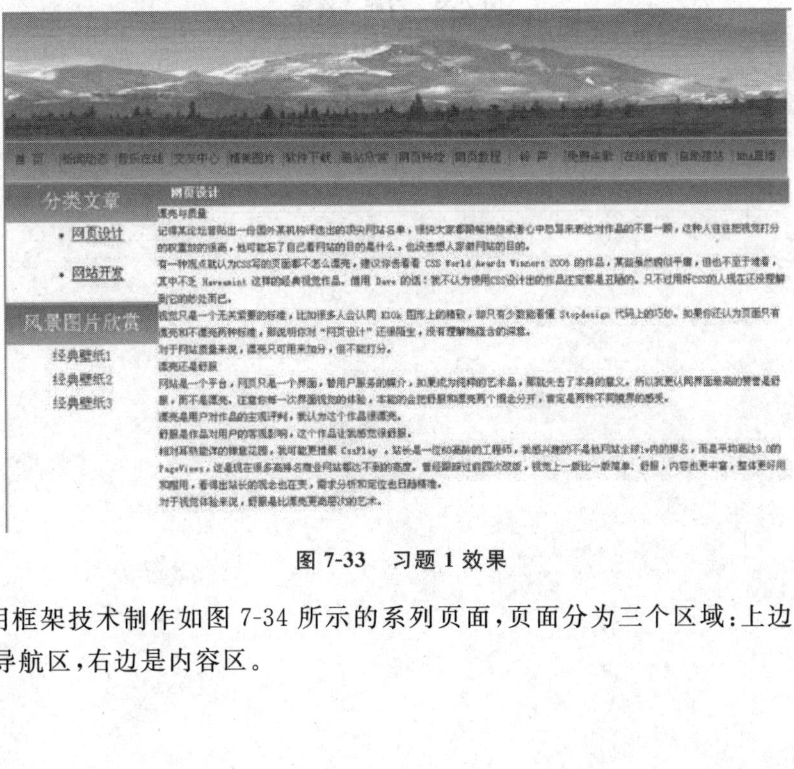

图 7-33　习题 1 效果

2. 使用框架技术制作如图 7-34 所示的系列页面,页面分为三个区域:上边是网站广告栏,左边是导航区,右边是内容区。

图 7-34　习题 2 效果

3. 使用框架技术制作如图 7-35 所示的系列页面，页面分为两个区域：上边是网站导航区，下边是内容区。

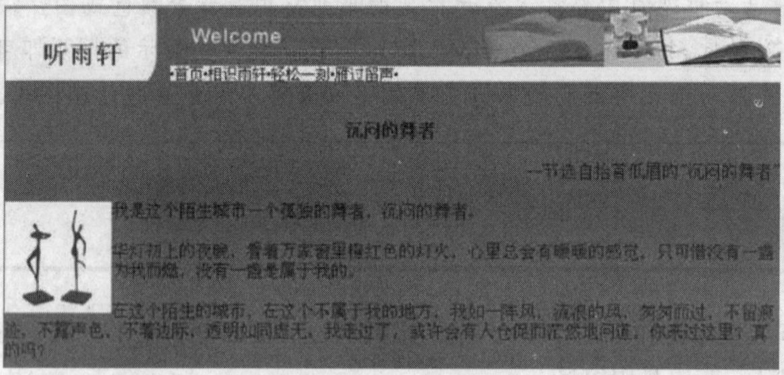

图 7-35　习题 3 效果

项　目　8

基于模板与库快速制作系列网页

借助 Dreamweaver CS6 的模板功能可以批量地制作几十种甚至几百种风格基本相似的页面，极大地提高工作效率。本项目主要讲述创建模板、创建可编辑区域、创建与应用库项目等。

本项目包括以下任务。

任务 8.1 制作网页栏目模板并基于模板创建网页。

任务 8.2 创建库项目。

任务 8.3 将库项目插入网站页面中。

任务 8.4 更新栏目模板。

拓展任务 更新库项目。

任务 8.1 制作网页栏目模板并基于模板创建网页

▶任务目标

本任务使用模板技术制作信息工程系“专业建设”栏目系列网页。制作模板文件为 zyjs.dwt，如图 8-1(a)所示。利用该模板快速生成“计算机应用技术专业介绍”网页 jsjjc.html，如图 8-1(b)所示。用同样的方法制作“科瑞软件外包专业介绍”网页 krrj.html，如图 8-1(c)所示。

1. 能力目标

会用模板技术快速创建网页。

2. 知识目标

(1) 掌握模板的定义。

(2) 掌握创建模板的方法。

(3) 掌握基于模板制作网页的方法。

(a) 模板文件

图 8-1 模板和基于模板创建的网页

(b) 基于模板创建的网页 jsjjc. html

(c) 基于模板创建的网页 krrj. html

图 8-1(续)

▶任务知识

Dreamweaver 的模板和库都属于站点资源,可以提高网页的制作效率。使用模板可以控制较大的设计区域,并且能够重复使用完整的布局。如果要重复使用某个设计元素,如站点的版权信息或徽标,则可以创建库项目。

模板是网页编辑软件生成具有相似结构和外观的一种网页制作功能。如果希望站点中的网页同时具有某种特性,如相同的布局结构、相似的导航栏等内容,可以利用模板。

新的页面可以从一个模板中创建,一旦被创建,这个新的文档将保持和原来模板的联系,除非被明确地隔离或分开。把模板应用于一组网页后,就可以通过编辑该模板来改变这一组网页中的共享信息。例如,将模板中的导航栏更改后,应用该模板的页面中的导航栏将被自动更新。

模板由两类区域组成:锁定区域和可编辑区域。当第一次创建模板时,所有的区域都是锁定的。定义模板的过程中,需要指定和命名可编辑的区域。然后,当某个文档从某些模板中创建时,可编辑的区域则成为唯一可以被改动的地方。

当然,可以对模板进行修改,以便标记附加的编辑区域,或者重新锁定。

1. 创建模板

用户可以在从现有文档中创建模板,也可以从新建的空白文档中创建模板。

(1) 基于现有文档创建模板

基于现有文档创建模板的操作步骤如下。

① 打开要另存为模板的文档。

② 执行下列操作之一,打开“另存模板”对话框。

- 选择“文件”→“另存为模板”命令。
- 在“插入”面板的“常用”类别中,单击“模板”按钮上的下三角箭头,然后选择“创建模板”命令,如图 8-2 所示。

图 8-2 选择“创建模板”命令

③ 从“站点”菜单中选择一个用来保存模板的站点,并在“另存为”文本框中为模板输入一个唯一的名称,如图 8-3 所示。

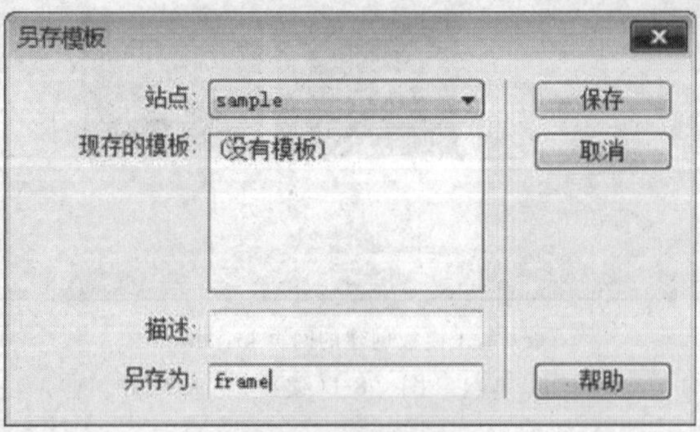

图 8-3 “另存模板”对话框

④ 单击“保存”按钮,Dreamweaver 将模板文件保存在站点的本地根文件夹的 Templates 文件夹中,文件的扩展名为 . dwt。如果该 Templates 文件夹在站点中尚不存在,Dreamweaver 将在保存模板时自动创建该文件夹。

(2) 新建空模板

新建空模板的操作步骤如下。

① 执行“文件”→“新建”命令。

② 显示“新建文档”对话框,选择“模板中的页”类别,选择站点及站点下已建模板,如图 8-4所示。

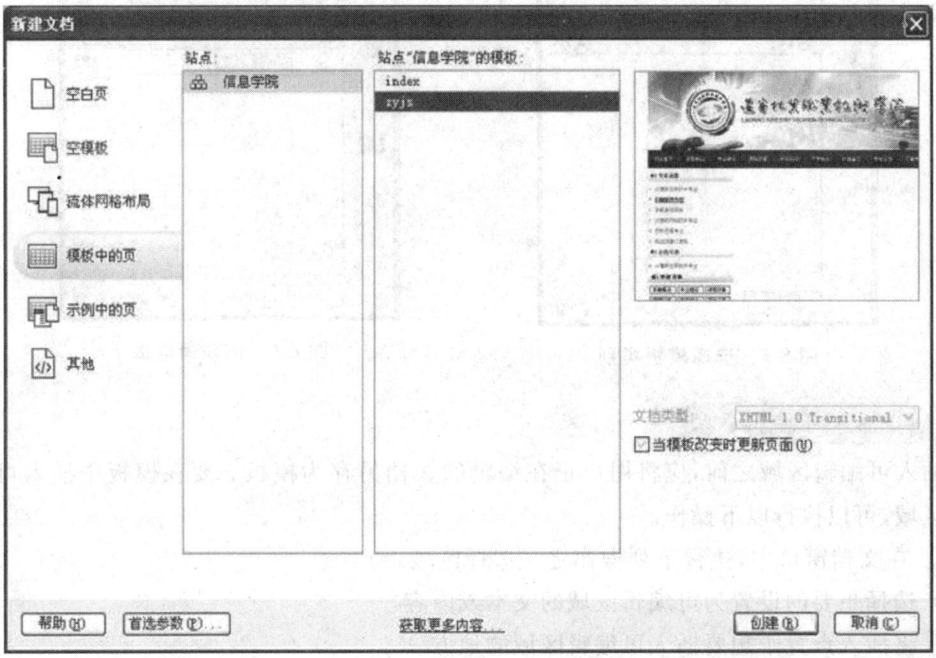

图 8-4 创建模板页

③ 单击“创建”按钮,新建一个网页,通过改变模板中可编辑区域,快速生成一个新网页。

也可以使用“资源”面板快速创建新模板,操作步骤如下。

① 在“资源”面板中,选择面板左侧的模板类别按钮,如图 8-5 所示。

② 单击“资源”面板底部的“新建模板”按钮,一个无标题的新模板将添加到资源面板的模板列表中,如图 8-6 所示。

③ 选中该模板,输入模板的名称。

2. 定义可编辑区域

在模板中,可编辑区域是要制作的页面的一部分,对于基于模板的页面,能够改变可编辑区域中的内容。锁定区域是页面布局的一部分,在文档中始终保持不变。

在默认情况下,新创建模板的所有区域都处于锁定区域,因此,要使用模板,必须创建模板的可编辑区域,以便在不同页面中输入不同的内容。

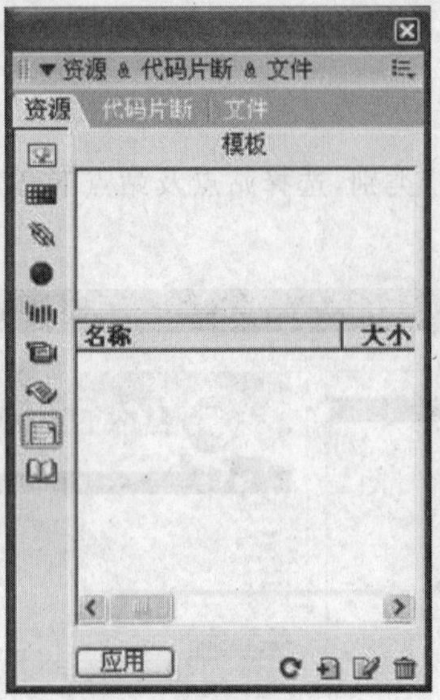

图 8-5　选择模板类别

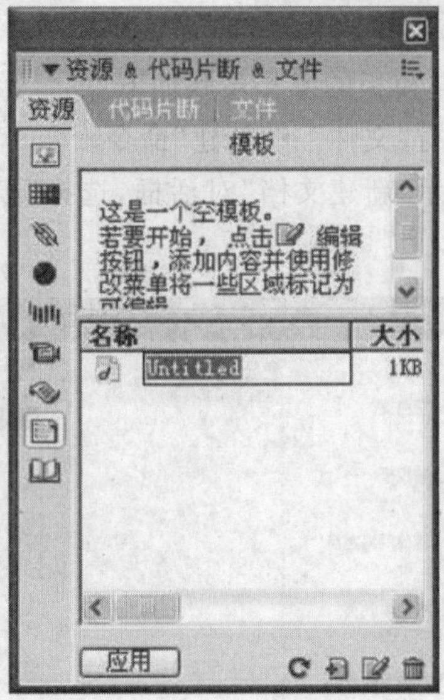

图 8-6　创建新模板

(1) 插入可编辑区域

插入可编辑区域之前,应将用户正在编辑的文档另存为模板。要在模板中插入可编辑模板区域,可以执行以下操作。

① 在文档窗口中,执行下列操作之一选择区域。

- 选择想要的设置为可编辑区域的文本或内容。
- 将插入点置于想要插入可编辑区域的地方。

② 执行下列操作之一,打开“新建可编辑区域”对话框。

- 选择“插入”→“模板对象”→“可编辑区域”命令。
- 右击文档,然后选择“模板”→“新建可编辑区域”命令。
- 在“插入”面板的“常用”类别中,单击“模板”按钮上的下三角箭头,然后从弹出的菜单中选择“可编辑区域”命令。

③ 在“名称”文本框中,为该区域输入唯一的名称(不能对模板中的多个可编辑区域使用相同的名称),如图 8-7 所示。

④ 单击“确定”按钮,可编辑区在模板中由高亮显示的矩形围绕,该区域左上角的选项卡显示该区域的名称,如图 8-8 所示。如果在文档中插入空白的可编辑区域,则该区域的名称会出现在该区域内部。

(2) 删除可编辑区域

如果已经将模板文件的一个区域标记为可编辑,想要再次锁定它(使其在于模板的文档中不可编辑),可以使用“删除模板标记”命令删除可编辑区域。删除可编辑区域的操作步骤如下。

① 单击可编辑区域左上角的选项卡标签以选中它。

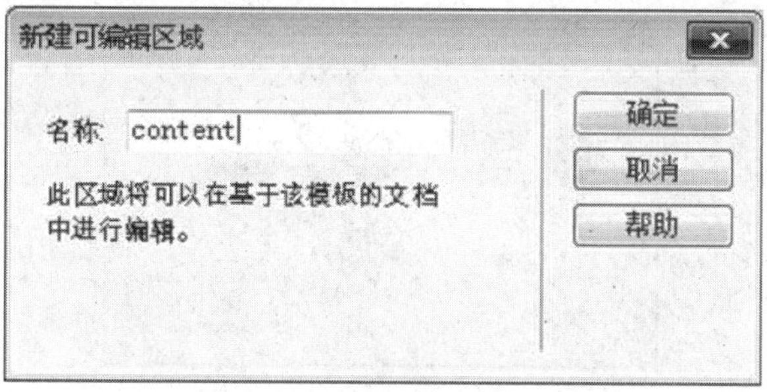

图 8-7 “新建可编辑区域”对话框

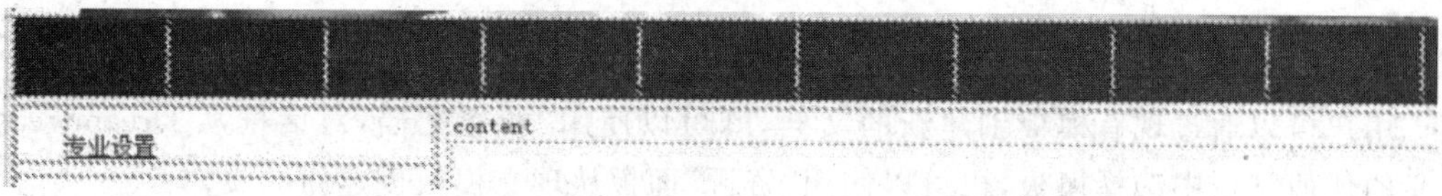

图 8-8 可编辑区域在模板中的显示

② 执行下列操作之一,完成删除可编辑区域操作。

- 执行“修改”→“模板”→“删除模板标记”命令。
- 将光标置于可编辑区域中,右击并选择“模板”→“删除模板标记”命令。

以上操作执行后,该区域不再是可编辑区域。

3. 保存模板

当用户创建模板或者修改模板后,需要保存模板。保存模板的操作步骤如下。

(1) 执行“文件”→“另存为模板”命令,弹出“另存模板”对话框。

(2) 从“站点”下拉列表框中选择一个用来保存模板的站点,并在“另存为”文本框中为模板输入一个唯一的名称。

(3) 如果模板中不包含可编辑区域,关闭该文件时,弹出不含有可编辑区域的警告对话框,如图 8-9 所示。如果单击“确定”按钮,则认定该模板中不包含可编辑区域(这样的模板失去了实际意义);如果单击“取消”按钮,则弹出如图 8-10 所示的提示新建可编辑区域的对话框。

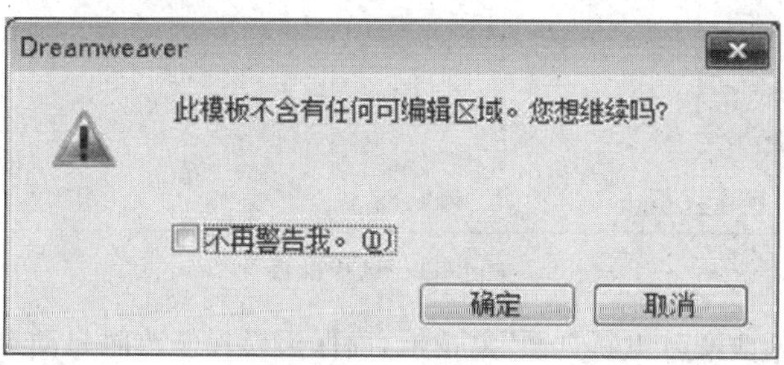

图 8-9 警告对话框

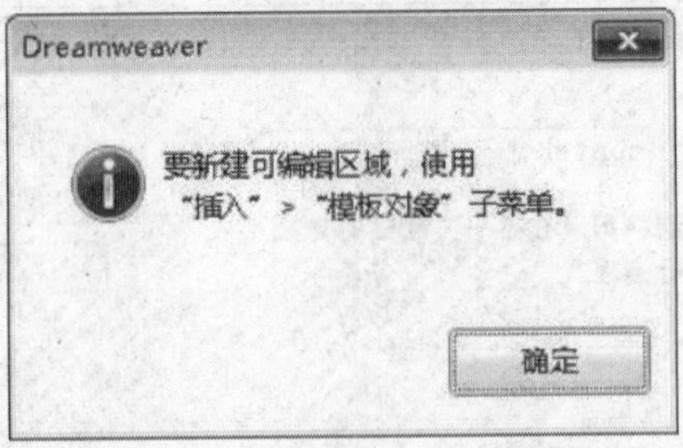

图 8-10　提示新建可编辑区域

4. 使用模板

用户可以通过现有模板创建新的文档，既可以使用"新建文档"对话框从 Dreamweaver 定义的任何站点中选择模板，也可以使用"资源"面板从现有模板创建新的文档。

(1) 新建基于模板的文档

新建基于模板的文档的方法如下。

① 执行"文件"→"新建"命令，打开"新建文档"对话框。

② 在"新建文档"对话框中，选择"模板中的页"类别。

③ 在"站点"列中，选择包含要使用的模板的 Dreamweaver 站点，然后从右侧的列表中选择一个模板，如图 8-11 所示。

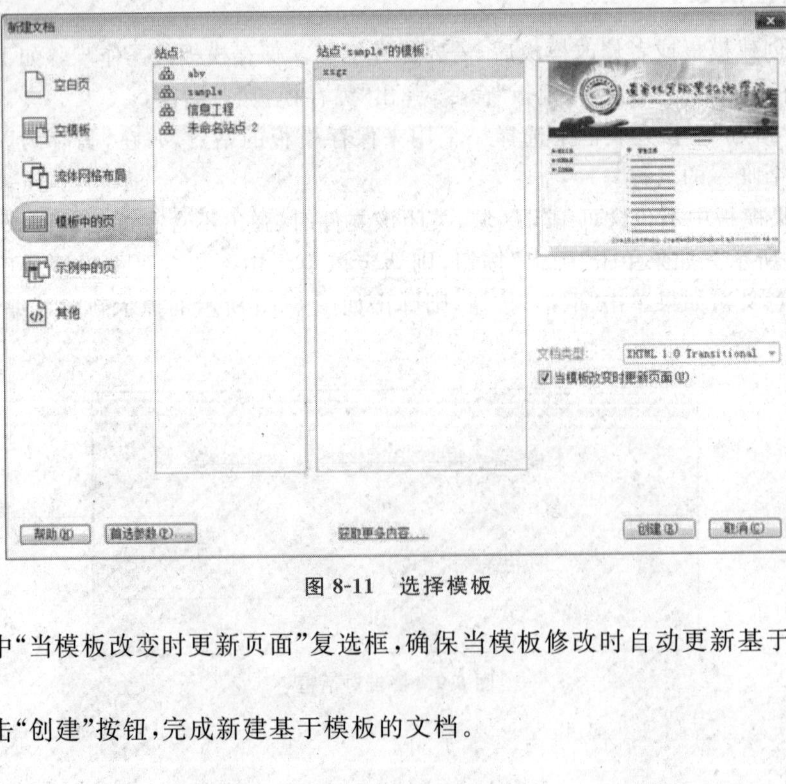

图 8-11　选择模板

④ 选中"当模板改变时更新页面"复选框，确保当模板修改时自动更新基于模板建立的所有页面。

⑤ 单击"创建"按钮，完成新建基于模板的文档。

（2）在“资源”面板中从模板新建文档

在“资源”面板中从模板新建文档的方法如下。

① 打开“资源”面板。

② 在“资源”面板中，单击左侧的模板类别按钮，查看当前站点中的模板列表。

③ 右击要应用的模板，从弹出的快捷菜单中选择“从模板新建”命令，如图 8-12 所示。从模板创建的新文档将在文档窗口中打开。

▶任务实施

制作网页栏目模板并基于模板创建网页的操作过程如下。

（1）新建网站栏目

启动 Dreamweaver，打开已经建立的站点“信息工程”，在“文件”面板的本地站点下新建一个栏目文件夹 zyjs。

（2）新建模板页面

在文件面板的 zyjs 文件夹下新建一个空白网页文档，一般情况下，默认的文件名是untitled. html，修改网页文件名为 zyjs. html，该页面作为栏目的模板页面。

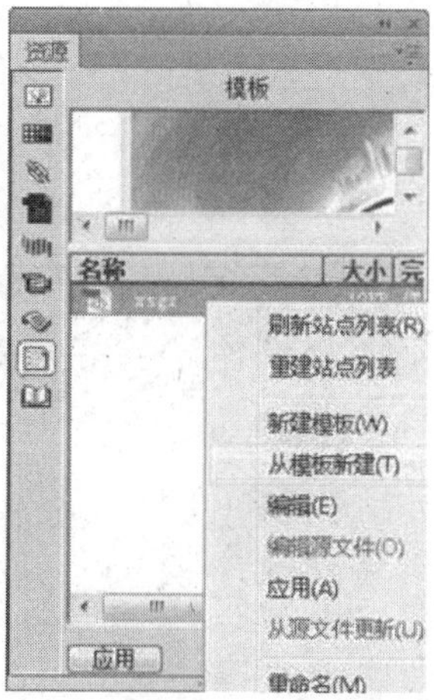

图 8-12 从模板新建文档

由于模板直接决定了基于模板页面的风格，因此应尽量把用来生成模板的页面制作得精美一些，这样可以减小以后因为模板的缺陷而反复修改模板的工作量。

模板页面采用的是表格布局，制作方法这里不再赘述，只给出制作的结果，如图 8-13 所示。

图 8-13 模板页面

(3) 保存模板页面

执行“文件”→“另存为模板”命令,打开“另存模板”对话框。在对话框中的“站点”下拉列表框中选择“信息工程”站点,在“另存为”文本框中输入模板名称为 zyjs,如图 8-14 所示。单击“保存”按钮,将当前页面 zyjs. html 保存为用于创建其他页面的模板。新建的模板文件 zyjs. dwt 保存在站点根目录下的 Templates 文件夹中,如图 8-15 所示。

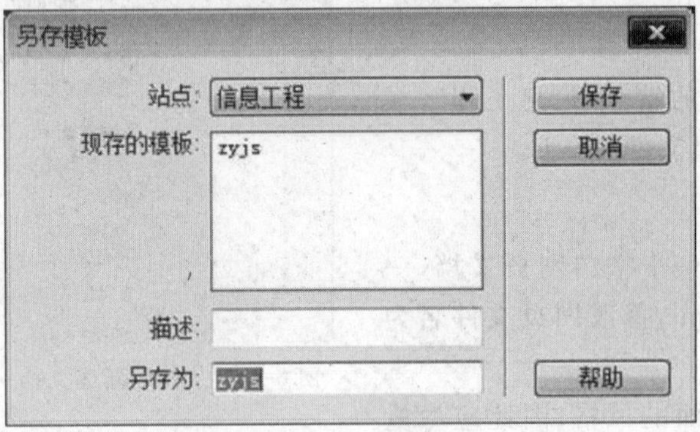

图 8-14　输入模板名称

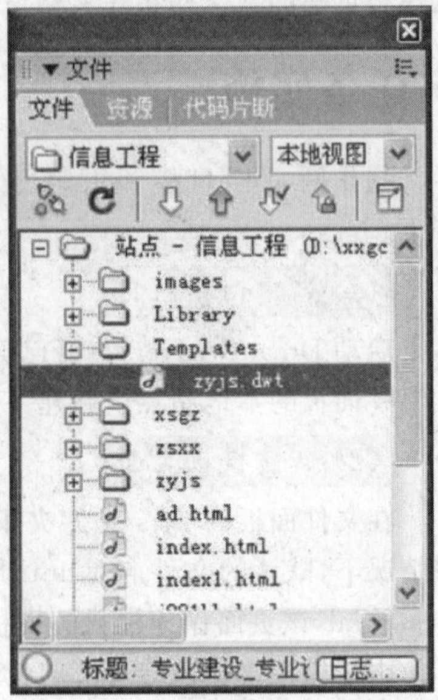

图 8-15　站点中模板的位置

(4) 定义可编辑区域

在模板页面中主要包含 4 个区域:顶部的广告图片与导航菜单区域,主体左侧的专业设置链接、快速导航友情链接及快速区域,主体右侧的正文区域以及网站版权信息区域。其中,只有主体右侧的正文区域的内容是可变的,因此该区域在定义模板区域时定义为可编辑区域,其余部分为默认的锁定区域。

选中主体右侧区域的表格,在“插入”面板中选择“常用”→“模板”→“可编辑区域”命令,如图 8-16 所示。弹出“新建可编辑区域”对话框,并在名称“文本框”中输入可编辑区域名称,如图 8-17 所示。

图 8-16　创建可编辑区域

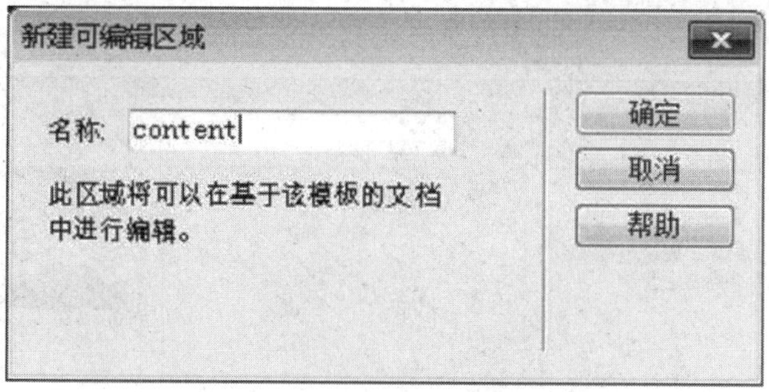

图 8-17 定义可编辑区域的名称

定义可编辑区域后的效果如图 8-18 所示。

图 8-18 定义可编辑区域的效果

(5) 保存模板

执行“文件”→“保存”命令，保存定义了可编辑区域和锁定区域的模板。

(6) 创建基于模板的页面

模板的可编辑区域定义好后，就可以开始创建基于模板的网页了，方法如下。

执行“文件”→“新建”命令，显示“新建文档”对话框。选择“模板”类别，在“模板用于”中选择站点“信息工程”，选择模板 zyjs，如图 8-19 所示。单击“创建”按钮，这时将打开一个新的文档窗口。

在新文档中凡是锁定区域的地方，光标将变成⊘形状，表示该区域不可编辑。标有 content 符号的区域是可编辑的区域。选择可编辑区域 content 所在区域，添加相应的页面内容，制作“计算机应用技术专业介绍”网页 jsjjc. html，如图 8-20 所示。

用同样的方法制作“科瑞软件外包专业介绍”网页 krrj. html，如图 8-21 所示。

(7) 保存并预览网页

执行“文件”→“保存全部”命令，将页面保存，按 F12 键预览网页。

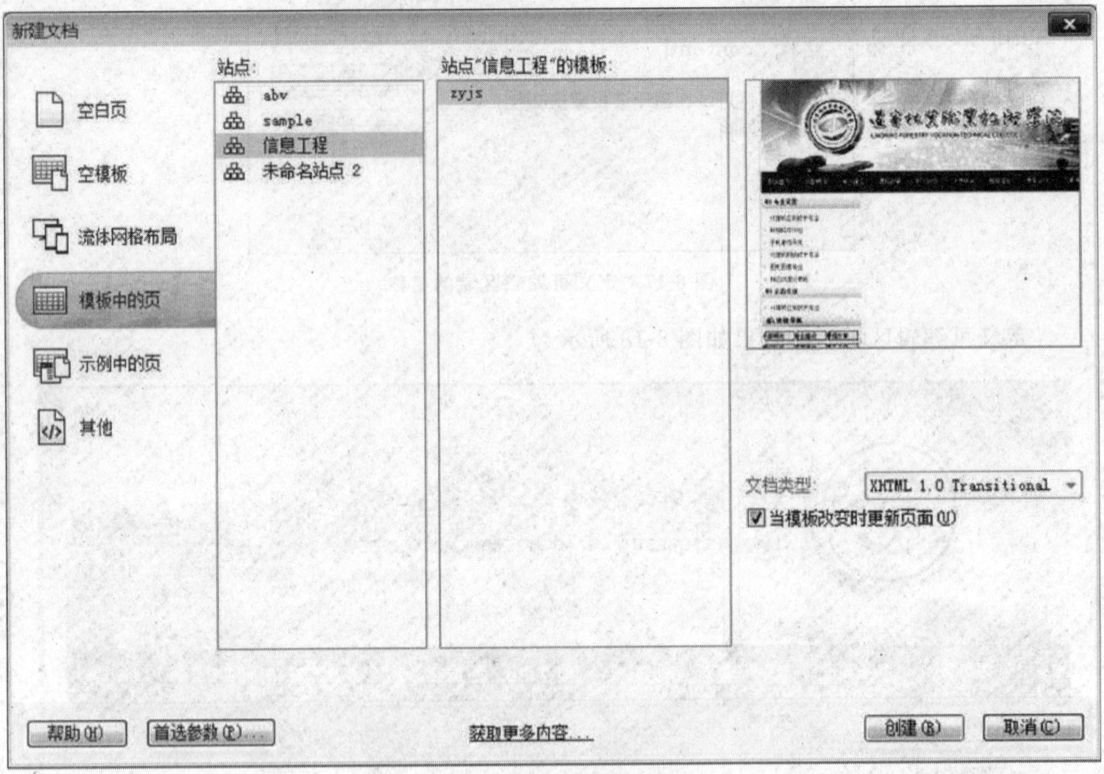

图 8-19　新建基于模板的文档

图 8-20　基于模板创建的"计算机应用技术专业介绍"网页

图 8-21　基于模板创建的"科瑞软件外包专业介绍"网页

说明

不要将模板文件移动到 Templates 文件夹之外或者将任何非模板文件放在 Templates 文件夹中。此外，不要将 Templates 文件夹移动到本地根文件夹之外，否则将引起模板中文件的引用路径错误。

任务 8.2　创建库项目

▶任务目标

本任务使用库技术制作信息工程系网站"版权信息"库项目，效果如图 8-22 所示。

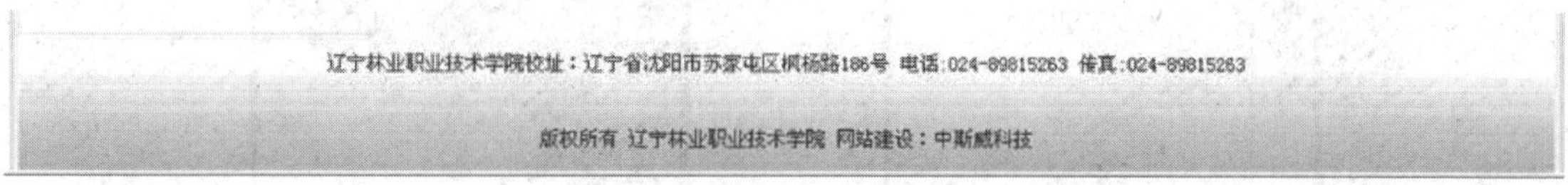

图 8-22　"版权信息"库项目显示效果

1. 能力目标

会创建库项目。

2. 知识目标

掌握基于选定内容创建库项目的方法。

▶任务知识

库是一种特殊的 Dreamweaver 文件，其中包含可放置到网页中的一组资源或资源副本。在多数网站中都会有这样的情况，在站点中的每个页面上都会有或多或少的内容是重复使用的，如版权信息、公司地址、标题和页眉/页脚等。库用来存放页面元素，如图像、文本等对象。这些元素广泛地用在整个站点中，能够重复使用。它们称为库项目。每当用户编辑某个库项目时，可以自动更新所有使用该项目的页面。

1. 新建库项目

用户既可以从页面中基于选定内容创建库项目，也可以新建一个空白的库项目。

（1）基于选定内容创建库项目

基于选定内容创建库项目的方法如下。

① 在设计视图中选择要保存为库项目的文档部分（文字、图片）。

② 执行下列操作之一创建库项目。

- 将选定内容拖入“资源”面板的“库”类别中。
- 单击资源面板中的“库”按钮，再单击底部的“新建库项目”按钮，如图 8-23 所示。
- 执行“修改”→“库”→“增加对象到库”命令。

③ 为新的库输入一个名称，如图 8-24 所示，然后按 Enter 键。

图 8-23　新建库项目

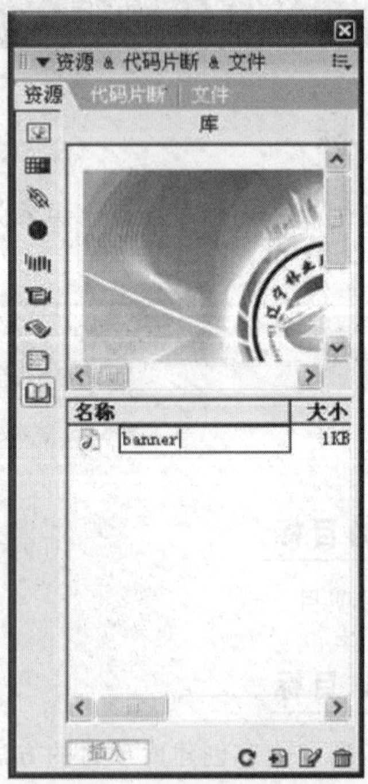

图 8-24　定义库项目名称

Dreamweaver 将每个库项目作为一个单独的文件(文件扩展名 .lbi)保存在站点本地根文件下的 Libray 文件夹中。

(2) 创建空白库项目

创建空白库项目的方法如下。

① 确保在文档窗口中没有选择任何内容。

② 在“资源”面板中,选择“库”类别,再单击底部的“新建库项目”按钮。

④ 为新的库项目输入一个名称,然后按 Enter 键。

2. 编辑库项目

当用户编辑库项目时,可以更新使用该项目的所有文档。如果选择不更新文档,文档将保持与库项目的关联,用户以后可以根据需要更新文档。

另外,用户可以重命名库项目来断开它与文档或模版的连接,可以从站点的库中删除库项目,还可以重新创建丢失的库项目。

编辑库项目的方法如下。

(1) 在“资源”面板中选择“库”类别,选择库项目。

(2) 单击“编辑”按钮或双击该库项目,Dreamweaver 将打开一个新窗口以编辑该库项目,如图 8-25 所示。

图 8-25 编辑“库项目”窗口

(3) 对库项目进行相应的更改,然后执行“文件”→“保存”命令保存库项目。

(4) 在如图 8-26 所示的“更新库项目”对话框中,提示是否更新本地站点中使用该库项目的文档。如果单击“更新”按钮,则立即更新使用该库项目的文档;如果单击“不更新”按钮,则不会更新文档,直到用户以后需要时更新文档。

▶任务实施

创建库项目的操作步骤如下。

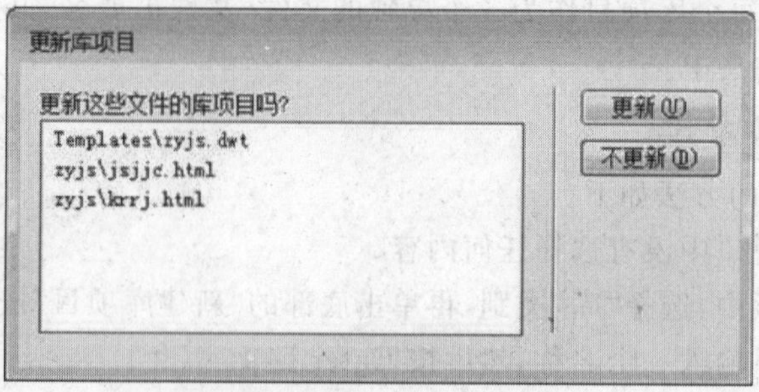

图 8-26　“更新库项目”对话框

(1) 打开包含网站版权信息的页面

启动 Dreamweaver，打开“信息工程”站点根目录下的 index. html，该页面底部包含网站版权信息。

(2) 选定添加到库项目的内容

将光标定位在网站颜面的底部表格的单元格中，选中网站版权信息，如图 8-27 所示。

图 8-27　选中网站版权信息

(3) 创建基于选定内容的库项目

在“资源”面板中选择“库”类别，单击“新建库项目”按钮创建基于选定内容的库项目。为新的库项目输入一个名称 copyright，如图 8-28 所示，然后按 Enter 键。index. html 文件中先前的版权信息生成为库项目，在网页中以黄色的背景显示，如图 8-29 所示。

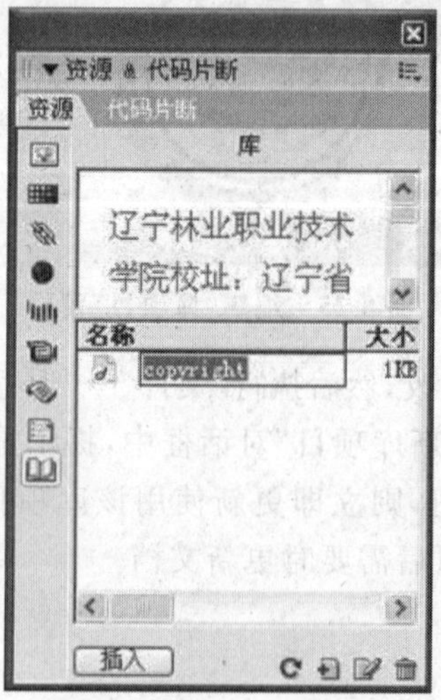

图 8-28　定义库项目名称

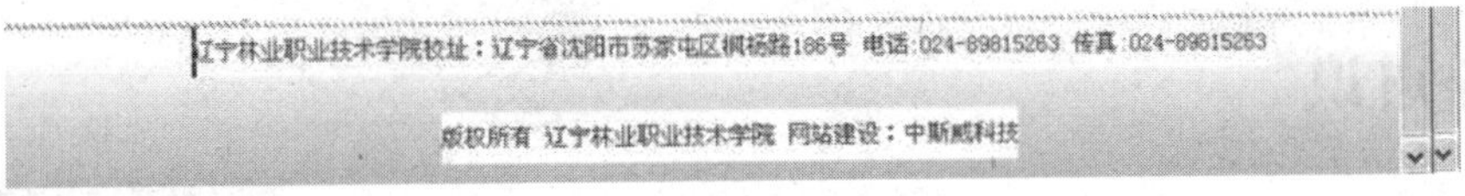

图 8-29　生成库项目的显示外观

(4) 保存并预览网页

执行“文件”→“保存全部”命令，将页面保存，按 F12 键预览网页。

说明

Dreamweaver 将库项目存储在每个站点的本地根文件夹下的 Library 文件夹中，每个站点都有自己的库。对于链接项，库只存储对该项的引用，链接项使用的原始文件必须保留在指定的位置，这样才能使库项目正确工作。

任务 8.3　将库项目插入网站页面中

▶任务目标

将“版权信息”库项目插入信息工程系“学生工作”栏目中的工作报告页面 gzbg.html 中，插入“版权信息”库项目后的效果如图 8-30 所示。

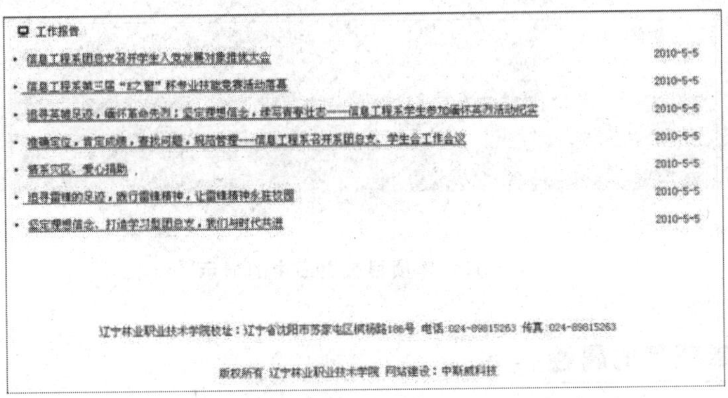

图 8-30　将“版权信息”库项目插入网页中的效果

1. 能力目标

会将库项目插入网页中。

2. 知识目标

掌握插入库项目的方法。

▶任务知识

1. 在页面中插入库项目

当用户在页面中插入库项目时，实际内容将随库项目的引用一起插入文档中，在页面中插入库项目的操作步骤如下。

(1) 在文档窗口中设置插入点。

(2) 在“资源”面板中，选择“库”类别。

(3) 执行下列操作之一，完成向页面中插入库项目。

- 将一个库项目从资源面板拖动到文档窗口中。
- 选择一个库项目，单击“资源”面板中的“插入”按钮，如图8-31 所示。

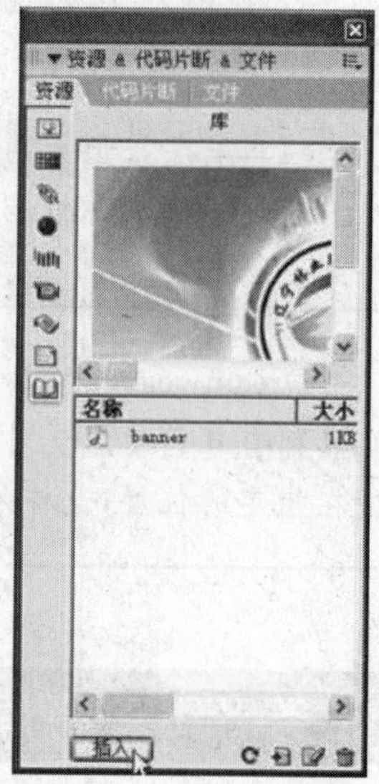

图 8-31　插入库项目

插入库项目后，库项目在页面中的显示如图 8-32 所示。

需要说明的是，如果用户需要在文档中插入库项目的内容但不包括对该项目的引用，则从“资源”面板向外拖动该项目的同时按 Ctrl 键。用这种方法插入的项目，可以在文档中编辑，但当更新使用该库项目的页面时，该文档不会随之更新。

图 8-32　库项目在页面中的显示

2. 设置库项目的属性

在页面中插入库项目后，用户可以使用属性面板对库项目进行属性设置。

(1) 在文档中选择插入的库项目，显示其属性面板，如图 8-33 所示。

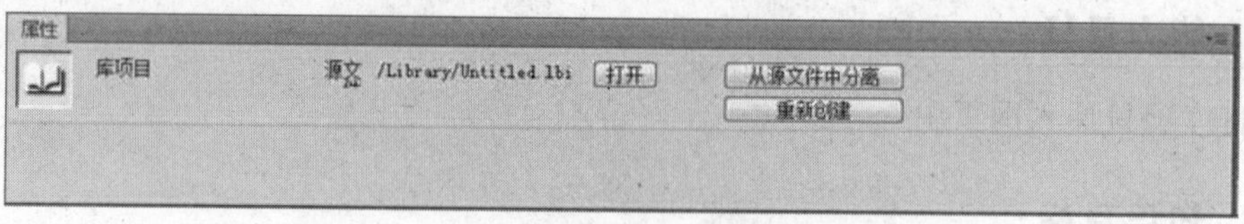

图 8-33　库项目的属性

(2) 在属性面板中设置库项目属性,各参数含义如下。

源文件:显示库项目源文件的文件名和位置,此信息不能更改。

打开:打开库项目的源文件进行编辑,等同于在"资源"面板中选择库项目并单击"编辑"按钮。

从源文件中分离:断开所选库项目与源文件之间的链接,用户可以继续在文档中编辑已分享的项目,但是,在更改源文件时不会对其进行更新。

重新创建:用当前选定内容覆盖原始库项目,使用此选项可以在丢失或意外删除原始库项目时重新创建库项目。

▶任务实施

将库项目插入网站页面中的操作过程如下。

(1) 打开"学生工作"栏目中的工作报告页面

启动 Dreamweaver,打开已经建立的"学生工作"栏目文件夹 xxgz 下的工作报告页面 gzbg. html,该页面底部没有制作网站版权信息。

(2) 在页面中插入库项目

将光标定位在页面底部,在"资源"面板中选择库项目 copyright,再单击"插入"按钮。插入库项目后,库项目在页面中的显示如图 8-34 所示。

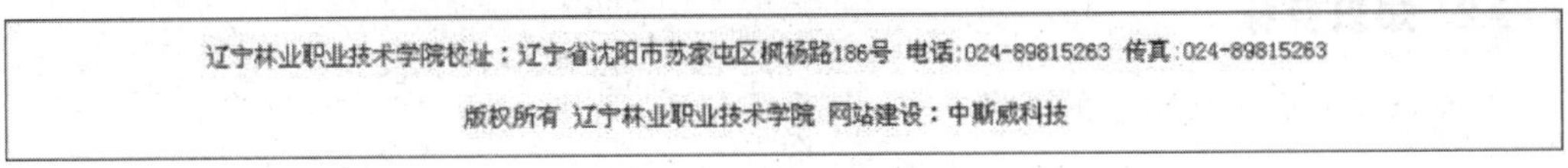

图 8-34 插入的"版权信息"库项目

(3) 保存并预览网页

执行"文件"→"保存全部"命令,将页面保存,按 F12 键预览网页。

> **说明**
>
> 使用库项目时,Dreamweaver 将在网页中插入该项目的链接,而不是项目本身。也就是说,Dreamweaver 向文档中插入该项目的 HTML 源代码副本,并添加一个包含对原始外部项目的引用的 HTML 注释,自动更新过程就是通过这个外部引用来实现的。

任务 8.4 更新栏目模板

在前面制作的"专业设置"栏目中,各个网页之间没有实现链接,本任务将"专业设置"栏目模板加上链接并更新站点,如图 8 35 所示。

图 8-35　更新“专业设置”栏目模板效果

▶任务目标

1. 能力目标

会通过修改模板来更新利用模板建立的网页。

2. 知识目标

掌握修改模板更新站点的方法。

▶任务知识

当用户更改并保存一个模板以后，基于该模板的所有文档都将被更新，也可以手动更新基于模板的文档以更新整个站点。

更新模板

当创建了一个模板后，并且将该模板应用于文档时，就可以通过修改一个模板来控制所有应用此模板的文档。可以执行以下操作之一打开“更新页面”对话框，以更新站点。

(1) 在文档窗口中，执行“修改”→“模板”→“更新页面”命令，显示“更新页面”对话框，如图 8-36 所示。

图 8-36　“更新页面”对话框

(2) 在"文件"面板中切换到"资源"选项卡，在左侧的分类中单击"模板"按钮，显示"模板"面板。在模板上右击，在弹出的快捷菜单中选择"更新站点"命令，如图 8-37所示，显示"更新页面"对话框。

在对话框的"查看"下拉列表框中选择模板更新的范围，在其后的列表中选择需要更新的站点。默认为当前站点。如果使用模板的当前版本更新选定站点中的所有页面，选择"整个站点"选项，然后选择该站点的名称；如果需要更新当前站点中使用该模板的所有页面，选择"文件使用"选项，然后选择模板的名称。

单击"开始"按钮即可开始更新操作，更新完毕，单击"关闭"按钮关闭对话框。

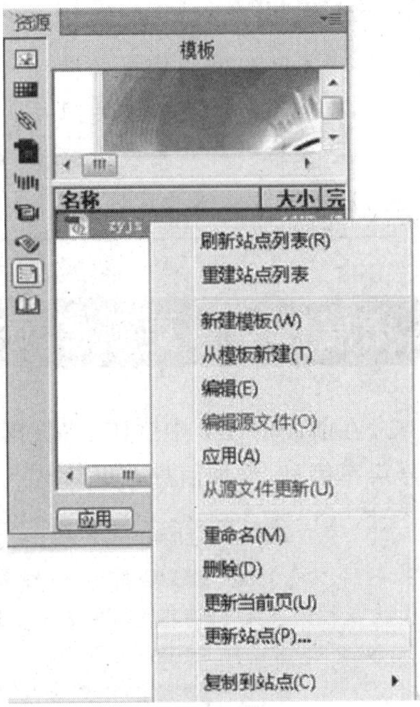

图 8-37 模板的"更新站点"操作

▶任务实施

更新栏目模板的操作过程如下。

(1) 打开"专业建设"栏目模板

启动 Dreamweaver，打开 Templates 目录下已经建立的"专业建设"栏目模板 zyjc. dwt。

(2) 建立链接

选中左侧"专业设置"中的"计算机应用技术专业"文字，链接到/zyjs/jsjjc. html。选中"科瑞软件外包"文字，链接到/zyjs/krrj. html。

(3) 保存模板

按 Ctrl+S 键保存修改后的模板。模板保存后会显示"更新模板文件"对话框，如图8-38所示。单击"更新"按钮，显示"更新页面"对话框，更新基于该模板创建的所有页面，如图 8-39所示。

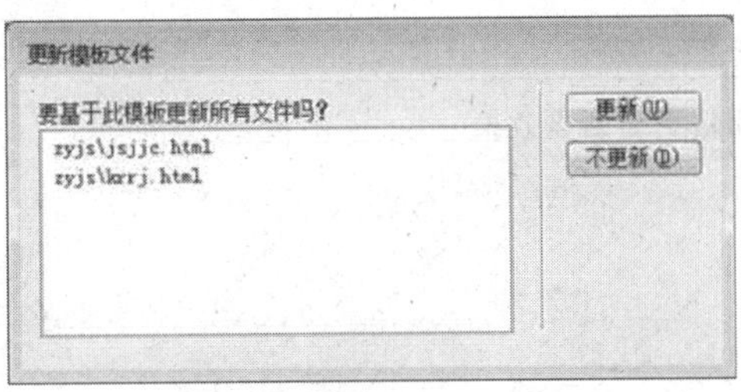

图 8-38 "更新模板文件"对话框

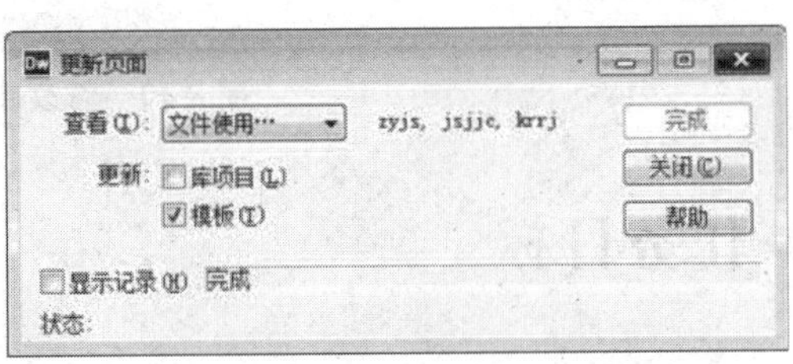

图 8-39 基于模板更新页面

(4) 观察更新后的页面

再次打开"计算机应用技术专业介绍"网页 jsjjc. html，单击链接文字"科瑞软件外包"时，打开 krrj. html 网页。同样，在"科瑞软件外包专业介绍"网页 krrj. html 中单击链接文字"计算机应用技术专业"时，打开 jsjjc. html 网页。

(5) 保存并预览网页

执行"文件"→"保存全部"命令,将页面保存,按 F12 键预览网页。

说明

用户可以利用模板对栏目风格进行统一规划,在修改时只需要改变模板文件,就可同时改变由模板生成的相关网页。如果有个别由模板生成的文件要从模板中分离,执行"修改"→"模板"→"从模板中分离"命令,即可使该文件与模板脱离关系,该文件变为普通文件,没有不可编辑的区域。

拓展任务　更新库项目

在前面的任务中制作了"版权信息"库项目,为其中的版权信息添加推荐使用的浏览器分辨率信息,添加信息并更新站点后的效果如图8-40所示。

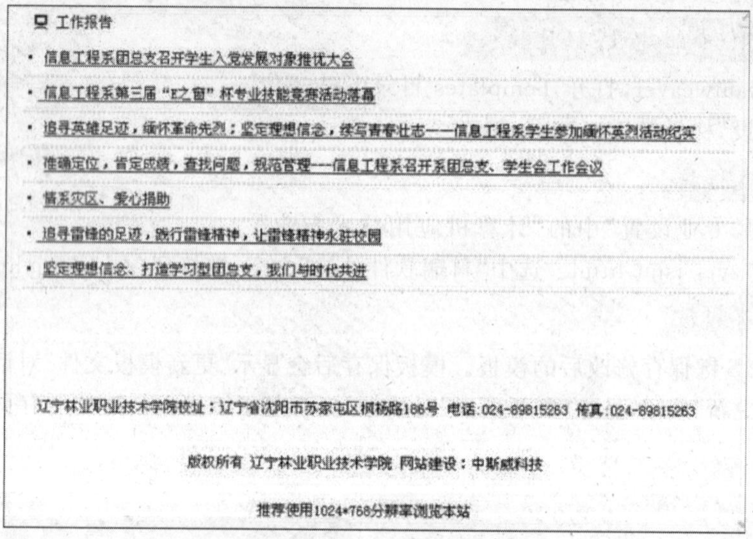

图 8-40　修改库项目更新站点效果

▶任务目标

1. 能力目标

会通过修改库项目更新站点。

2. 知识目标

掌握修改库项目更新站点的方法。

▶任务知识

更新库

当用户修改库项目时，可以执行以下操作更新站点。

在“文档”窗口中，执行“修改”→“库”→“更新页面”命令，显示“更新页面”对话框，如图 8-41所示。

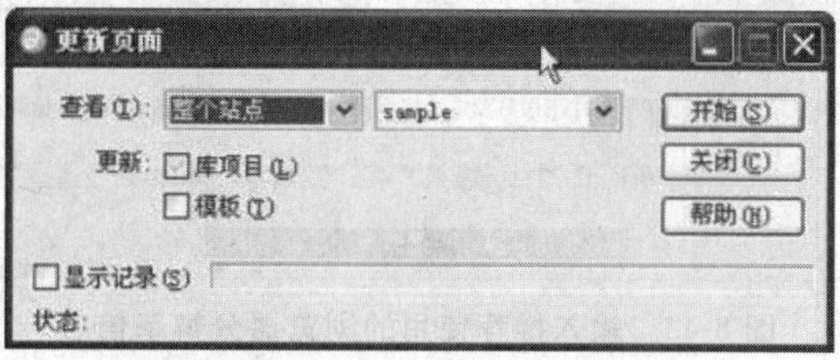

图 8-41　库项目的“更新页面”对话框

打开“资源”面板，在左侧的分类中选择“库”，显示“库”面板。在库项目上右击，在弹出的快捷菜单中选择“更新站点”命令，如图 8-42 所示，显示“更新页面”对话框。

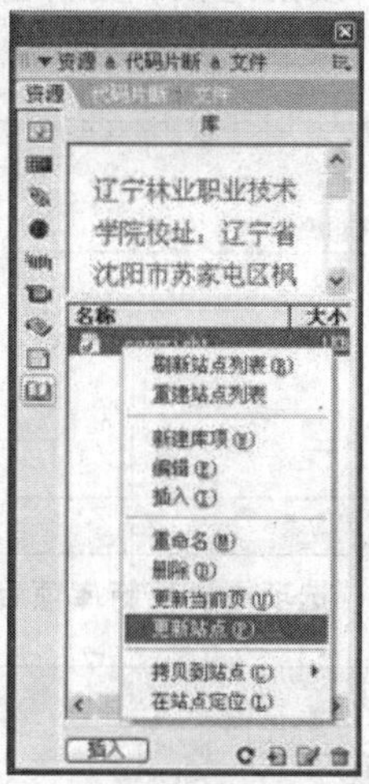

图 8-42　库的“更新站点”命令

在“查看”下拉列表框中选择库项目更新的范围，然后选择需要更新的站点，默认为当前站点。如果使用库项目的当前版本更新选定站点中的所有页面，则选择“整个站点”选项，然后选择该站点的名称；如果需要更新当前站点中使用该库项目的所有页面，则选择“文件使用”选项，然后选择库项目的名称。

单击“开始”按钮即可开始更新。更新完毕，单击“关闭”按钮关闭对话框。

▶任务实施

更新库项目的操作过程如下。

(1) 打开网站版权信息库项目

启动 Dreamweaver，打开 Library 目录下已经建立的网站“版权信息”库项目 copyright. lib。

(2) 输入推荐使用的浏览器分辨率信息

将光标定位在库项目的最下方，输入文字“推荐使用 1024×768 像素分辨率浏览本站”，如图 8-43所示。

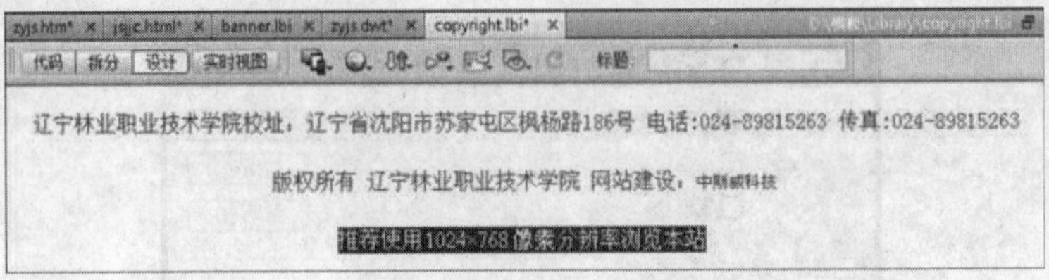

图 8-43 输入推荐使用的浏览器分辨率信息

(3) 保存库项目

执行“文件”→“保存”命令，保存修改后的库项目。库项目保存后会显示“更新库项目”对话框，如图 8-44 所示。单击“更新”按钮，显示“更新页面”对话框，更新基于包含该库项目的所有页面，如图 8-45 所示。

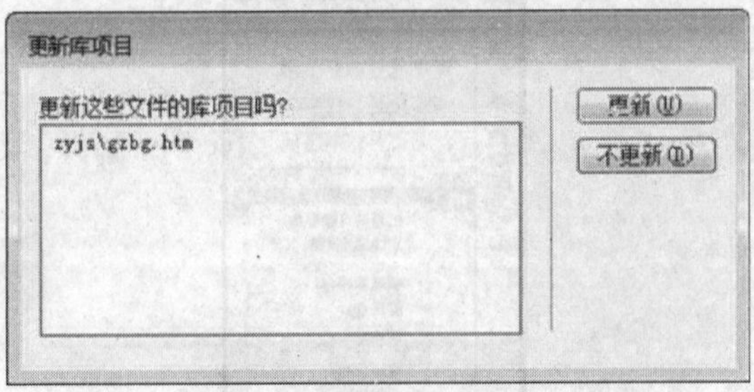

图 8-44 选项需要更新库项目的页面

图 8-45 更新含有 copyright 库项目的页面

(4) 观察更新后的页面

再次打开包含库项目 copyright 的页面 gzbg. html，会发现新增加的推荐使用的浏览器分辨率信息出现在更新后的页面中，如图 8-46 所示。

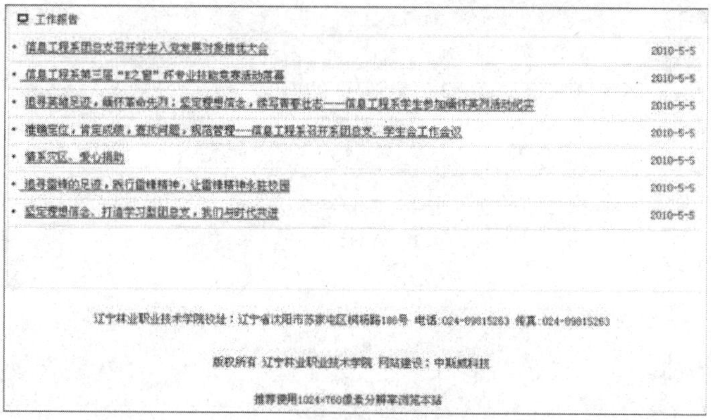

图 8-46　更新库项目后的页面

(5) 保存并预览页面

执行“文件”→“保存全部”命令，将页面保存，按 F12 键预览网页。

说明

使用模板可以控制较大的设计区域，并且能够重复地使用完整的布局；库项目主要应用于重复使用某个设计元素的情况，如站点的版权信息或徽标，相对于模板的设计区域要小得多。

习题

1. 简述模板的制作过程。
2. 简述模板的组成区域及特点。
3. 简述库在站点中的位置以及文件扩展名。
4. 使用模板技术制作如图 8-47 和图 8-48 所示的系列网页。

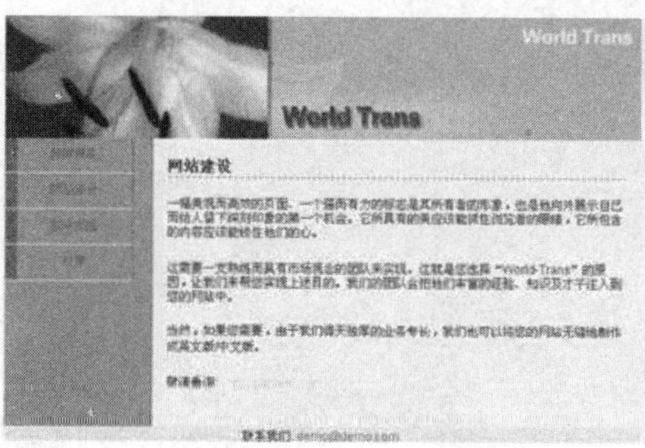

图 8-47　习题 4 效果 1

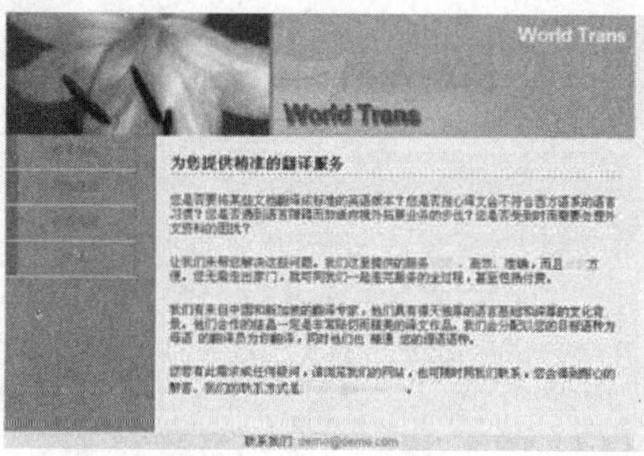

图 8-48　习题 4 效果 2

项 目 9

利用表单制作网站页面

在网站中，表单是实现用户数据传输的基础，其作用是实现访问者与网站之间的交互功能；可以根据访问者输入的信息，自动生成页面反馈给访问者；还可以为网站收集访问者输入的信息。表单可以包含允许进行交互的各种对象，包括文本域、列表框、复选框、单选按钮、图像域、按钮，以及其他表单对象。本项目就来讲述表单对象的使用。

本项目包括以下任务。

任务 制作网站页面。

拓展任务 检查页面表单数据的合法性。

任务 制作网站页面

▶任务目标

本任务使用表单技术制作学院网站的“用户登录”界面，效果如图 9-1 所示。

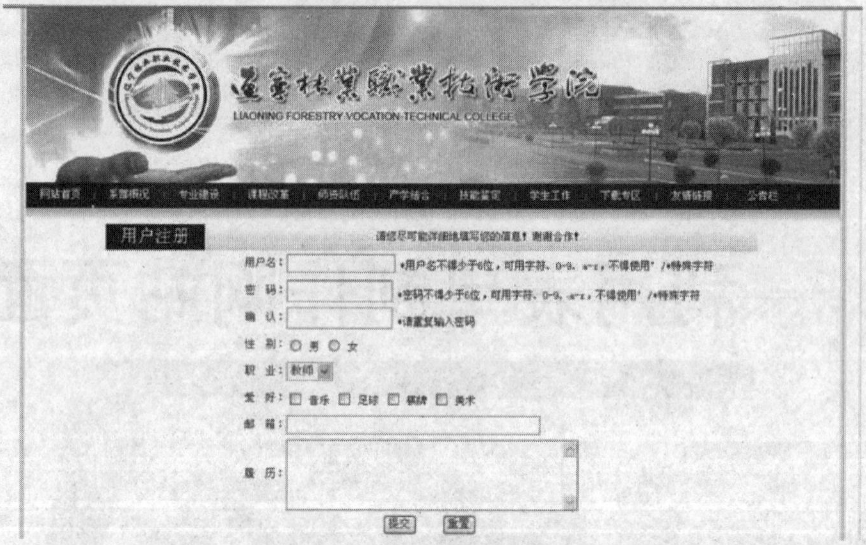

图 9-1 “用户登录”页面效果

1. 能力目标

会创建表单。

2. 知识目标

（1）了解表单的用途。

（2）掌握创建表单的方法。

（3）掌握编辑表单的方法。

▶任务知识

表单是用于实现网页浏览者与服务器之间相互交互的一种页面元素，被广泛用于各种信息的搜集和反馈。

1. 应用表单

在网页中，应用表单可以收集来自用户的信息，通常在调查、订单和搜索界面中使用。有效的表单需要两个组件，一个是描述表单的 HTML；另一个是处理用户在表单域中所输入信息的服务器端应用程序或客户端脚本。

使用 Dreamweaver 可以创建表单、向表单添加对象以及使用行为来验证用户输入的信息等。

Dreamweaver 创建的表单包括文本域、按钮、图像域、复选框、单选按钮、列表菜单、文件域及隐藏域等。

在“插入”工具栏中打开“表单”类别，将显示表单的各种对象，如图 9-2 所示。

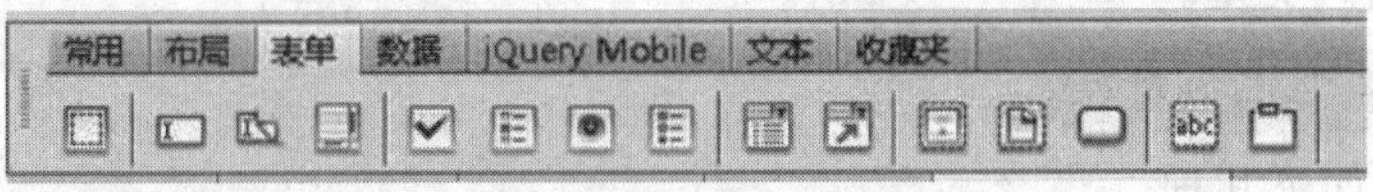

图 9-2　表单对象

(1) 表单的创建

在 Dreamweaver CS6 中，可以通过以下任意一种方法创建表单。

① 将光标置于要插入表单的位置，然后选择“插入”→“表单”命令。

② 将光标置于要插入表单的位置，单击“表单”类别中的“表单”按钮。

③ 将“表单”类别中的表单对象按钮拖动到页面上。

创建的表单如图 9-3 所示。

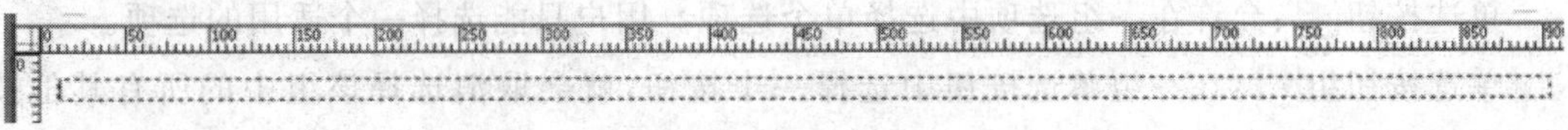

图 9-3　创建表单

提示

如果执行以上操作后，没有看到创建完成的表单，可尝试在工具栏的“查看”菜单中选择“可视化助理”→“不可见元素”。

选中表单后，可以在属性面板中设置表单属性，如图 9-4 所示。

表单的属性面板中各选项含义如下。

表单 ID：在下面的文本框中为表单设置一个名称，命名表单后就可以用诸如 JavaScript

图 9-4 表单的属性面板

或 VBScript 之类的脚本语言进行控制。

动作：这是识别处理表单信息的服务器端应用程序，可以输入应用程序路径或单击文件夹图标来确定文件的位置。

方法：定义表单数据处理的方式，有三个参数，其含义如下。

- 默认：使用浏览器默认的方法。
- GET：将表单值追加到 URL 并发送 GET 请求。因为 URL 被限定在 8192 个字符之内，所以不要对长表单使用 GET 方法。
- POST：在消息正文中发送表单值并发送服务器 POST 请求。
- MIME 类型：弹出式菜单使开发者可以指定对提交给服务器进行处理的数据使用 MIME 编码类型。

(2) 向表单中添加对象

表单对象有如下几种。

文本域：接受任何类型的字母、数字、文本输入内容。文本可以单行或多行显示，也可以以密码的方式显示。在以密码显示的情况下，输入文本将被替换为星号或其他符号，以避免旁观者看到这些文本。

隐藏域：存储用户输入的信息，如姓名、电子邮件地址或常用的查看方式，并在该用户下次访问此站点时使用这些数据。

文本区域：允许输入多行文本。

复选框：允许在一组选项中选择多个选项，用户可以选择任意多个适用的选项。

单选按钮：允许在一组选项中选择单个选项。用户只能选择一个适用的选项。

单选按钮组：在一组单选按钮中选择一个按钮，就会取消选择该组中的所有其他按钮。例如，性别的选择。

列表/菜单：在一组列表中显示选项值，用户可以从该列表中选择多个选项。在一个菜单中显示选项值，用户只能从中选择单个选项。

跳转菜单：是可导航的列表或弹出菜单，它使用户可以插入一种菜单，这种菜单中的每个选项都链接到某个文档或文件。

图像域：使用户可以在表单中插入一个图像，图像域可用于生成图形化按钮，如“提交”或“重置”按钮。

文件域：使用户可以浏览到其计算机上的某个文件并将该文件作为表单数据上传。

按钮：在单击时执行操作，通常，这些操作包括提交或重置表单。用户可以为按钮添加自定义名称或标签，或使用预定义的“提交”或“重置”标签之一。

标签 ：可以使用标签选择器将 Dreamweaver 标签库中的任何标签插入页面。通过标签编辑器，可以使用对话框设定或编辑某一标签的属性。如果使用标签选择器插入一个标签，并且该标签要求附加信息，则其标签编辑器自动出现。

创建表单后，就需要在表单中添加表单对象，方法有如下几种。

① 将光标置于表单边界内，然后从“插入”→“表单对象”子菜单中选择一种表单对象。

② 将光标置于表单边界内，然后单击“插入”工具栏中的“表单”类别中的对象按钮。

③ 将对象按钮拖动到表单边界内的所需位置。

2. 表单对象属性

(1) 文本域

选中文本域，打开属性面板，如图 9-5 所示，各选项的含义如下。

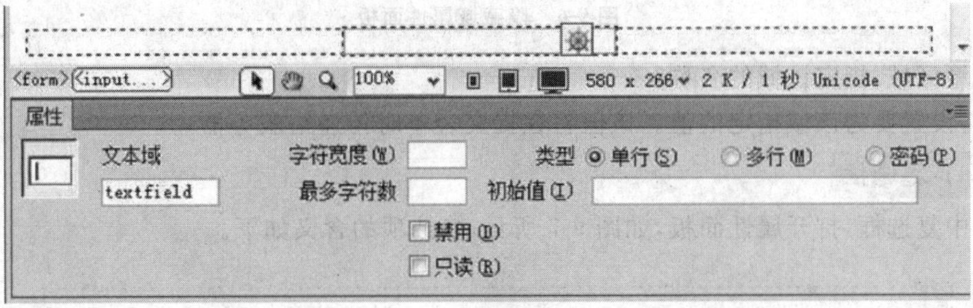

图 9-5 文本域属性面板

文本域：设置域的名称。每个文本域都必须有唯一的名称，所选名称必须在该表单内唯一标识该文本域。表单对象名称不能包含空格或特殊字符，可以使用字母、数字和下划线的任意组合。注意，为文本域指定的标签是将存储该域的值（输入的数据）的变量名。这是发送给服务器进行处理的值。

字符宽度：设置域中最多可显示的字符数，此数字可以小于“最多字符数”。“最多字符数”指定在域中最多可输入的字符数。例如，如果“字符宽度”设置为 20（默认值），而用户输入 100 个字符，则在该文本域中只能看到其中的 20 个字符。注意，虽然无法在该域中看到这些字符，但域对象可以识别它们，而且它们会被发送到服务器进行处理。

最多字符数/行数：对于单行文本域，设置在域中最多可输入的字符数；对于多行文本域，设置域的高度。可以使用“最多字符数”将邮政编码限制为 6 位数，将密码限制为 10 个字符等，如果将“最多字符数”文本框保留为空白，则用户可以输入任意数量的文本。如果文本超过域的字符宽度，文本将滚动显示。如果用户输入超过最大字符数，则表单产生警告声。

类型：指定域为单行、多行还是密码域。

- 单行：将产生一个 type 属性设置为 text 的 input 标签。“字符宽度”设置对应 size 属性，“最多字符数”设置对应为 maxlength 属性。
- 密码：将产生一个 type 属性设置为 password 的 input 标签。“字符宽度”和“最多字符数”设置对应的属性与单行文本域中的属性相同。当用户在密码文本域中键入时，输入内容显示为星号或其他符合，以保护它不被其他人看到。
- 多行：将产生一个 textarea 标签。“字符宽度”设置对应 cols 属性，“行数”设置对应 rows 属性。

(2) 隐藏域

选中隐藏域，打开属性面板，如图 9-6 所示，各选项的含义如下。

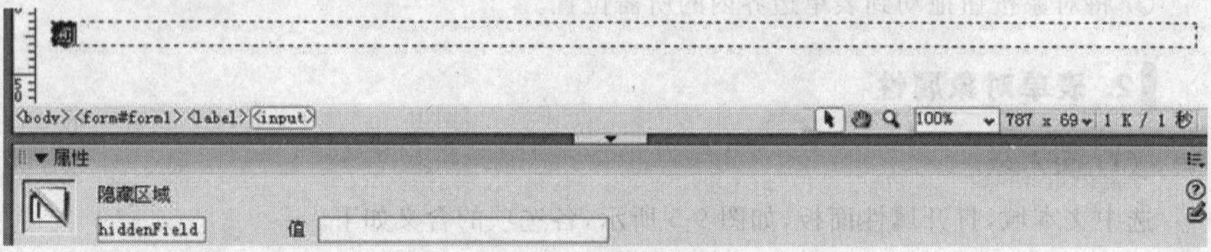

图 9-6 隐藏域属性面板

隐藏区域：指定该域的名称。

值：设置要为该域指定的值。该值将在提交表单时传递给服务器。

(3) 复选框

选中复选框，打开属性面板，如图 9-7 所示，各选项的含义如下。

图 9-7 复选框属性

复选框名称：为该对象指定一个名称。每个复选框都必须有唯一的名称，所选名称必须在该表单内唯一标识该复选框。此名称不能包含空格或特殊字符。

选定值：设置在该复选框被选中时发送给服务器的值。例如，在一项调查中，可以将值 4 设置为表示非常同意，值 1 设置为表示强烈反对。

初始状态：确定在浏览器中载入表单时，该复选框是否被选中。

类：使用户可以将 CSS 规则应用于对象。

(4) 单选按钮

执行“插入”→“表单”→“单选按钮组”命令，打开“单选按钮组”对话框，如图 9-8 所示。

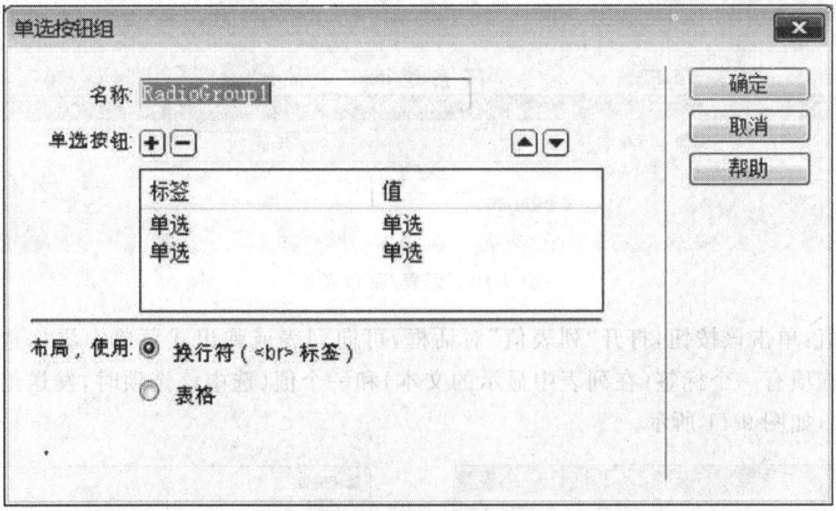

图 9-8 设置单选按钮组

“单选按钮组”对话框中各选项含义如下。

名称：在该文本框中输入该单选按钮组的名称。

单选按钮：在该列表框中添加或删除组中的单选按钮。

选中单选按钮，打开属性面板，如图 9-9 所示。

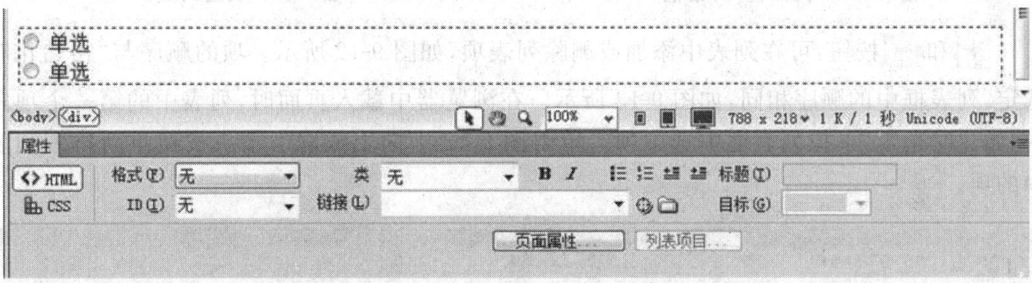

图 9-9 单选按钮属性面板

单选按钮属性面板中各选项含义如下。

选定值：设置在该单选按钮被选中时发送给服务器的值。例如，可以在“选定值”文本框中输入“滑雪”，指示用户选择滑雪。

初始状态：确定在浏览器中载入表单时，该单选按钮是否被选中。

类：使用户可以将 CSS 规则应用于对象。

(5) 添加列表/菜单

选中添加的列表/菜单，打开属性面板，如图 9-10 所示。

列表/菜单：在该文本框中分配列表或菜单的名称，名称必须是唯一的。

类型：指示该对象是弹出式菜单还是滚动列表。若选择“列表”，可设置高度(一次可显示的项数)，并指示是否可从列表中选择多个项。

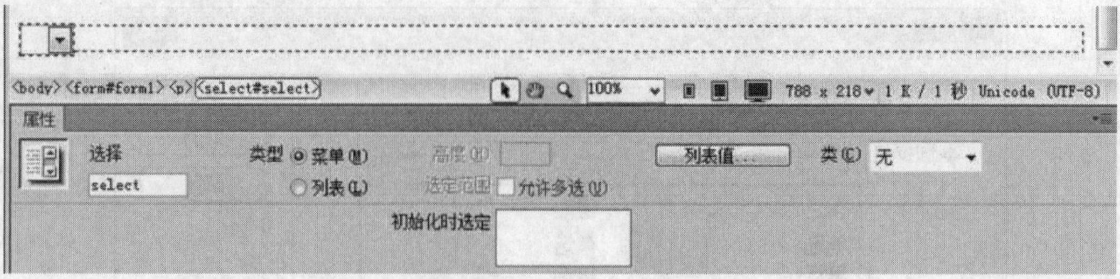

图 9-10　列表/菜单属性

列表值:单击该按钮,打开“列表值”对话框,可向列表或弹出式菜单中添加选项。列表中的每个选项有一个标签(在列表中显示的文本)和一个值(选中该选项时,发送给处理应用程序的值),如图 9-11 所示。

图 9-11　“列表值”对话框

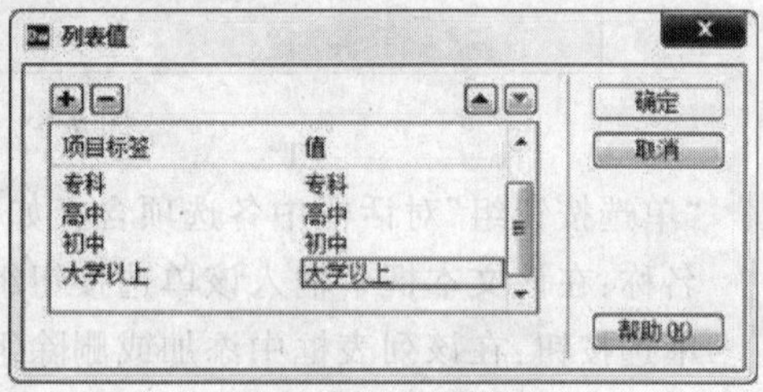

图 9-12　设置列表值

+ 和 − 按钮:可在列表中添加或删除列表项,如图 9-12 所示。项的顺序与“初始化时选定”列表框中的顺序相同,如图 9-13 所示。在浏览器中载入页面时,列表中的第一个项是“初始化时选定”下拉列表框中选中项。单击图 9-12 中向上或向下箭头按钮重新排列列表中的项。

图 9-13　“初始化时选定”下拉列表

(6) 跳转菜单

执行“插入”→“表单对象”→“跳转菜单”命令,打开“插入跳转菜单”对话框,如图 9-14 所示。

+ 按钮:添加一个菜单项。

− 按钮:选定一个菜单项,然后单击该按钮可将其删除。

▲ 和 ▼ 按钮:可在列表中向上或向下移动此项菜单项。

选择时,转到 URL:在该文本框后单击“浏览”按钮,找到要打开的文件,或在文本框中输入该文件的路径。

打开 URL 于：在该下拉列表中选择文件的打开位置。选择“主窗口”选项，则在同一窗口中打开文件。选择“框架”选项，则在所选的框架中打开文件。

菜单 ID：在该文本框中输入菜单项的名称。

选项：选择该区域下的“菜单之后插入前往按钮”复选框，可添加一个“前往”按钮，而非菜单选择提示。如果要使用菜单选择提示（如“选择其中一项”），则选择该区域下的“更改 URL 后选择第一个项目”复选框。

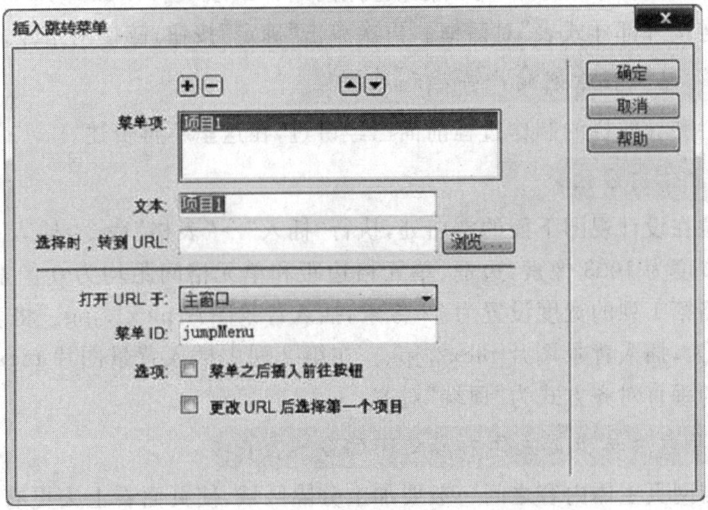

图 9-14 “插入跳转菜单”对话框

(7) 文件域

选中文件域，打开属性面板，如图 9-15 所示。

文件域属性面板中各选项含义如下。

文件域名称：在该文本框中为该文件域对象输入名称。

字符宽度：在该文本框中指定希望该域最多可显示的字符数。

最多字符数：在该文本框中指定该域最多可容纳的字符数。

图 9-15 文件域属性面板

▶任务实施

制作表单页面的操作过程如下。

(1) 新建网页

打开"信息工程"站点,在"文件"面板根目录下新建一个空白网页文档,默认的文件名是untitled. html,修改网页文件名为register. html,将该页面作为网站的"用户注册"页面。

(2) 链接网站样式

单击"CSS样式"面板中的"附加样式表"按钮,打开"链接外部样式表"对话框。单击"浏览"按钮,打开"选择样式表文件"对话框,选择网站样式表文件webstyle. css。单击"确定"按钮,返回到"链接外部样式表"对话框。再次单击"确定"按钮,链接网站样式表完毕。

(3) 制作信息工程系网站广告栏和导航栏

网站广告栏和导航栏的制作过程前面已经讲过,在这里不再赘述。

(4) 制作主体内容区

将光标定位在设计视图下面的空白处,执行"插入"→"表格"命令,插入一个1行3列的表格。设置其宽度为1003像素,边框、单元格边距和单元格间距均为0像素。设置表格居中对齐。将表格第1列的宽度设置为32像素,插入背景图片picx1. jpg。将表格第3列的宽度设置为32像素,插入背景图片picx2. jpg。在第2列中插入背景图片picx5. jpg。并设置第2列单元格的垂直对齐方式为"顶端"对齐。

(5) 制作导航栏与网页主体内容之间的分隔空隙

在导航栏与网页主体内容之间一般要加上分隔区域,使页面看上去更有层次感,而不显得拥挤。在主体内容区,执行"插入"→"表格"命令,插入一个1行1列的表格。设置其宽度为100%,高度为10像素。设置完毕发现没有变化,这是由于单元格中有空格,在代码视图中将空格代码" "删除;否则单元格中由于包含空格,其实际高度为16像素,不会按照用户设置的高度显示。

(6) 插入表单

将光标定位在主体内容区的中间单元格内,先插入一个1行1列的表格,宽度为100%。将光标定位在表格内,单击"插入"面板"表单"类别中的"表单"按钮,生成表单,如图9-16所示。

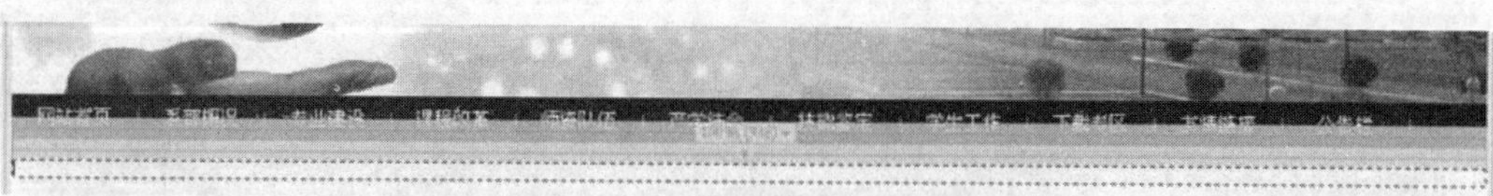

图 9-16 插入表单

(7) 插入表格布局表单对象

将光标定位在表单中,执行"插入"→"表格"命令,插入一个1行2列,宽度为750像素,边框、单元格边框和单元格间距均为0像表的表格,该表格用于显示表单的栏目信息。

设置表格居中对齐。将光标定位在左侧单元格中,设置单元格居中对齐,宽度为115像素,高度为29像素,背景颜色为#00295d,输入文字"用户注册",设置字号为20,颜色为白色。

将光标定位在右侧的单元格中,设置单元格居中对齐,背景图像为picx16. jpg,输入文字“请您尽可能详细地填写您的信息！谢谢合作！”，效果如图 9-17 所示。

图 9-17 制作表单的栏目信息

将光标定位在栏目信息表格的右侧，执行“插入”→“表格”命令，插入一个 9 行 2 列，宽度为 750 像素，边框、单元格边框和单元格间距均为 0 像表的表格，该表格用于显示表单对象。为了便于对该表格名称进行引用，在下面的操作中将该表格称为对象表格。

设置表格居中对齐。选中对象表格左侧的所有单元格，设置宽度为 200 像素，对齐方式为右对齐。选中对象表格右侧的所有单元格，设置宽度为 550 像素，对齐方式为左对齐。选中对象表格的前 8 行，设置单元格的高度为 30 像素。选中对象表格的第 9 行，将第 9 行的两个单元格合并，设置合并单元格的水平对齐方式为居中对齐，高度为 50 像素，最终的布局效果如图 9-18 所示。

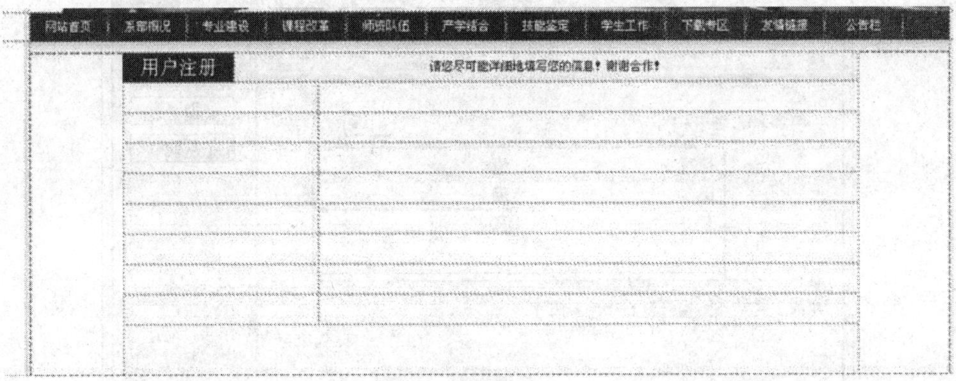

图 9-18 插入表格布局表单对象

(8) 制作用户注册表单对象

将光标定位在表格第 1 行的左侧单元格中，输入文字“用户名：”。将光标定位在表格第 1 行的右侧单元格中，单击“插入”面板“表单”类别中的“文本域”按钮，插入一个单行文本域。在属性面板中设置文本域的名称为 username，字符宽度和最大字符数均为 16，类型为“单行”。在文本框右侧输入文字“＊用户名不得少于 6 位，可用字符、0～9、a～z，不得使用'/＊特殊字符”，设置文字颜色为红色＃ff0000。

将光标定位在表格第 2 行的左侧单元格中，输入文字“密　码：”。将光标定位在表格第 2 行的右侧单元格中，单击“插入”面板“表单”类别中的“文本域”按钮，插入一个文本域。在属性面板中设置文本域的名称为 password，字符宽度和最大字符数均为 16，类型为“密码”。在文本框右侧输入文字“＊密码不得少于 6 位，可用字符、0～9、a～z，不得使用'/＊特殊字符”，设置文字颜色为红色＃ff0000。

用类似的方法制作第 3 行，在属性面板中设置文域的名称为 confirm，前三行表单对象的效果如图 9-19 所示。

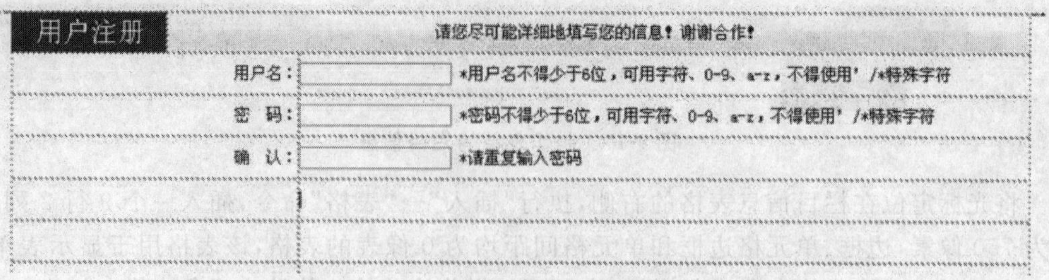

图 9-19 前三行表单对象的效果

将光标定位在表格第 4 行的左侧单元格中，输入文字“性别：”。将光标定位在表格第 4 行的右侧单元格中，单击“插入”面板“表单”类别中的“单选按钮组”按钮，打开“单选按钮组”对话框。在对话框中设置单选按钮组的名称为 sex，两个单选按钮的标签分别设置为“男”和“女”，提交值分别设置为“男”和“女”，“布局，使用”选择“换行符”，如图 9-20 所示。

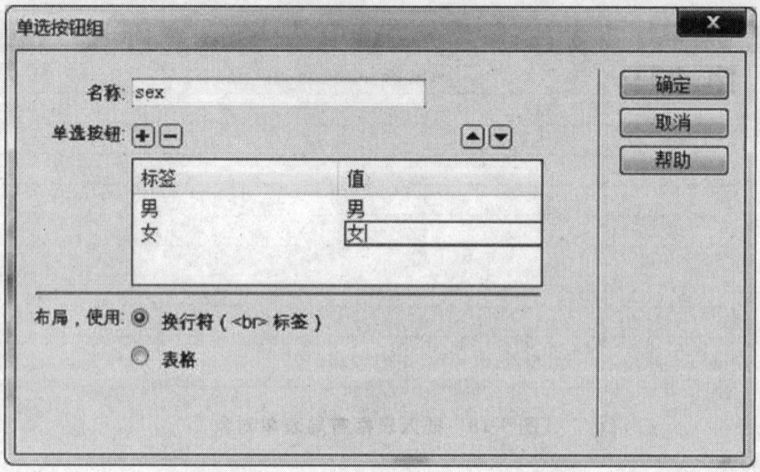

图 9-20 “单选按钮组”对话框

单击“确定”按钮，生成的单选按钮效果如图 9-21 所示。此时单选按钮组在位置上是垂直的，这是由于在“单选按钮组”对话框中选择使用的布局是“换行符”造成的。因为“换行符”自动在单选按钮之间插入＜br＞标签，引起单选按钮的换行。将光标定位到单选按钮“男”之后，按 Delete 键删除＜br＞标签，即可解决以上问题。

将光标定位在表格第 5 行的左侧单元格中，输入文字“职　业：”。将光标定位在表格第 5 行的右侧单元格中，单击“插入”面板“表单”类别中的“列表/菜单”按钮，插入一个下拉菜单。在属性面板中设置菜单的名称为 work，类型设置为“菜单”。然后单击“列表值”按钮，在打开的“列表值”对话框中输入菜单的全部选项，如图 9-22 所示。

单击“确定”按钮，完成菜单选项的定义。在属性面板中设置“初始化时选定”的值为“教师”，效果如图 9-23 所示。

将光标定位在表格第 6 行的左侧单元格中，输入文字“爱好：”。将光标定位在表格第

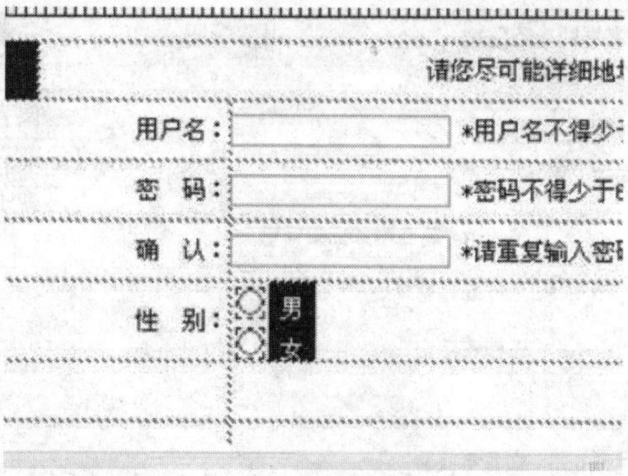

图 9-21 垂直排列的单选按钮组

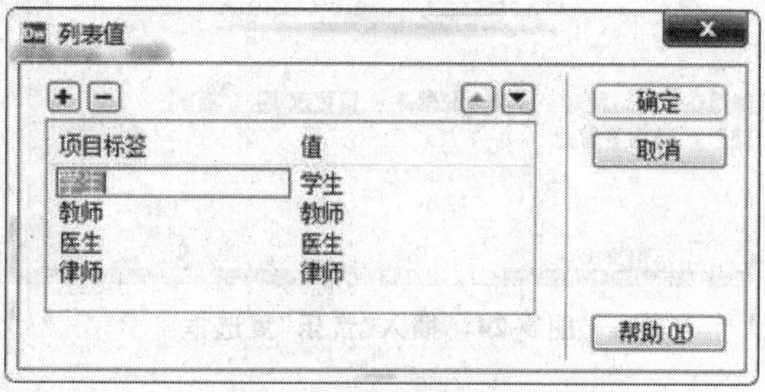

图 9-22 输入菜单选项

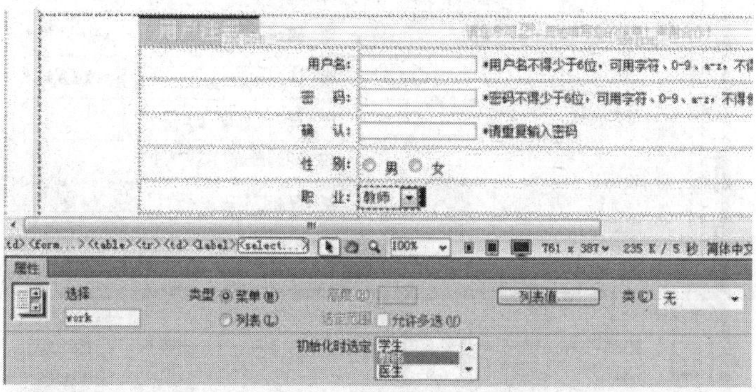

图 9-23 菜单的设置效果

6 行的右侧单元格中，单击“插入”面板“表单”类别中的“复选框”按钮，在弹出的对话框中，设置标签为“音乐”，如图 9-24 所示。在属性面板中设置复选框的名称为 like，选定值设置为“音乐”，如图 9-25 所示。

将光标定位在文字“音乐”后，按上述方法继续加入“足球”“棋牌”和“美术”复选框，在属性面板中设置复选框的名称均为 like，选定值分别设置为“足球”“棋牌”和“美术”，效果如图 9 26所示。

将光标定位在表格第 7 行的左侧单元格中，输入文字“邮箱：”。将光标定位在表格第 7 行的右侧单元格中，单击“插入”面板“表单”类别中的“文本域”按钮，插入一个单行文本

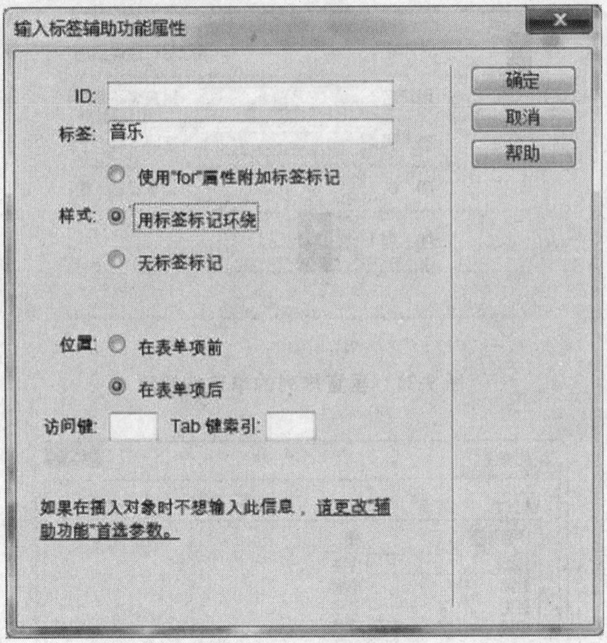

图 9-24 插入“音乐”复选框

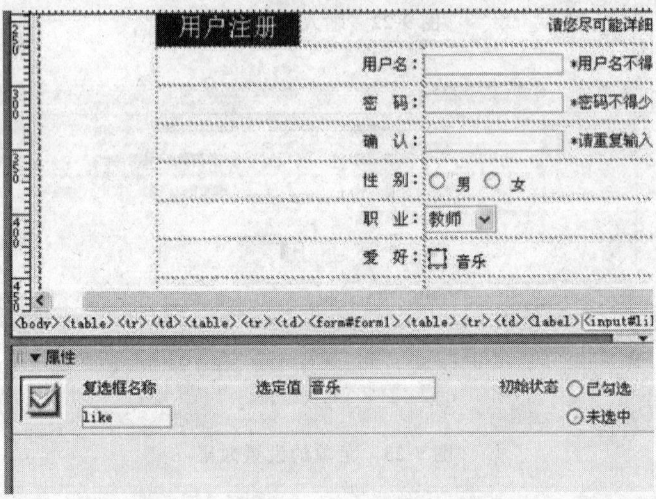

图 9-25 设置“音乐”复选框的属性

域。在属性面板中设置文本域的名称为 email，字符宽度和最大字符数均为 40，类型为单行。

将光标定位在表格第 8 行的左侧单元格中，输入文字“履　历：”。将光标定位在表格第 8 行的右侧单元格中，单击“插入”面板“表单”类别中的“文本域”按钮，插入一个多行文本框。在属性面板中设置文本域的名称为 history，字符宽度为 45，行数为 5，类型为“多行”，效果如图 9-27 所示。

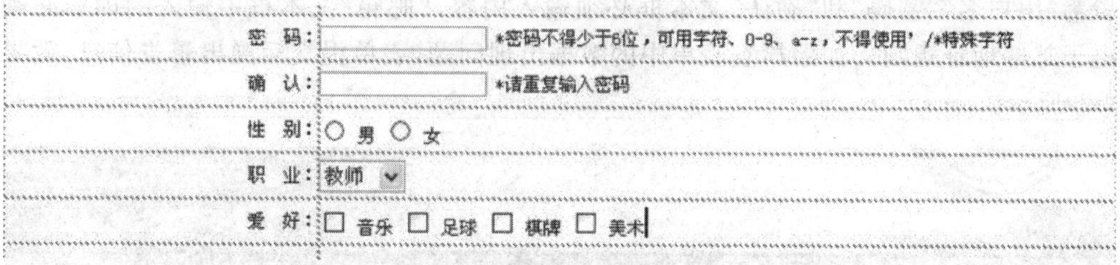

图 9-26　复选框的最终效果

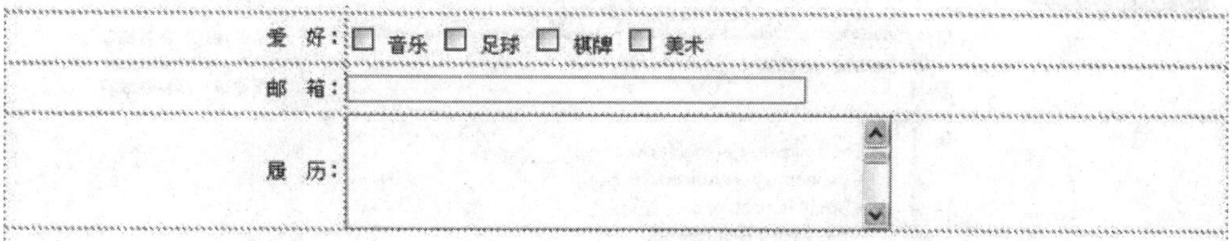

图 9-27　多行文本框效果

将光标定位在表格的第 9 行单元格中，单击“插入”面板“表单”类别中的“按钮”图标，插入一个按钮。在属性面板中设置按钮名称为 Submit，“值”仍为系统默认的“提交”，“动作”为系统默认的动作“提交表单”。

之后，在“提交”按钮的右侧，单击“按钮”图标，插入另一个按钮。在属性面板中设置按钮名称为 reset，“动作”为“重置表单”，此时“值”自动改为“重置”，效果如图 9-28 所示。

图 9-28　插入按钮后的最终效果

(9) 保存并预览网页

执行“文件”→“保存全部”命令，将页面保存，按 F12 键预览网页。

说明

在制作此表单时，性别项也可使用插入两个单选按钮来完成，这时一定要将两个单选按钮的名称设置为同一个值，这样这两个单选按钮成为一组，在运行时只能选择一个；否则，认为是不同的两组，运行时，两个可被同时选中。

拓展任务　检查页面表单数据的合法性

▶任务目标

本任务使用“检查表单”行为验证“用户注册”页面表单提交的数据是否合法。检查规则设置为“用户名”“密码”和“确认”文本框必须输入内容，“邮箱”文本框中输入的内容必须符合电子邮件地址规则。如果检查表单中的数据出现问题，表单提交后弹出警告信息，效果如图9-29所示。

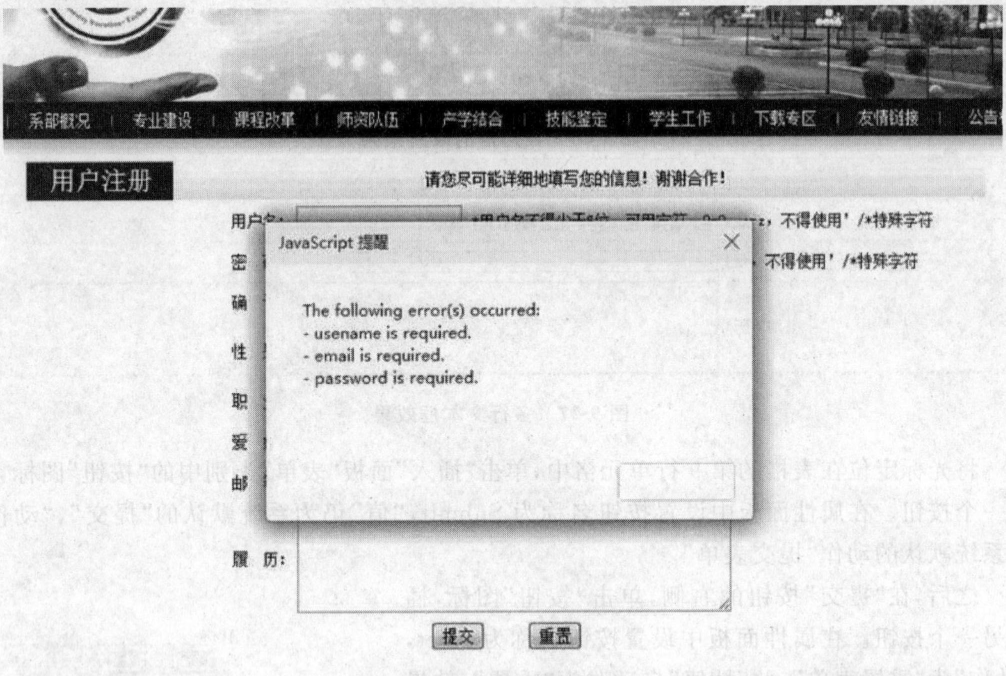

(a) 提示必需的表单项没输入

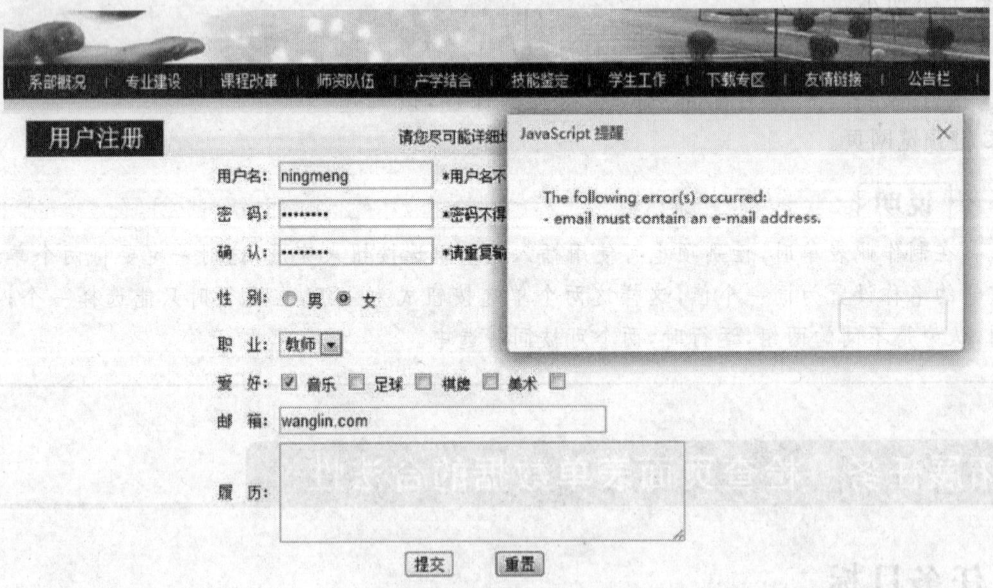

(b) 提示电子邮件地址格式不对

图 9-29 表单

1. 能力目标

会使用行为检查表单数据的合法性。

2. 知识目标

掌握使用行为检查表单数据合法性的方法。

▶任务知识

“检查表单”行为检查指定文本的内容，以确保用户输入了正确的数据类型。使用 onBlur 事件将“检查表单”行为分别附加到各个文本域中，在用户填写表单时对域进行检查；或者使用 onSubmit 事件将其附加到表单中，在用户单击“提交”按钮时同时对多个文本域进行检查。将这些行为附加到表单中，可以防止表单提交到服务器后出现指定的文本域中包含无效数据的情况。

应当注意的是，“检查表单”行为仅在文档中已插入了文本域的情况下才可用。

使用“检查表单”行为的操作步骤如下。

(1) 在文档窗口左下角的标签选择器中单击<form>标签选中表单。

(2) 单击“行为”面板上的 + 按钮，在弹出的下拉菜单中，选择“检查表单”命令，如图 9-30 所示，弹出“检查表单”对话框，如图9-31所示。

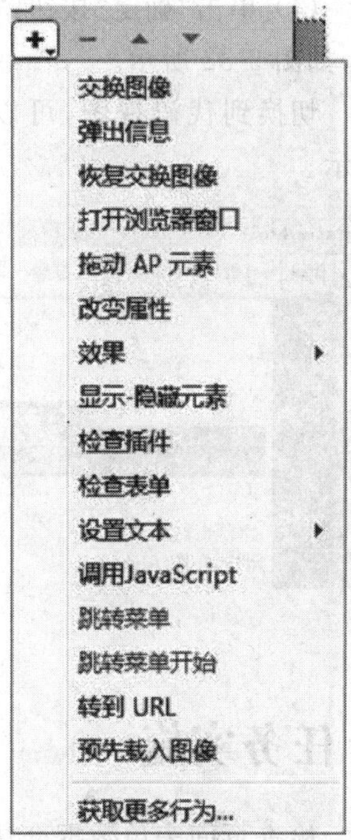

图 9-30 选择“检查表单”行为

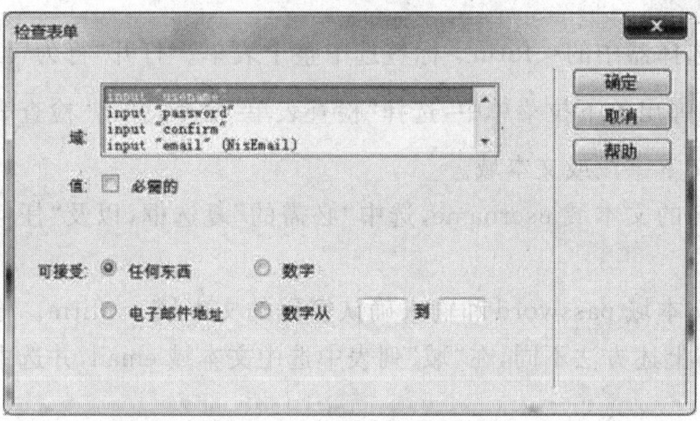

图 9-31 “检查表单”对话框

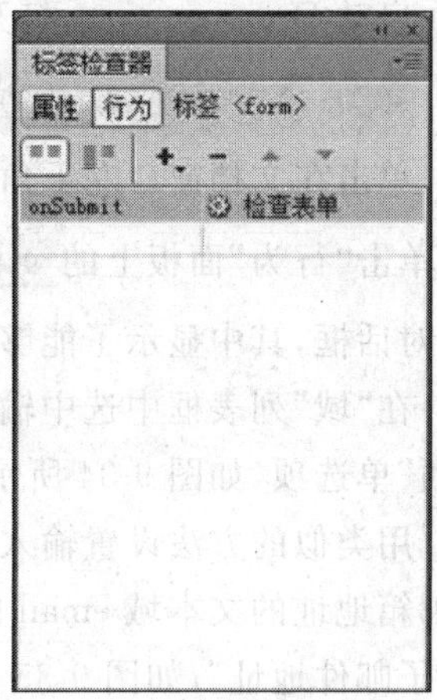

图 9-32 “检查表单”的默认事件

(3) 设置“检查表单”对话框中各选项。

域:选择需要验证的文本字段或文本域。

值:如果要求文本字段或文本域中必须输入内容,则选中“必需的”复选框。

可接受:选择“任何东西”单选项时,可以接受任何输入形式的数据;选择“数字”单选项时,只能接受数值型数据;选择“电子邮件地址”单选项时,只能接受合法的电子邮件地址(即检查是否包含@符号);选择“数字从……到……”项时,只能接受某个数值范围内的数据。

(4) 单击“确定”按钮,“检查表单”行为设置完毕,onSubmit 事件自动出现在“事件”菜单中,如图 9-32 所示。

切换到代码视图,可以观察到定义<form>标签的代码增加了新的属性,如图 9-33 所示。

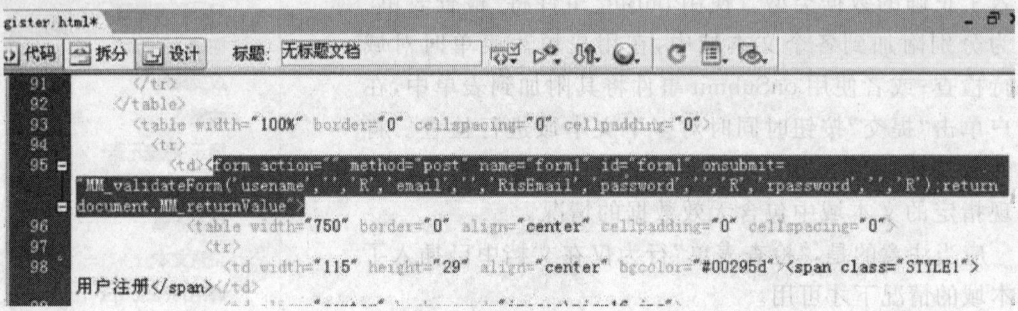

图 9-33　表单标签的代码变化

▶任务实施

检查页面表单数据合法性的操作过程如下。

(1) 打开“用户注册”页面

启动 Dreamweaver,打开“信息工程”站点根目录下的“用户注册”页面 register.html。

(2) 对表单使用“检查表单”行为

单击在文档窗口左下角的标签选择器中的<form>标签选中整个表单。打开“行为”面板,单击“行为”面板上的 + 按钮,在弹出的下拉菜单中,选择“检查表单”命令,弹出“检查表单”对话框,其中显示了能够验证的文本字段或文本域。

在“域”列表框中选中输入用户名的文本域 username,选中“必需的”复选框,以及“任何东西”单选项,如图 9-34 所示。

用类似的方法设置输入密码的文本域 password 和输入确认密码的文本域 confirm。输入邮箱地址的文本域 email 的设置与上述方法不同,在“域”列表中选中文本域 email,并选中“电子邮件地址”,如图 9-35 所示。

对 history 文本域不进行任何验证。

单击“确定”按钮,完成检查表单的设置。

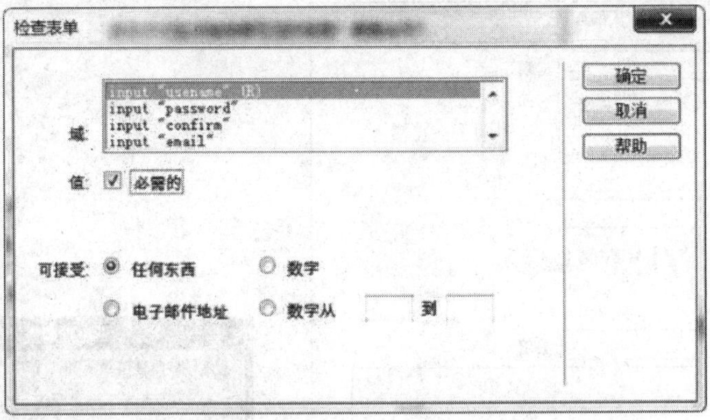

图 9-34 设置用户名文本域

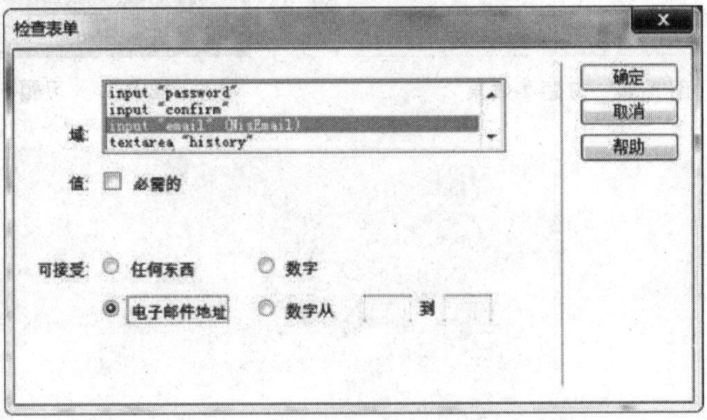

图 9-35 设置邮箱文本域

(3) 保存并预览网页

执行"文件"→"保存全部"命令,将页面保存,按 F12 键预览网页。

说明

使用 Dreamweaver 自带的"检查表单"行为验证表单提交数据的功能比较简单,如果用户需要更强大的检查表单功能,如检查输入的数据类型是否为日期型数据,输入的确认密码和密码是否相同等功能,可以安装 Dreamweaver 外挂插件 MX450886_checkform 来实现。

习题

1. 简述表单的工作原理。
2. 使用表单技术制作如图 9-36 所示的"在线留言"页面。
3. 使用表单技术制作如图 9-37 所示的"热点调查"页面。

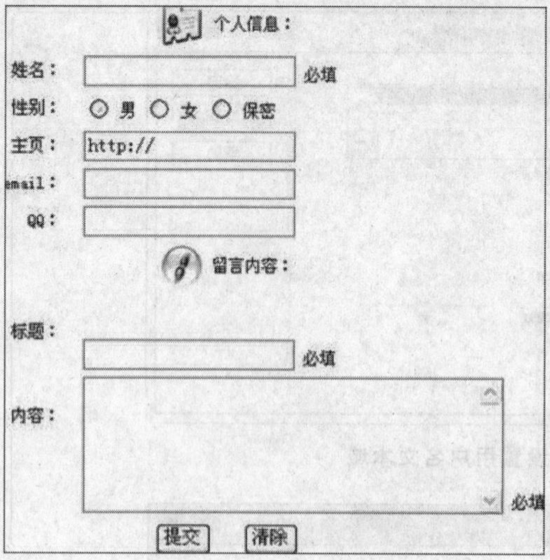

图 9-36　习题 2 效果

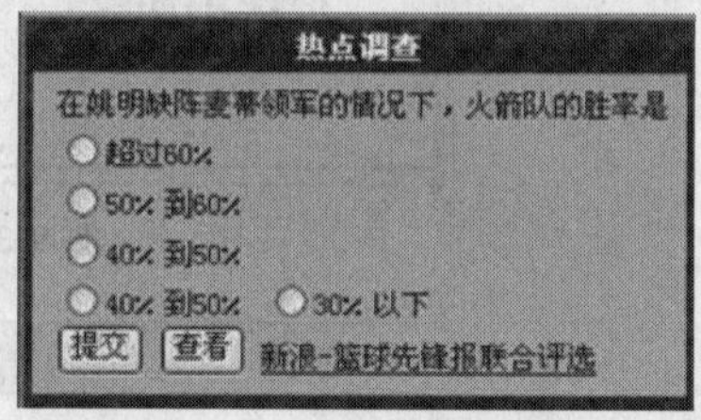

图 9-37　习题 3 效果

项 目 10

利用HTML语言编写网页

网页从表面上看是由文本、图像、动画、视频等元素组成的页面，实际上，网页的本质是由 HTML 代码把各种网页元素组合在一起而形成的 HTML 文件。HTML 文件由浏览器进行解释，就得到了用户想要查看的页面，本项目介绍 HTML 语言各种标签的使用方法，然后通过 HTML 标签编写学院网站首页。

本项目包括以下任务。

任务 10.1　插入顶部图片。

任务 10.2　制作导航栏。

任务 10.3　制作公告栏、图片新闻、新闻动态。

任务 10.4　制作友情链接和系内风采部分的超链接。

拓展任务　制作网上论坛用户注册表单。

任务 10.1　插入顶部图片

本任务通过 HTML 标签编写基本结构的网页，确定网页的标题和结构，再插入网页的顶部图片，如图 10-1 所示是学院网站首页基本页面和顶部图片。

图 10-1　网站首页基本页面及顶部图片

▶任务目标

1. 能力目标

(1) 会利用标签建立基本页面。

(2) 会利用<img>标签插入网页图像。

2. 知识目标

(1) 掌握 HTML 基本标签的用法。

(2) 掌握<img>图像标签的用法。

▶任务知识

网页是由 HTML 代码组合而成的，浏览器打开网页的过程就是浏览器翻译 HTML 语言代码的过程，HTML 代码主要由标签和标签属性构成。

HTML(HyperText Markup Language，超文本置标语言)是目前网络上应用最为广泛的语言，也是构成网页文档的主要语言。设计 HTML 语言的目的是把存放在一台计算机中的文本或图形与另一台计算机中的文本或图形方便地联系在一起，形成有机的整体，人们不用考虑具体信息是在当前计算机上还是在网络的其他计算机上。只须使用鼠标在某一文档中单击一个链接，Internet 就会马上转到与此链接相关的内容，而这些信息可能存放在网络的另一台计算机中。HTML 文本是由 HTML 标签组成的描述性文本，HTML 标签可以说明文字、图形、动画、声音、表格、链接等。HTML 语言的结构包括首部(head)、主体(body)两大部分，其中首部描述浏览器所需的信息，而主体则包含所要说明的具体内容。

HTML 语言的基本结构如下。

```
<html>
<head>
    <title>标题</title>
</head>
<body>
    这里是内容，显示在页面中
</body>
</html>
```

1. <html>... </html>文档标签

<html>... </html>标签是全部文档内容的容器，<html>是开始标签，</html>是结束标签，它们分别是网页的第一个和最后一个标签，其他标签都位于这两个标签之间。

2. <head>... </head>首部标签

首部标签<head>... </head>用于提供与 Web 页有关的各种信息。在首部标签中，可以使用<title>... </title>标签来指定网页的标题，用<style>和</style>标签来定义 CSS 样式表，用<script>和</script>标签来插入脚本等。

3. <body>... </body>主体标签

主体标签包含了文档的内容，文字、图像、动画、超链接以及其他 HTML 元素均位于该标签中。正文标签有下列属性。

background：指定文档背景图像的 URL 地址。

bgcolor：指定文档的背景颜色。

text：指定文档中的文本颜色。

link：指定文档中超链接的颜色。

vlink：指定文档中已访问超链接的颜色。

alink：指定文档中正被选中的超链接的颜色。

onload：指定文档首次加载时调用的事件处理程序。

onunload：指定文档卸载时调用的事件处理程序。

4. 注释标记

在 HTML 语言中,注释格式为"<! --注释部分说明-->"。<! — ... -->之间的文字被浏览器解释为注释,而不在浏览器窗口中显示。

```
<html>
<head>
    <title>标题</title>
</head>
<body>
    这里是内容,显示在页面中
    <!—这里是注释部分,不显示在网页中—>
</body>
</html>
<image>
```

5. <img >图像标签

<img>标签的作用是向网页中插入图片,其主要属性如下。

src:指明图像文件的地址。该属性值必须指明,值的形式既可以是一个本地文件名,也可以是一个 URL 形式。

border:指明图像边框粗细,值为整数。若为 0,表示无边框,值越大,边框越粗。

width:指明图像宽度,值为整数,单位为屏幕像素点。若不指出该属性值,则浏览器根据图像的实际尺寸显示。

height:指明图像高度,值为整数,单位为屏幕像素点。若不指出该属性值,则浏览器根据图像的实际尺寸显示。

alt:若设置了该属性值,则当鼠标指针移至该图像区域时,将以一小标签显示该属性的值。

▶任务实施

利用 HTML 语言插入顶部图片的操作过程如下。

(1) 建立网页基本框架

新建文本文件,另存为 index. html。在文本文件中利用 HTML 语言编写网页基本框架,把<body>标签的 topmargin 属性置为 0,使页面靠顶部显示。

(2) 插入图片

利用<p>、<img>标签插入相对路径图片 top. jpg。设置<p>段落标签的 align 属性为 center,然后设置图片的 width 和 height 属性,代码如下。

```
<html>
<head>
```

```
    <title>信息工程系首页</title>
</head>
<body topmargin = "0">
    <p align = "center">
    <img src = "/images/top.JPG"width = "939"height = "195"/>
    </p>
</body>
</html>
```

说明

网页<head>标签之间的内容不显示在网页之中，本任务中的<title>标签说明的是网页的标题，显示在浏览器的标题栏上。

在网页中插入图片时，要注意图片和网页的路径关系。最好使用相对路径，尽量不使用绝对路径。绝对路径指的是硬盘中的某个文件路径，如 C:/program/picture.jpg。相对路径则是两个文件的相对路径关系，使用相对路径时，当网站文件夹放到另一台计算机上时，不会出现链接不上的情况。

任务 10.2 制作导航栏

▶任务目标

网页导航是网页中非常重要的部分，用户通过导航栏可快速查找到想要的内容。本任务利用<table>、<tr>、<td>等标签制作网页的导航栏，如图 10-2 所示。

图 10-2 网页导航栏

1. 能力目标

会利用<fable>标签制作网页导航条。

2. 知识目标

掌握<table>、<tr>、<td>等标签的使用方法。

▶任务知识

表格是网页制作中的非常重要的元素，传统的网页都是在网页中插入表格，然后在表格中添加、编辑各种元素。

1. ＜table＞标签

＜table＞和＜/table＞标签定义表格的开始和结束，其属性如表 10-1 所示。

表 10-1　表格标记属性

属性名	取　值	含　义	默认值
border	整数	表格边框粗细，该值为 0，则表格没有边框；值越大，则表格边框越粗	0
width	整数或百分比（如 60%）	表格宽度，以相对于充满窗口的百分比计算，整数时以像素点为单位	百分比时为 100%
cellpadding	整数	每个单元格内容与表格边框之间的距离，以像素点为单位	0
cellspacing	整数	表格边框之间的距离，以像素点为单位	无
bordercolor	颜色值	表格边框的颜色	＃000000
background	图像文件名	表格的背景图	无
align	left/center/right	表格的位置	left

2. ＜tr＞标签

＜tr＞和＜/tr＞标签定义表格一行的开始和结束，其属性如表 10-2 所示。

表 10-2　表格中行标记属性

属性名	取　值	含　义	默认值
align	left/center/right	本行各单元格的横向排列方式	left(左对齐)
bgcolor	颜色值	本行各单元格的背景色	＃000000
valign	top/middle/bottom	本行各单元格的纵向排列方式	middle
width	百分值/整数	本行宽度(受 table 的 width 属性值制约)	0
height	整数	本行高度，以像素点为单位	0

3. ＜td＞标签

＜td＞和＜/td＞标签定义表格中一个单元格的开始和结束，其属性如表 10-3 所示。

表 10-3　表格中列标记属性

属性名	取　值	含　义	默认值
align	left/center/right	本单元格的横向排列方式	left(左对齐)
bgcolor	颜色值	本单元格的背景色	＃000000
valign	top/middle/bottom	本单元格的纵向排列方式	middle
width	百分值/整数	本单元格宽度	0
height	整数	本单元格高度，以像素点为单位	0
background	图像文件名	本单元格的背景图像	无
colspan	整数	按列横向结合	1
rowspan	整数	按行纵向结合	1

▶任务实施

利用 HTML 语言制作网页的导航栏的操作过程如下。

(1) 布局1行11列表格

使用<table>、<tr>、<td>标签建立一个1行11列的表格。表格的宽度为942像素，高为30像素，居中显示，背景颜色为#00259d，代码如下。

```
<table width = "942" height = "30" align = "center" bgcolor = "#00295d">
    <tr>
      <td></td>
      <td></td>
      <td></td>
      <td></td>
      <td></td>
      <td></td>
      <td></td>
      <td></td>
      <td></td>
      <td></td>
      <td></td>
   </tr>
</table>
```

(2) 输入9项导航内容

插入“网站首页”“系部概况”“专业建设”“课程改革”“师资队伍”“产学结合”“技能鉴定”“学生工作”“下载专区”等9个导航栏内容，通过<font>标签调整字体的大小和颜色，代码如下。

```
<table width = "942"height = "30"align = "center"bgcolor = "#00295d">
   <tr>
      <td width = "40"></td>
      <td align = "center"><font color = "#FFFFFF"size = "2">网站首页|</font></td>
      <td align = "center"><font color = "#FFFFFF"size = "2">系部概况|</font></td>
      <td align = "center"><font color = "#FFFFFF"size = "2">专业建设|</font></td>
      <td align = "center"><font color = "#FFFFFF"size = "2">课程改革|</font></td>
      <td align = "center"><font color = "#FFFFFF"size = "2">师资队伍|</font></td>
      <td align = "center"><font color = "#FFFFFF"size = "2">产学结合|</font></td>
      <td align = "center"><font color = "#FFFFFF"size = "2">技能鉴定|</font></td>
      <td align = "center"><font color = "#FFFFFF"size = "2">学生工作|</font></td>
      <td align = "center"><font color = "#FFFFFF"size = "2">下载专区|</font></td>
```

```
        <td width = "150"></td>
    </tr>
</table>
```

说明

在导航栏中，插入了 11 列而不是实际导航内容的 9 列，目的是用设置左列和右列 width 属性，让 2 列占一定的宽度，以达到预想的显示效果。

<table>、<tr>、<td>控制显示效果的属性比较多，例如 table 的 cellpading 属性控制的是单元格边框和内容之间的距离。cellspacing 控制的是单元格与单元格之间的距离。

任务 10.3 制作公告栏、图片新闻、新闻动态

公告栏、图片新闻和新闻动态是学校类网站经常出现的栏目，这几部分在制作上有相同的部分，都是通过表格进行布局，然后在表格中插入相应的图片和文字，即可制作如图10-3的页面效果。

图 10-3　公告栏、图片新闻、新闻动态

▶任务目标

1. 能力目标

会综合使用<table>和<img>标签编写网页内容。

2. 知识目标

掌握<table>与<img>标签的混合使用方法。

▶任务实施

利用 HTML 语言制作公告栏、图片新闻和新闻动态的操作过程如下。

(1) 布局 1 行 3 列表格

使用<table>标签建立一个 1 行 3 列的表格，设置表格的宽高、对齐和每列的宽高属

性，让每列的垂直对齐方式为顶端对齐，代码如下。

```
<table width = "942" border = "0"cellspacing = "0"cellpadding = "0"align = "center">
 <tr>
  <td width = "219"height = "207"valign = "top"></td>
  <td width = "314"valign = "top"></td>
  <td width = "402"valign = "top"></td>
 </tr>
</table>
```

(2) 插入图片，编辑公告栏内容

在左侧列顶部插入公告栏图片，然后编辑公告栏内容，代码如下。

```
<table width = "942" border = "0"cellspacing = "0"cellpadding = "0"align = "center">
 <tr>
  <td width = "219"height = "207"valign = "top">
    <img src = "images/index_01.gif"/>
    </br>
    &middot;<font size = "2">信息工程系 2010 届毕业生离校日程安排</font></br>
    &middot;<font size = "2">信息工程系毕业答辩通知</font></br>
    &middot;<font size = "2">关于技能鉴定考生成绩查询的通知</font></br>
    &middot;<font size = "2">关于毕业生顶岗实习记录材料的通知</font></br>
  </td>
  <td width = "314"></td>
  <td width = "402"></td>
 </tr>
</table>
```

(3) 制作图片新闻和文字新闻

在中间列插入图片，在右侧列插入图片和文本，方法与左列相似，代码如下。

```
<table width = "942"border = "0"cellspacing = "0"cellpadding = "0"al ign = "center">
  <tr>
    <td width = "219"height = "207"valign = "top">
      <img src = "images/index_01.gif"/>
      </br>
     &middot;<font size = "2">2010 届毕业生离校日程安排</font></br>
     &middot;<font size = "2">信息工程系毕业答辩通知</font></br>
     &middot;<font size = "2">关于技能鉴定考生成绩查询的通知</font></br>
    </td>
    <td width = "314"valign = "top">
     <img src = "images/index_02.gif"/>
    </td>
```

```
<td width="402"valign="top">
  <img src="images/index_03.gif"/>
  </br>
  &middot;<font size="2">讴歌党的恢宏历史,弘扬党的光荣传统 2011.4.10</font>
        </br>
  &middot;<font size="2">喜迎校庆唱响林院 2011.4.10</font></br>
  &middot;<font size="2">整顿三个秩序净化校园环境 2011.4.10</font></br>
</td>
</tr>
</table>
```

说明

网站公告和网站新闻栏目是网站中通常出现的栏目,注意在栏目顶部应有栏目的文字或图片的说明。"·"的含义是在文字左侧加上实心圆点的项目符号,
标签的含义是换行。

任务 10.4　制作友情链接和系内风采部分的超链接

▶任务目标

网站之所以比传统媒体更有优势,就在于网页之间可以相互链接和跳转,网页通过超链接就组合成了网站,超链接是网站中最重要的部分,本任务制作友情链接和系内风采的链接部分,其效果如图 10-4 所示。

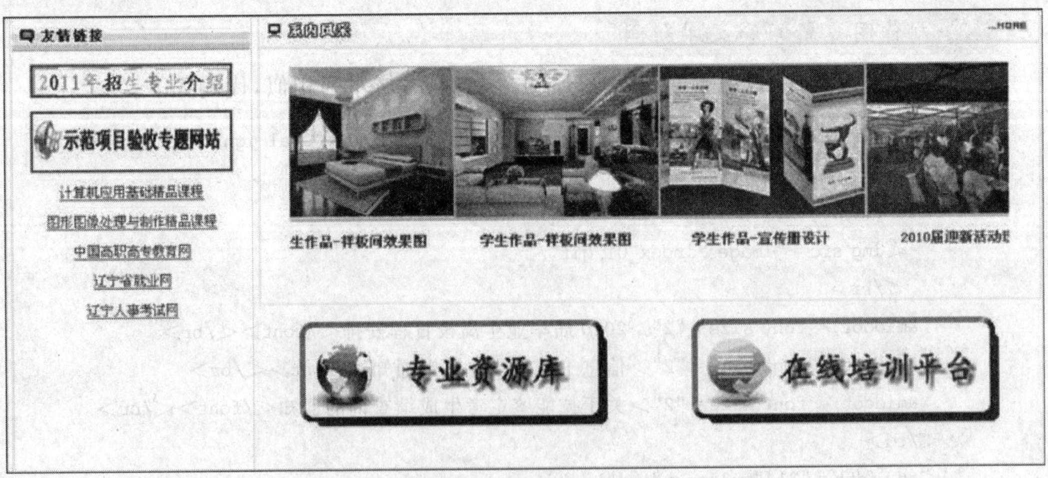

图 10-4　友情链接和系内风采

1. 能力目标

会利用<a>标签和<table>标签编写网页。

2. 知识目标

掌握<a>标签的使用方法。

▶任务知识

在 HTML 语言中实现网页之间链接最主要的标签就是<a>标签。

1. a 标记

(1) href 属性

href 是<a>标签的重要属性,它的作用是一段文字或图像等元素链接到指定的 URL 上,基本格式如下。

```
<a href = "URL">超链接的文字</a>
```

其中,URL 是超链接指向的目标网地,"超链的文字"是加上了超链接的正文。例如:

```
<a href = "samp/link.html">链接的例子</a>
```

(2) target 属性

可以通过 target 属性定义链接是在自身窗口打开还是打开一个新窗口显示超链接内容。

把 target 属性的值设为-self 则在自身窗口打开超链接,例如:

```
<a href = "abc.html"target = "-self">自身窗口打开超链接 </a>
```

把 target 属性的值设为_blank 则在一个新窗口中打开超链接,例如:

```
<a href = "abc.html"target = "_blank"></a>
```

2. 锚点链接

锚点链接是一个网页内部的超链接,可跳转到本页面某个标记过的地方,例如:

```
<a name = "abc">任意文字</a>
<a href = "#abc">跳到 abc 处 </a>
```

name 属性表示给当前位置起的名字,跳转到该位置 abc 时,名字之前必须加"#"。

3. 直接跳转到某个网址

可以使用<a>标签将文本等元素直接跳转到某个网址,格式如下。

```
<a href = "http://www.sohu.com">搜狐</a>
<a href = "http://www.baidu.com">百度</a>
<a href = "http://www.163.com">网易</a>
```

▶任务实施

利用 HTML 语言制作友情链接和系内风采部分的超链接的操作过程如下。

(1) 布局 1 行 2 列表格

建立 1 个 1 行 2 列表格，设置表格的宽、高和居中属性，设置两列的宽度，代码如下。

```
<table width = "942"height = "468"align = "center"cellspacing = "0">
  <tr><td width = "228"height = "468"></td>
     <td width = "714"height = "468"></td>
  </tr>
</table>
```

(2) 制作友情链接栏目

在左侧列中定义一个 7 行 1 列的表格，然后在每行中插入相应图像或文本。利用 a 标签给每个图像或文本做超链接，代码如下。

```
<table>
    <tr><td><img src = "images/link_01.gif"/></td></tr>
    <tr><td><a href = "zyjs.doc"<img src = "images/link_03.gif"/></a></td>
    </tr>
    <tr><td><a href = "http://www.lnlzy.cn/infosfy/">
    <img src = "images/link_04.gif"/></a></td></tr>
    <tr><td><a href = "http://218.25.21.98:8001/jsj/">
    计算机应用基础精品课程</a></td></tr>
    <tr><td><a href = "http://218.25.21.98:8002/bs/">
    图形图像处理与制作精品课程</a></td></tr>
    <tr><td><a href = "http://www.tech.net.cn/web/index.aspx">
    中国高职高专教育网</a></td></tr>
    <tr><td><a href = "http://www.jyw.gov.cn/index.html">辽宁省就业网</a></td></tr>
    <tr><td><a href = "http://www.lnrsks.com/">辽宁人事考试网</a></td></tr>
</table>
```

(3) 制作系内风采栏目

在右侧列内建立一个 3 行 1 列表格。在第 1 行插入系内风采图片，第 2 行依次插入 5 张图片，在第 3 行插入 2 张图片，设置专业资源库和在线培训平台的超链接，代码如下。

```
<table>
   <tr><td><img src = "images/link_02.gif" /></td></tr>
```

```
    <tr><td><img src="images/link_07.gif" /><img src="images/link_08.gif"/>
            <img src="images/link_09.gif" /><img src="images/link_10.gif"/>
            </tr>
    <tr><td><a href="http://www.lnlzy.cn/zy/V><img src="images/link_11.gif"/>
            </a><a href="http://www.lnlzy.cn/px/"><img src="images/link_
            12.gif"/></a>
    </td></tr>
</table>
```

说明

如果网页文本或图片链接的内容无法浏览，如 Word、Excel 或 Exe 等文件，则浏览器会提示用户下载，用户就可以把此文件下载到计算机中再进行查看。此任务中的“2011 年招生专业介绍”链接就是这种情况。

拓展任务　制作网上论坛用户注册表单

▶任务目标

登录邮箱、论坛等网站时往往需要注册一些基本信息，它是通过 HTML 表单来实现的，下面介绍网上论坛用户注册页面的制作，效果如图 10 -5 所示。

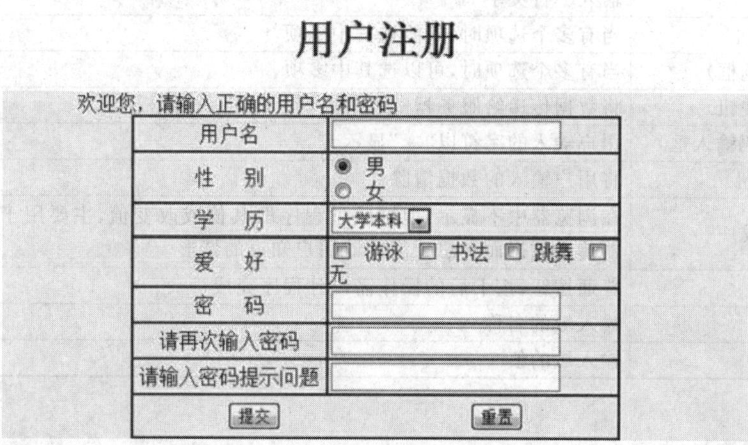

图 10-5　网上论坛用户注册页面

1. 能力目标

会利用<form>标签制作网络论坛注册页面。

2. 知识目标

掌握<form>标签的综合使用。

▶任务知识

网站与用户交互的最主要方式就是表单，用户通过填写表单向网站提交相关信息，网站通过程序对用户信息进行处理，然后返回给用户相应的页面。

1. <form>标签

<form>标签定义表单的开始和结束，其属性如下。

method：取值为 post 或 get。

action：指出了用户所提交的数据将由哪个服务器的哪个程序处理，可处理户提交的数据的服务器程序种类较多，如 JSP 程序、ASP、NET 程序、PHP 程序等。

2. <input>标签

<input>标签定义表单的输入域，由 type 属性值给出。可由 type 给出的输入域类型如表 10-4 所示。

表 10-4　type 输入域类型

输入域名称	说　明
text(文本框)	输入一行文字
radio(单选按钮)	当有多个选项时，只能选其中一项
checkbox(复选框)	当有多个选项时，可以选其中多项
submit(提交按钮)	将数据传递给服务器
password(密码输入框)	用户输入的字符以"*"显示
reset(重置按钮)	将用户输入的数据清除
hidden(隐藏域)	在浏览器中不显示，但可通过程序取其值或改变值，主要用于浏览器向服务器传递数据而不想让浏览器用户知道的情形
button(按钮)	普通按钮，按下后的操作需设计程序完成
name(名称)	输入域的名称
value(值)	输入域的值

3. <select>标签

<select>标签定义下拉列表选项，以<option>标签给出各选项，代码如下。

```
<select>
  <option>选项一</option>
  <option>选项二</option>
  <option>选项三</option>
```

```
</select>
```

4. <textarea>标签

<textarea>标签定义一个可以输入多行文字的输入域,其属性如下。

rows:定义输入的行数。

cols:定义输入的列数。

▶任务实施

利用 HTML 语言制作网上论坛用户注册表单的操作过程如下。

(1) 首先新建页面,在页面上输入“用户注册”,并居中。

(2) 插入宽度为 600 像素、背景颜色为黄色的 2 行 1 列的表格,设置居中。

(3) 在表格的第 1 行第 1 列输入滚动字幕标签<marquee>...</marquee>,并设置相应的属性。

(4) 在表格的第 2 行第 1 列插入表单。

(5) 在上述表单中插入 8 行 2 列的表格。

(6) 按照效果图片插入相应的文字及表单项。

详细代码如下。

```
<!DOCTYPE html PUBLIC"-//W3C//DTD XHTML 1.0 Transitional//EN""http://www.w3.org/TR/xhtml1/
  DTD/xhtml1-transitional.dtd">
<html xmlns = "http://www.w3.org/1999/xhtml">
<head>
    <meta http-equiv = "Content-Type"content = "text/html; charset = UTF-8"/>
    <title>网上论坛用户注册</title>
</head>
<body>
  <h1 align = "center">用户注册</h1>
    <table width = "600" border = "0" align = "center" cellpadding = "0"cellspacing = "0"
      bgcolor = "#FFFF33">
    <tr>
      <td align = "center">
      <marquee direction = "right" loop = "-1" width = "500"scrolldelay = "1">
      欢迎您,请输入正确的用户名和密码</marquee></td>
    </tr>
    <tr>
      <td height = "209"><form id = "form1" name = "form1" method = "post" action = "">
      <table width = "391" height = "150" border = "1" align = "center"
              cellpadding = "0" cellspacing = "0">
        <tr>
```

```
      <td width="154"><div align="center">用户名</div></td>
      <td width="231"><input name="textfield" type="text" size="25" /></td>
    </tr>
    <tr>
      <td><div align="center">性    别</div></td>
      <td ><input name="radiobutton" type="radio" value="radiobutton" checked =
        "checked" />男<input type="radio" name="radiobutton" value="radiobutton" />
        女</td>
    </tr>
    <tr>
      <td width="154"><div align="center">学    历</div></td>
      <td><select name="select">
            <option>大学本科</option>
            <option>研究生</option>
            <option>大专</option>
            <option>中专</option>
            </select></td>
    </tr>
    <tr>
      <td width="154"><div align="center">爱    好</div></td>
      <td><input type="checkbox" name="checkbox" value="checkbox" />游泳
            <input type="checkbox" name="checkbox2" value="checkbox" />书法
            <input type="checkbox" name="checkbox3" value="checkbox" />跳舞
      <input type="checkbox" name="checkbox4" value="checkbox" />无
      </td>
   </tr>
   <tr>
      <td><div align="center">密    码</div></td>
      <td ><input name="textfield2" type="text" size="25" /></td>
   </tr>
   <tr>
      <td><div align="center">请再次输入密码</div></td>
      <td ><input name="textfield2" type="text" size="25" /></td>
   </tr>
   <tr>
      <td><div align="center">请输入密码提示问题</div></td>
      <td ><input name="textfield2" type="text" size="25" /></td>
   </tr>
   <tr>
      <td colspan="2"><table width="100%" border="0">
      <tr><td><div align="center">
```

```
                <input type = "submit" name = "Submit" value = "提交" /></div></td>
                <td><div align = "center">
                <input type = "reset" name = "Submit2" value = "重置" /></div></td>
              </tr>
             </table></td>
            </tr>
          </table>
          </form>
        </td>
      </tr>
    </table>
</body>
</html>
```

说明

此处的表单制作只是在网页上显示的内容，如果要实现注册和内容输入则要编写服务器端的处理程序。表单部分要注意每个输入元素的命名，即 name 属性的命名，在编写后台的时候要使用到这个名字。

习题

1. HTML 语言包括哪些常用的标签及其属性？
2. 利用 HTML 语言制作班级课程表。
3. 利用 HTML 语言编写搜索表单。
4. 利用 HTML 语言编写学院旅游管理系主页面。
5. 利用 HTML 语言编写学院主页页面。

```
<input type="submit" name="Submit" value="提交"/></div></td>
<td><div align="center">
<input type="reset" name="Submit2" value="重置"/></div></td>
</tr>
</table></td>
</tr>
</table>
</form>
</td>
</tr>
</table>
</body>
</html>
```

说明

此处的表单制作只是实现了前台表单的内容，如果要实现把新闻条目输入到数据库中，则需要编写后台的处理程序。表单部分要注意每个输入元素的命名，即name属性的命名，在编写后台的程序时要使用到这个名字。

习题

1. HTML语言包括哪些常用的标签及其属性?
2. 利用HTML语言制作课程表。
3. 利用HTML语言编写搜索表单。
4. 利用HTML语言编写学院新闻管理系统主页面。
5. 利用HTML语言编写学院主页页面。

项　目　11

利用DIV+CSS编写网站页面

传统的网页是把网页内容和内容样式都集中写在一起，如文字和文字的颜色、大小都写在<body>标签中。利用 DIV＋CSS 方法制作的网页把网页的内容和样式分开，即把文字等内容写在<body>标签中，文字样式写在网页的<head>标签中，实现内容与样式分离，符合 Web 标准。本项目介绍 Web 标准、盒子模型、DIV 等标签与样式的编写方法。

本项目包括以下任务。

任务 11.1　插入顶部图片。

任务 11.2　制作垂直导航栏。

任务 11.3　制作学院新闻、公告通知、图片新闻和版权信息部分。

拓展任务　制作下拉导航菜单。

任务 11.1　插入顶部图片

▶任务目标

Web 标准的核心思想就是结构与表现的分离。定义一个 1 行 1 列的区域，然后使这个区域居中，编写这个区域的样式，通过背景的方式嵌入顶部图片，实现了结构和表现的分离，效果如图 11-1 所示。

图 11-1　以 DIV＋CSS 方式插入顶部图片

1. 能力目标

会利用 DIV 与样式制作一列布局并居中的结果。

2. 知识目标

掌握 Web 标准的定义。

▶任务知识

网页常用的布局与制作方式有两种：一种是通过表格进行布局制作；另一种方式是通过<div>等标签布局内容，利用样式表控制内容的显示效果。现在流行的方式是通过<div>标签与样式表的方式来制作网页，这样做可以实现内容、结构与表现的分离。

1. Web 标准

Web 标准是由 W3C(World Wide Web Consortium)和其他标准化组织制定的一套规范集合,包含一系列标准,自然也包含了人所熟悉的 HTML、XHTML、JavaScript 以及 CSS 等。Web 标准的目的是创建一个统一的用于 Web 表现层的技术标准,以便通过不同浏览器或终端设备向最终用户展示信息。

Web 标准不是某一个标准,而是一系列标准的集合。网页主要由三部分组成:结构(Structure)、表现(Presentation)和行为(Behavior)。对应的标准也分三方面:结构化标准语言主要包括 XHTML 和 XML,表现标准语言主要包括 CSS,行为标准主要包括对象模型(如 W3C DOM)和 ECMAScript 等。这些标准大部分由 W3C 起草和发布,也有一些是其他标准组织制定的标准,比如 ECMA(European Computer Manufacturers Association)的 MAScript 标准。

Web 标准由一系列规范组成,由于 Web 设计越来越趋向于整体与结构化,目前的 Web 标准也逐步地变为由三大部分组成的标准集:结构、表现和行为。

(1) 结构

结构用来对网页中用到的信息进行整理与分类。用于结构化设计的 Web 标准技术主要有这样几种:XML、XHTML 和 HTML 等。

① XML。XML 是 Extensible Markup Language(可扩展置标语言)的简写。和 HTML 一样,XML 同样来源于 SGML,但 XML 是一种能定义其他语言的语言。XML 最初设计的目的是弥补 HTML 的不足,以其强大的扩展性满足网络信息发布的需要,后来逐渐用于网络数据的转换和描述。

② XHTML。XHTML 是 Extensible HyperText Markup Language(可扩展超文本置标语言)的缩写。XML 虽然数据转换能力强大,完全可以替代 HTML,但面对成千上万已有的站点,直接采用 XML 还为时过早。因此,在 HTML 4.0 的基础上,用 XML 的规则对其进行扩展,得到了 XHTML。简单地说,建立 XHTML 的目的就是实现 HTML 向 XML 的过渡。

③ HTML。HTML 是 Web 最基本的描述语言。设计 HTML 语言的目的是把存放在这台计算机中的文本及图形与另一台计算机中的文本及图形方便地联系在一起,形成有机的整体,这样人们不用考虑具体信息是存放在当前计算机中还是在网络上的其他计算机中。只要使用鼠标在某一页面上单击一个链接,Internet 就会马上转到与此链接相关的内容,而这些信息可能存放在网络中的另一台计算机里。

(2) 表现

CSS 是 Cascading Style Sheets(层叠样式表)的缩写。W3C 创建 CSS 标准的目的是以 CSS 取代 HTML 表格式布局、帧和其他表现的语言。纯 CSS 布局与结构式 XHTML 相结合能帮助设计师分离外观与结构,使站点的访问及维护更加容易。

(3) 行为

DOM 是 Document Object Model(文档对象模型)的缩写。根据 W3C DOM 规范,DOM

是一种与浏览器、平台、语言的接口，使用户可以访问页面其他的标准组件。DOM 解决了 Netscape 的 JavaScript 和 Microsoft 的 JScript 之间的冲突，给予 Web 设计师和开发者一个标准的方法，让他们来访问他们站点中的数据、脚本和表现层对象。

2. 使用 DIV+CSS 布局网站的优点

如今大部分网站仍然采用表格嵌套内容的方式来制作网页。虽然对此方法比较熟悉、易于上手，但是，它却阻碍了一种更好的、更有亲和力的、更灵活的，而且功能更强大的网站设计方法——DIV+CSS。

CSS 网页布局的意义体现在以下五个方面。

(1) 使页面载入得更快

由于将大部分页面代码写在了 CSS 当中，使页面体积容量变得更小。相对于表格嵌套的方式，DIV+CSS 将页面独立地分成更多的区域，在打开页面时，逐层加载，而不像表格嵌套那样将整个页面圈在一个大表格里，使得加载速度很慢。

(2) 降低流量费用

页面体积变小，浏览速度变快，这对于某些控制主机流量的网站来说是最大的优点。

(3) 修改设计时更有效率

由于使用了 DIV+CSS 制作方法，在修改页面时更加容易、省时。根据区域内容标记，到 CSS 里找到相应的 ID，使修改页面更加方便，也不会破坏页面其他部分的布局样式。

(4) 保持视觉的一致性

DIV+CSS 最重要的优点之一即保持视觉的一致性。以往表格嵌套的制作方法会使得页面与页面，或者区域与区域之间的显示效果有偏差。而使用 DIV+CSS 的制作方法，将所有页面，或所有区域统一用 CSS 文件控制，就避免了不同区域或不同页面体现出的效果偏差。

(5) 更好地被搜索引擎收录

由于将大部分的 HTML 代码和内容样式写入了 CSS 文件中，这就使得网页中正文部分更为突出明显，便于被搜索引擎采集收录。

3. CSS 语法结构

CSS 的语法结构仅由三个部分组成：选择符(Selector)、属性(Property)和值(Value)，使用方法如下。

```
Selector {Property:Value;}
```

选择符又称选择器，是指这组样式编码所要针对的对象，可以是一个 XHTML 标签(如<body>、<h1>)，也可以是定义了特定 id 或 class 的标签(如＃nav，选择符表示选择<div id="nav">，即一个被指定了 id 名为 nav 的对象)。浏览器将对 CSS 选择符进行严格的解析，每一组样式均会被浏览器应用到对应的对象上。

属性(Property)是CSS样式控制的核心，对于每个XHTML标签，CSS都提供了丰富的样式属性，比如颜色、大小、浮动方式等。

值(Value)是指属性的值，其形式有两种：一种是指定范围的值(如float属性，只可能应用left、right、none三种值；另一种为数值(如width能够使用0～9999像素或其他数字单位来指定)。

4. 样式表在网页中嵌入的方式

(1) 行内方式

以下一段文字样式代码与<p>标签写在了一行，称为行内方式样式。

```
<head>
    <title>行内样式</title>
</head>
<body>
    <p style="color:#FF0000;">一段文字</p>   <!-- 行内样式表-->
</body>
```

只有在一个网页、两个地方才用到的CSS，采用行内插入方式。

(2) 文档头部方式

① ID选择符方式。以下代码通过给<p>标签定义一个名字color，然后在<head>与<head>之间编写#color的样式来控制文本的颜色，称为ID选择符方式。ID选择符的特点是给每个标签先命名，然后编写样式，命名具有唯一性。

主体内容代码如下。

```
<body>
    <p id="color">一段文字</p>   <!-- 头部id选择符样式,具有唯一性-->
</body>
```

样式表代码如下。

```
<head>
<title>头部ID方式,ID选择符方式</title>
<style type="text/css">
  #color
  {
       color:#0000FF;
  }
</style>
</head>
```

② Class选择符样式。Class选择符方式与ID选择符方式不同，它可以定义一个样式，在内容区可以多次引用，如以下代码所示。

主体内容部分代码如下。

```
<body>
    <p class = "color">一段文字</p>
    <p class = "color">又有一个要用这个颜色</p> <!-- 头部 Class 选择符样式-->
</body>
```

CSS 样式表部分代码如下。

```
<head>
<meta http-equiv = "Content-Type"content = "text/html; charset = gb2312"/>
<title>头部 id 方式 Class 选择符样式</title>
<style type = "text/css">
  .color
  {
    color:#0000FF;
  }
</style>
</head>
```

只在单个网页中使用的 CSS 采用文档头部方式。

③ 外连 CSS 文件。外连样式表方式是把样式表写在一个扩展名为.css 的文件里，其他的网页通过以下方式把这个样式表文件嵌入自己的网页中。

```
<link rel = "stylesheet" href = "样式表文件的名称" type = "text/css">
```

以下代码是外连 CSS 实例。

主体内容代码如下。

```
<body>
    <p id = "red">一段文字</p>
    <p class = "green">另一个颜色</p><!-- 头部 id 选择符样式-->
</body>
```

样式表部分代码如下。

```
<head>
    <meta http-equiv = "Content-Type"content = "text/html; charset = gb2312"/>
    <title>外联方式</title>
    <link rel = "stylesheet"href = "ys.css"type = "text/css">
</head>
```

外连样式表文件 ys.css 代码如下。

```
#red{color:red;}
.green{color:green;}
```

当有多个网页要用到的 CSS，则采用外连 CSS 文件的方式，这样网页的代码大大减少，修改起来非常方便，三种用法可以混用，且不会造成混乱。三种 CSS 的执行优先级是：行内插入式、头部方式和外连 CSS 文件。

▶任务实施

利用 DIV+CSS 插入顶部图片的操作过程如下。

（1）1 行 1 列布局居中显示

使用<div>标签定义一个宽为 1004 像素，高为 229 像素的区域，编写 CSS 样式控制显示效果如下。

网页主体内容代码如下。

```
<body>
   <div id="top"></div>
</body>
```

CSS 样式中首先把<body>的 margin-top 属性设置为 0，使其顶到网页最上边，然后设置<div>标签的宽、高和居中对齐属性，代码如下。

```
<style type="text/css">
  Body{ margin-top:0px;}
  #top{
        width:1004px;
        height:229px;
        margin:0 auto;
  }
</style>
```

这里的<body>是 HTML 的固有标签，所以编写样式时不用加上"#"。"margin：0 auto；"是"margin-top：0；margin-bottom：0；margin-left：0；margin-right：0；"的简写，含义是使此区域的上下外边距为 0，左右外边距为自适应，网页就能判断出页面左右的大小，进行居中显示。

（2）加入背景图片

网页中的图片如果不需要做超链接，一般都以背景的方式加入到网页中，背景图片的嵌入比较简单，只须在 CSS 样式中给此区域加上属性。加入背景图片的 CSS 样式代码如下。

```
<head>
<style type="text/css">
  #top
  {
     background-image:url(top.JPG);
  }
</style>
```

</head>

说明

网页中的<body>、<ul>、<li>、<p>等标签有自己固有的样式，如<p>标签为段落标记，它规定了段落与段落的距离，可以通过编写 CSS 样式更改这些标记固有的值，以达到想要的效果。在此任务中，把<body>的 margin-top 属性改为 0，即使网页的内容距离网页的顶部距离为 0 像素。同样地也可以对<p>、<ul>等标签进行样式改写。

任务 11.2 制作垂直导航栏

▶任务目标

网页中的导航是很重要的内容，通过 DIV+CSS 可以制作出多种效果的导航栏，如可以使导航的文字链接部分以区域样式显示，可以制作下拉导航栏等。图 11-2 所示是垂直导航栏效果。

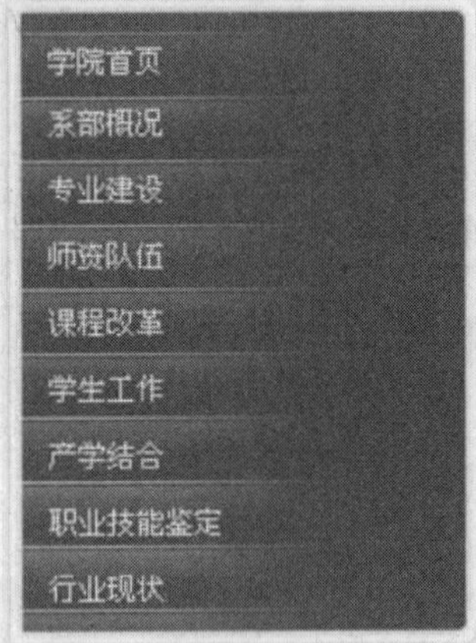

图 11-2 垂直导航栏效果

1. 能力目标

(1) 会利用 float 浮动属性布局 1 行 4 列居中。

(2) 会利用盒子模型调整网页各内容的显示位置。

(3) 会利用<ul>、<li>、<a>标签制作导航栏。

2. 知识目标

(1) 掌握 1 行多列布局的方法。

(2) 掌握盒子模型的概念。

(3) 掌握 float 浮动属性的作用。

▶任务知识

漂亮实用的导航栏可以给访问者带来很好的用户体验，可以使用户迅速找到想要的信息。导航的方式有很多，如横向、竖向、下拉导航栏等。

1. float 浮动属性

正常的网页文档流方向是纵向的，例如，定义了两个 DIV 区域，无论第 1 个 DIV 区域有多宽，第 2 个 DIV 区域一定是显示在它的下面，而不会显示在它的右边。利用 float 浮动属性即可以改变这种文档流方式。float 属性有三个值，分别为 left、right 和 none，含义分别为向左浮动、向右浮动和取消浮动，<div>、<ul>、<li>、<a>等标签都可以使用这个属性。代码如下。

主体内容代码如下。

```
<body>
    <div id = "left"></div>
    <div id = "right"></div>
</body>
```

样式表代码如下。

```
<style type = "text/css">
    #left{ width:100px; height:100px; float:left;}
    #right{ width:100px; height:100px; float:left;}
</style>
```

以上代码定义了两个 DIV 区域,设置第 1 个 DIV 的 float 属性值为 left,它就会靠在网页左侧显示。设置第 2 个 DIV 的 float 属性为 left,使它向左浮动,就可以使它显示到第 1 个 DIV 区域的右侧了,从而改变纵向文档流为横向文档流。

2. 一行多列布局居中

完成一行多列布局首先要先定义 1 行,设置宽、高、居中属性,然后分别把每一列插入这个行内,利用区域的 float 浮动属性把正常的纵向方向改为横向方向,2 列的宽度和为行的宽度。下面是 1 行 2 列布局居中显示的代码,多列布局依此类似。

(1) 网页主体内容

```
<div id = "layout">
  <div id = "left"></div>
  <div id = "right"></div>
</div>
```

(2) CSS 样式表

```
<style type = "text/css">
    #layout{ width:400px; height:200px; margin:0 auto;}
    #left{ width:100px; height:200px; float:left; background-color:#33CCFF;}
    #right{ width:300px; height:200px; float:left; background-color:#0099FF;}
</style>
```

这里首先布局了 1 行,设置宽为 400 像素,高为 200 像素,居中对齐。然后在这一行中插入 2 列。一列宽 100 像素,高 200 像素;另一列宽 300 像素,高 200 像素。使每列都向左浮动,这样 2 列就依次显示在 1 行中了,其效果如图 11-3 所示。

3. 盒子模型

采用<div>、<ul>、<li>、<a>等标签制作网页时,每个元素都会在网页中占据一定的宽度和高度,盒子模型就是把每个元素在网页中的宽、高分为内容、内边距、边框和外边距四部分。盒子(标签)所占宽度的为左外边距(margin-left)、左边框(border-left)、左内边距(padding-left)、内容宽度(content)、右内边距(padding-right)、右边框(border-right)、右外

图 11-3　1 行 2 列居中布局显示

边距(margin-right),盒子所占高度为上外边距(margin-top)、上边框(border-top)、上内边距(padding-top)、内容高度(content)、下内边距(padding-bottom)、下边框(border-bottom)、下外边距(margin-bottom)。如图 11-4 所示是标准盒子模型。

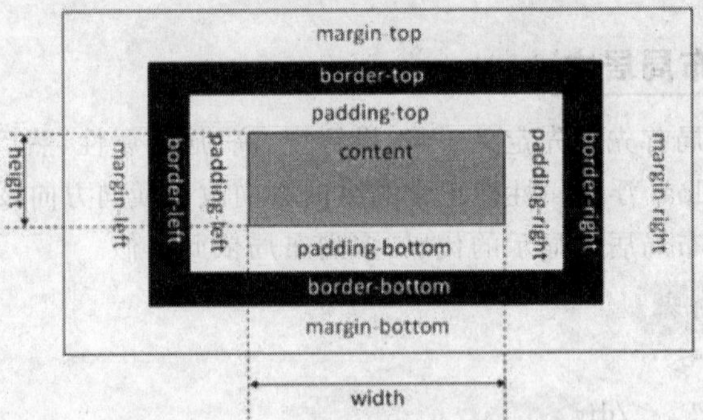

图 11-4　标准盒子模型

把上例中 1 行 2 列布局居中显示的代码修改如下,将会看到如图 11-5 所示的效果。

(1) 网页内容代码

```
<div id="layout">
    <div id="left"></div>
    <div id="right"></div>
</div>
```

(2) CSS 样式表代码

```
<style type="text/css">
    #layout{ width:400px; height:200px; margin:0 auto;}
    #left
    {
        width:100px;
        height:200px;
        float:left;
        margin-left:10px;
        border-left:10px;
```

```
        padding-left:10px;
        padding-right:10px;
        border-right:10px;
        margin-right:10px;
        background-color:#33CCFF;
    }
    #right{ width:300px; height:200px; float:left; background-color:#0099FF;}
</style>
```

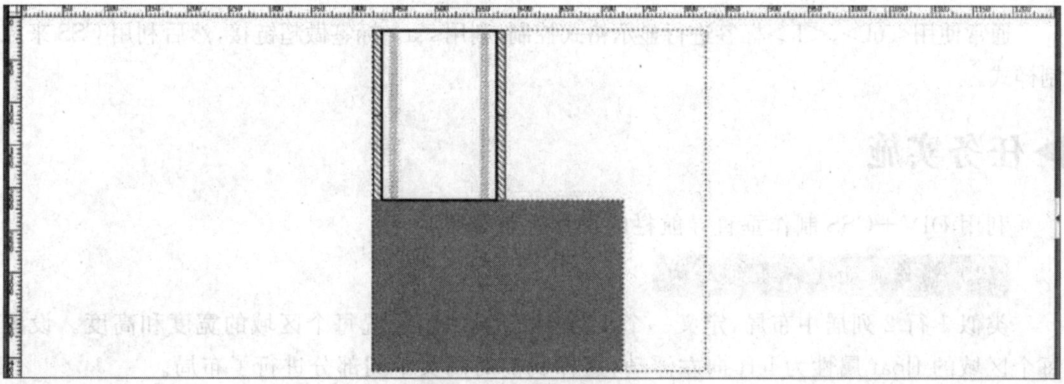

图 11-5 盒子模型说明

把第 1 个 DIV 标签(盒子)的左外边距、左边框、左内边距和右内边距、右边框、右外边距都设置为 10 像素,再加上它的内容宽度 200 像素,这样它所占的页面宽度实际就是 200+10+10+10+10+10+10=260(像素)。第 2 个 DIV 区域的宽度为 200 像素,第 1 个与第 2 个 DIV 区域宽度和是 460 像素,整个行的宽度为 400 像素,所以第 2 个 DIV 区域在这行内就显示不下,转到下面显示了。如果想把两个 DIV 都显示在一行内,需要把整个行的宽度设置为 460 像素,或者把第 2 个 DIV 区域调整为 240 像素即可。

4. <ul>、<li>、<a>标签

<ul>标签创建无顺序的列表,<li>标签标识列表的每一个项,<a>标签可以制作具体文字或图像等内容的超链接。<ul>、<li>、<a>标签是最常使用的几个标签,代码如下。

```
<ul><font size="5">姓名</font>
    <li><a href="#"><font size="5">张三</font></a></li>
    <li><a href="#"><font size="5">李四</font></a></li>
    <li><a href="#"><font size="5">王五</font></a></li>
</ul>
```

以上代码显示的效果如图 11-6 所示。

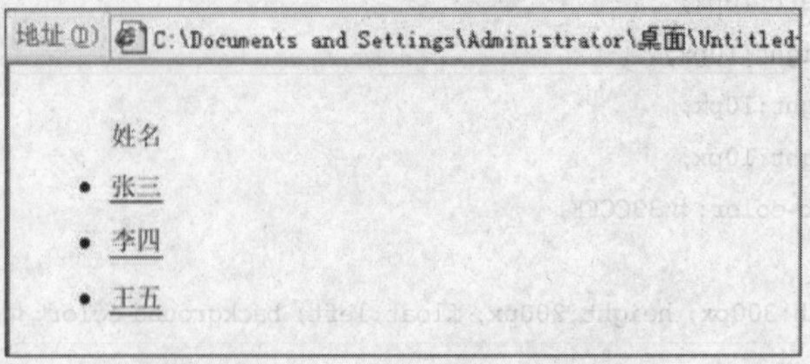

图 11-6 <ul>、<li>、<a>标签示例

通常使用<ul>、<li>标签进行显示格式控制，利用<a>标签做超链接，然后利用 CSS 来控制样式。

▶任务实施

利用 DIV+CSS 制作垂直导航栏的操作过程如下。

(1) 制作页面 1 行 4 列结构

类似 1 行 2 列居中布局，定义一个 1 行 4 列的区域，设置每个区域的宽度和高度。设置每个区域的 float 属性为 left 向左浮动，这样我们对网页中间部分进行了布局。

① 主体内容区域代码如下。

```
<div id="content">
    <div id="cleft1"></div><!-- 左侧导航列-->
    <div id="cleft2"></div><!-- 学院新闻列-->
    <div id="cleft3"></div><!-- 公告通知列-->
    <div id="cleft4"></div><!-- 图片新闻列-->
</div>
```

② CSS 样式表代码如下。

```
#content{ width:1004px; height:265px; margin:0 auto;}
#cleft1
{
   width:215px;
   height:265px;
   float:left;
}
#cleft2{width:275px;float:left;}
#cleft3{width:274px;float:left;}
#cleft4{width:200px; margin-left:15px;}
```

(2) 制作导航栏

在导航列中设置背景图片 mleft.jpg，利用<ul>、<li>、<a>标签输入导航 9 项内容，利用盒子模型设置每个元素的宽高，使每项内容显示到背景图片的适合位置。其中，<a>标签的 display:block 是将链接内容以区域形式显示，这样用户就可以在这个区域内单击超链接了。

① 内容部分代码如下。

```
<div id = "content">
    <div id = "cleft1"><!-- 中间左侧部分-->
        <ul>
            <li><a href = "#">学院首页</a></li>
            <li><a href = "#">系部概况</a></li>
            <li><a href = "#">专业建设</a></li>
            <li><a href = "#">师资队伍</a></li>
            <li><a href = "#">课程改革</a></li>
            <li><a href = "#">学生工作</a></li>
            <li><a href = "#">产学结合</a></li>
            <li><a href = "#">技能鉴定</a></li>
            <li><a href = "#">行业现状</a></li>
        </ul>
    </div>
</div>
```

② CSS 部分代码如下。

```
#cleft1
{
  width:215px;
  height:265px;
  background-image:url(mleft.JPG);
  float:left;
}
#cleft1 ul{ margin-top:24px; }
#cleft1 ul li{ list-style:none;} <!-- 不显示列表的左侧圆点-->
#cleft1 ul li a{
   display:block;<!-- 使超链接元素像 DIV 那样以区域形式显示,默认超链接元素不是区域-->
   width:160px;
   height:26px;
   padding-left:20px;
   font-size:80%;<!-- 文字的大小是正常显示的 80%-->
   color:#FFFFFF;
   text-decoration:none; <!-- 不显示超链接的下划线,默认时显示下划线-->
}
```

> **说明**
>
> (1) 在使用盒子模型的时候，要使用盒子模型的 margin、border、padding 等属性，首先要给这个盒子宽 width 和高 height 属性赋值，否则这些属性将不起作用。
>
> (2) 为了使超链接可以像 DIV 那样以一块区域的样式显示，给它加了 display：block 属性，这样用户就可以在一块区域上单击超链接了。
>
> (3) 为了使字体显示在背景图片横线的上面，控制了＜ul＞的 margin-top 属性，让超链接以区域形状显示，给宽和高赋值，这样就可以控制显示的样式了。
>
> (4) 代码＃cleft1 ul li{ list-style:none;}的目的是把列表项的每一项前面的圆点去掉。

任务 11.3　制作学院新闻、公告通知、图片新闻和版权信息部分

▶任务目标

DIV＋CSS 主要通过＜div＞、＜ul＞、＜li＞、＜a＞等标签制作页面。下面通过这几个标签制作学院木材工程学院网页的学院新闻、公告通知、图片新闻、版权信息部分。其效果如图 11-7 所示。

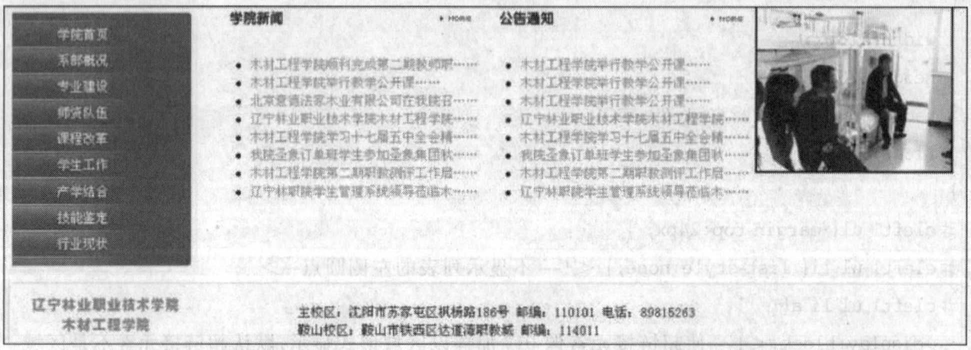

图 11-7　学院新闻、公告通知、图片新闻和版权信息部分的效果

1. 能力目标

会综合使用各种标签制作学院新闻、公告通知、图片新闻、版权信息部分。

2. 知识目标

掌握＜div＞、＜ul＞、＜li＞、＜a＞标签的综合应用。

▶任务实施

利用 DIV＋CSS 制作学院新闻、公告通知、图片新闻和版权信息部分的操作过程如下。

(1) 制作学院新闻栏目

在第 2 列插入学院新闻图片，利用<ul>、<li>、<a>标签制作学院新闻列表。

① 主体内容代码如下。

```
<div id = "cleft2"><!-- 学院新闻部分-->
    <ul id = "bg1"><!-- 顶部新闻图片-->
        <li><img src = "xyxw.JPG"/></li>
    </ul>
    <ul id = "wz">
        <li><a href = "#">木材工程学院顺利完成第二期教师职…</a></li>
        <li><a href = "#">木材工程学院举行教学公开课…</a></li>
        <li><a href = "#">北京意德法家木业有限公司在我院召…</a></li>
        <li><a href = "#">辽宁林业职业技术学院木材工程学院…</a></li>
        <li><a href = "#">木材工程学院学习十七届五中全会精…</a></li>
        <li><a href = "#">我院圣象订单班学生参加圣象集团秋…</a></li>
        <li><a href = "#">木材工程学院第二期职教测评工作启…</a></li>
        <li><a href = "#"> 辽宁林职院学生管理系统领导莅临木…</a></li>
</ul>
</div>
```

② CSS 样式表代码如下。

```
#cleft2{width:275px;float:left;}
#bg1{ list-style:none; margin-left:2px;}
#wz li a{ font-size:80%; text-decoration:none; color:#999999;}
```

(2) 制作公告通知栏目

在第 3 列插入公告通知图片，利用<ul>、<li>、<a>标签制作学院新闻列表。

① 主体内容代码如下。

```
<div id = "cleft3"><!-- 公告通知部分-->
    <ul id = "bg2"><!-- 顶部新闻图片-->
        <li><img src = "ggtz.JPG"/></li>
    </ul>
    <ul id = "wz1">
        <li><a href = "#">木材工程学院举行教学公开课…</a></li>
        <li><a href = "#">木材工程学院举行教学公开课…</a></li>
        <li><a href = "#">木材工程学院举行教学公开课…</a></li>
        <li><a href = "#">辽宁林业职业技术学院木材工程学院…</a></li>
```

```
        <li><a href="#">木材工程学院学习十七届五中全会精…</a></li>
        <li><a href="#">我院圣象订单班学生参加圣象集团秋…</a></li>
        <li><a href="#">木材工程学院第二期职教测评工作启…</a></li>
        <li><a href="#"> 辽宁林职院学生管理系统领导莅临木…</a></li>
    </ul>
</div>
```

② CSS 样式表代码如下。

```
#cleft3{width:274px;float:left;}
#bg2{ list-style:none; margin-left:2px;}
#wz1 li a{ font-size:80%; text-decoration:none; color:#999999;}
```

(3) 制作图片新闻栏目

在第 4 列中插入学院图片新闻的图片和文字。

① 主体内容代码如下。

```
<div id="cleft4"><!-- 图片新闻部分-->
    <ul>
        <li><a href="#"><img src="tpxw.JPG"/></a></li>
        <li><a href="#">文字说明</a></li>
    </ul>
</div>
```

② CSS 样式表代码如下。

```
#cleft4{width:200px; margin-left:15px;}
#cleft4 ul{ margin-left:0px;}
#cleft4 ul li{ list-style-type:none; text-align:center;}
#cleft4 ul li a{ font-size:12px; text-decoration:none;}
```

(4) 制作版权信息说明

在网页底部插入 1 行 1 列居中布局，插入文本，利用盒子模型设置相应显示效果。

① 网页主体代码如下。

```
<div id="bottom">
    <ul>
        <li>主校区:沈阳市苏家屯区枫杨路 186 号 邮编:110101 电话:89815263</li>
        <li>鞍山校区:鞍山市铁西区达道湾职教城 邮编:114011</li>
    </ul>
</div>
```

② CSS 部分代码如下。

```
#bottom{ width:985px; height:63px;background:url(bottom.JPG); margin:0 auto;}
#bottom ul{ font-size:80%; margin-left:300px; margin-top:20px;}
```

```
#bottom ul li{ list-style-type:none;}
```

说明

编写中间内容部分时，是把四个列首先放到一个大的区域 content 中，然后把四个区域的 float 属性设置为 left，这样这四个区域就可以依次从左到右显示了，然后再在每个部分制作具体的内容。

拓展任务 制作下拉导航菜单

▶任务目标

下拉导航菜单可以使用户很快定位自己想要的内容，另外可以使导航很清晰、直观，一目了然。下面就用 DIV＋CSS 来制作一款导航菜单，其效果如图 11-8 所示。

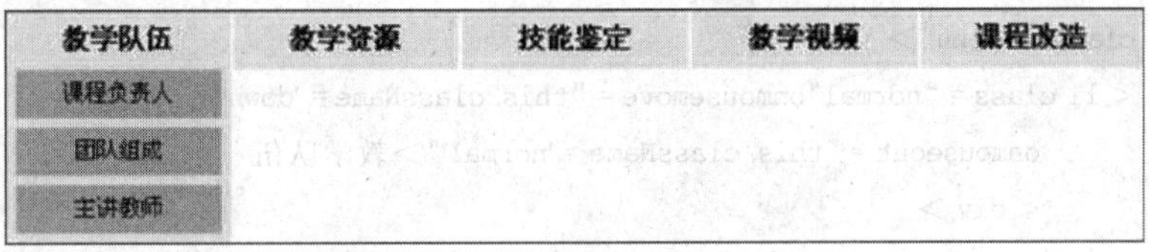

图 11-8 下拉导航菜单效果

1. 能力目标

会利用 onmousemove 和 onmouseout 事件编写下拉菜单。

2. 知识目标

掌握 onmousemove、onmouseout 的作用。

▶任务知识

关键知识点一 onmouseover、onmouseout 事件

编写 ys1 样式，当鼠标指针移至 li 元素上时，即会触发 ys1 的样式，这里的 li 元素也可以是其他的元素。

```
<li onmouseover = "this.className = 'ys1'"></li>
```

编写 ys2 样式，当鼠标指针移开 li 元素上时，即会触发 ys2 的样式，这里的 li 元素也可以是其他的元素。

```
<li onmouseover = "this.className = 'ys2'"></li>
```

▶任务实施

利用 DIV+CSS 制作下拉导航菜单的操作过程如下。

(1) 利用<ul>、<li>、<div>、<a>标签编写基本页面,即网页内容代码。

(2) 编写 ul 的样式,使其宽度为 660 像素,居中显示。

(3) 编写 ul、li 的样式,其中,cursor: hand 表示鼠标指针移上去时显示的样式为手形状。

(4) 编写鼠标指针离开 li 元素内容时的样式 .normal,通过"height:30px;"把 li 元素的高度设置为 30 像素,通过"overflow:hidden;"使下面的超链接内容不显示出来。再编写鼠标指针经过 li 元素内容时的样式 .down,"height:auto;"是把超链接的内容正常显示。

(5) 编写 a 链接元素的正常时、鼠标指针经过时、单击超链接后的一些样式,详细代码如下。

网页主体内容部分代码如下。

```
<body>
    <ul class = "menu">
        <li class = "normal"onmousemove = "this. className = 'down'"
            onmouseout = "this. className = 'normal'">教学队伍
            <div >
                <a href = "#">课程负责人</a></a><br />
                <a href = "#">团队组成</a></a><br />
                <a href = "#">主讲教师</a><br />
            </div>
        </li>

        <li class = "normal" onmousemove = "this. className = 'down'"
            onmouseout = "this. className = 'normal'">教学资源
          <div>
            <a href = "#">课程标准</a></a><br />
            <a href = "#">课程设计</a></a><br />
            <a href = "#">教学素材</a><br />
          </div>
        </li>

        <li class = "normal" onmousemove = "this. className = 'down'"
            onmouseout = "this. className = 'normal'">技能鉴定
          <div>
            <a href = "#">考试大纲</a></a><br />
            <a href = "#">评份细则</a></a><br />
            <a href = "#">试题库</a><br />
```

```
        </div>
      </li>
      <li class = "normal" onmousemove = "this.className = 'down'"
             onmouseout = "this.className = 'normal'">教学视频
        <div>
            <a href = "#">教学视频</a></a><br />
            <a href = "#">教学视频</a></a><br />
            <a href = "#">教学视频</a><br />
        </div>
      </li>
      <li class = "normal" onmousemove = "this.className = 'pullDown'"
             onmouseout = "this.className = 'normal'">课程改造
        <div>
            <a href = "#">整体设计</a></a><br />
            <a href = "#">单元设计</a></a><br />
        </div>
      </li>
   </ul>
</body>
```

CSS 部分代码如下。

```
<style type = "text/css">
<!--
.menu
{
   width:660px;
   margin:20px auto;
}
ul li
{
   float:left;
   list-style:none;
   background:#f2f2f2;
   border:1px #00CCFF solid;
   text-align:center;
   font-size:14px;
   font-weight:700;
   line-height:30px;
   cursor:hand;
}
```

```
.normal {
    width:120px;
    height:30px;
    overflow:hidden;
    background:#f2f2f2;
}
.down
{
    height:auto;
}
a:link,a:visited {
    float:left;
    width:110px;
    background:#ccc;
    text-align:center;
    color:#444;
    font-size:12px;
    font-weight:normal;
    text-decoration:none;
    line-height:25px;
    margin:0 5px 5px 5px;
}
a:hover {
    float:left;
    background:#39c;
    width:100px;
    color:#FFF;
    text-decoration:none;
    text-align:center;
    font-size:12px;
    font-weight:700;
    font-weight:normal;
    line-height:25px;
    padding:0 0 0 10px;
    margin:0 5px 5px 5px;
}
//
-->
</style>
```

说明

下拉导航菜单还有很多种，可以上网进行下载学习，Web标准是网站制作的规范，未来的网站都要符合这一标准，DIV＋CSS技术即结构和表现分离是实现这一标准的重要技术，应很好地掌握。

习题

1. 什么样的网站符合Web标准？
2. 如何将CSS样式表嵌入网页中？
3. 利用DIV＋CSS编写林学系主页面。
4. 利用DIV＋CSS编写示范院建设主页面。
5. 网上查找下拉导航菜单代码修改其样式，使其符合自己的要求。

项 目 12

网站的测试与发布

Web 网站系统制作完成以后，并不能直接投入运行，必须进行全面、完整的测试，包括本地测试、网络测试等多个环节。测试完成以后，设计开发人员必须为 Web 网站系统准备或申请充足的空间资源，以便 Web 网站系统能够发布到该空间运行。而且，为了保证 Web 网站系统的正常运行和有效工作，发布以后的维护和管理工作是十分必要和重要的。本项目将紧紧围绕 Web 网站系统的测试、发布和维护的相关内容进行概要描述和指导，帮助用户熟悉相关概念和树立必要意识。

本项目包括以下任务。

任务　网站的测试。

拓展任务　网站的发布。

任务　网站的测试

▶任务目标

本任务测试某职业技术学院网站的主要性能参数，网站测试的站点报告结果为一个 XML 文件，如图 12-1 所示。

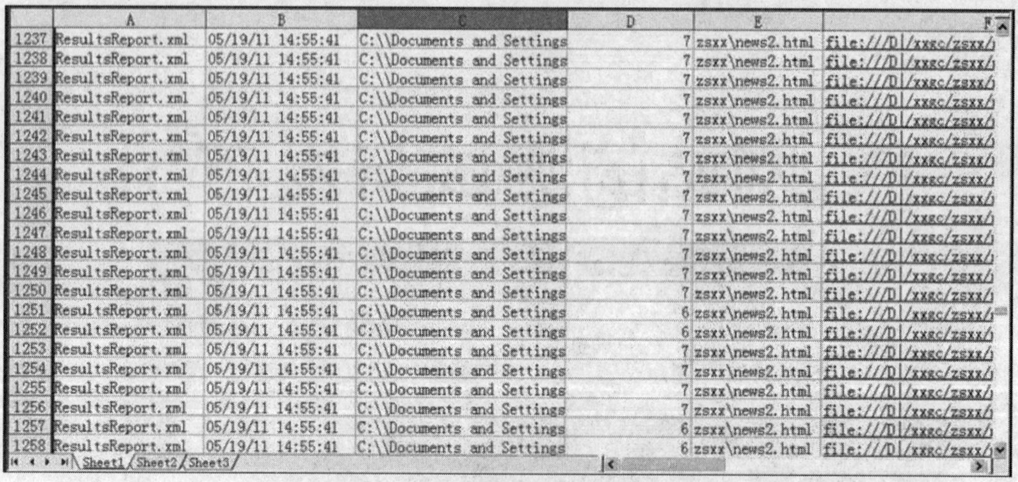

	A	B	C	D	E	F
1237	ResultsReport.xml	05/19/11 14:55:41	C:\\Documents and Settings	7	zsxx\news2.html	file:///D|/xxgc/zsxx/
1238	ResultsReport.xml	05/19/11 14:55:41	C:\\Documents and Settings	7	zsxx\news2.html	file:///D|/xxgc/zsxx/
1239	ResultsReport.xml	05/19/11 14:55:41	C:\\Documents and Settings	7	zsxx\news2.html	file:///D|/xxgc/zsxx/
1240	ResultsReport.xml	05/19/11 14:55:41	C:\\Documents and Settings	7	zsxx\news2.html	file:///D|/xxgc/zsxx/
1241	ResultsReport.xml	05/19/11 14:55:41	C:\\Documents and Settings	7	zsxx\news2.html	file:///D|/xxgc/zsxx/
1242	ResultsReport.xml	05/19/11 14:55:41	C:\\Documents and Settings	7	zsxx\news2.html	file:///D|/xxgc/zsxx/
1243	ResultsReport.xml	05/19/11 14:55:41	C:\\Documents and Settings	7	zsxx\news2.html	file:///D|/xxgc/zsxx/
1244	ResultsReport.xml	05/19/11 14:55:41	C:\\Documents and Settings	7	zsxx\news2.html	file:///D|/xxgc/zsxx/
1245	ResultsReport.xml	05/19/11 14:55:41	C:\\Documents and Settings	7	zsxx\news2.html	file:///D|/xxgc/zsxx/
1246	ResultsReport.xml	05/19/11 14:55:41	C:\\Documents and Settings	7	zsxx\news2.html	file:///D|/xxgc/zsxx/
1247	ResultsReport.xml	05/19/11 14:55:41	C:\\Documents and Settings	7	zsxx\news2.html	file:///D|/xxgc/zsxx/
1248	ResultsReport.xml	05/19/11 14:55:41	C:\\Documents and Settings	7	zsxx\news2.html	file:///D|/xxgc/zsxx/
1249	ResultsReport.xml	05/19/11 14:55:41	C:\\Documents and Settings	7	zsxx\news2.html	file:///D|/xxgc/zsxx/
1250	ResultsReport.xml	05/19/11 14:55:41	C:\\Documents and Settings	7	zsxx\news2.html	file:///D|/xxgc/zsxx/
1251	ResultsReport.xml	05/19/11 14:55:41	C:\\Documents and Settings	6	zsxx\news2.html	file:///D|/xxgc/zsxx/
1252	ResultsReport.xml	05/19/11 14:55:41	C:\\Documents and Settings	6	zsxx\news2.html	file:///D|/xxgc/zsxx/
1253	ResultsReport.xml	05/19/11 14:55:41	C:\\Documents and Settings	7	zsxx\news2.html	file:///D|/xxgc/zsxx/
1254	ResultsReport.xml	05/19/11 14:55:41	C:\\Documents and Settings	7	zsxx\news2.html	file:///D|/xxgc/zsxx/
1255	ResultsReport.xml	05/19/11 14:55:41	C:\\Documents and Settings	7	zsxx\news2.html	file:///D|/xxgc/zsxx/
1256	ResultsReport.xml	05/19/11 14:55:41	C:\\Documents and Settings	7	zsxx\news2.html	file:///D|/xxgc/zsxx/
1257	ResultsReport.xml	05/19/11 14:55:41	C:\\Documents and Settings	6	zsxx\news2.html	file:///D|/xxgc/zsxx/
1258	ResultsReport.xml	05/19/11 14:55:41	C:\\Documents and Settings	6	zsxx\news2.html	file:///D|/xxgc/zsxx/

Sheet1 / Sheet2 / Sheet3

图 12-1　网站测试站点报告结果

1. 能力目标

会测试网站，并根据测试结果修改存在的问题。

2. 知识目标

掌握测试网站的方法。

▶任务知识

1. 整合网站

整合网站主要是指从全局角度出发设置网站的超链接，以便对网站进行全面的测试。

当网站的所有页面都制作完成后，用户一定要注意从以下几个方面正确设置网站的超链接。

(1) 正确设置绝对路径链接

以某职业技术学院网站为例，网站中的友情链接均为绝对路径链接，因此在设置网站超链接地址时，地址必须以“http://”开始，否则打开超链接时将出现打不开目标页面的错误。

(2) 框架页面之间的链接

在很多网页中，常在一个框架中显示一个所有网页的目录，而通过单击其中的某项，在另一个框架中显示相应内容。这些目录是热点文本，需要在框架之间建立超链接，并指明显示目标文件的框架。

(3) 将空链接或临时链接设置为实际链接地址

在前面的项目中，许多超链接的目标页面是随着整个项目的进展逐一制作的，因此许多超链接都设置为空链接或临时链接，并未设置为实际链接的地址。

如辽宁林业职业技术学院网站中导航菜单和新闻超链接均设置为空链接，在此，将这些链接设置为实际链接的地址。由于这些超链接的目标地址都是当前站点内的页面，因此链接方式均设置为文档相对链接。

(4) 特殊文件的存放位置

在某些使用模板和库项目的网站中，应特别注意模板文件和库项目文件应分别存放在站点根目录下的\Templates 和\Library 文件夹下。这些文件夹的位置和名称不能改变，因为这些文件夹的位置和名称直接关系到基于模板建立的页面中的超链接地址。

2. 测试站点

网站整合完毕即对网站进行本地测试。

(1) 在不同的浏览器中进行测试

用户需要通过 Web 浏览器，把设计和制作完成的 Web 网站系统从主页开始，逐页地进行检查，以便保证所有的 Web 网页都有不错的外观，而且没有错误。有时候，在 Internet Explore 浏览器和其他浏览器中显示的效果可能并不一样，但只要两者都能兼顾，不影响网页内容的表达，就可以认为通过了 Web 浏览器的测试。

(2) 在不同的分辨率环境下进行测试

计算机屏幕分辨率设置常用以下几种：640×480 像素、800×600 像素和 1024×768 像素。不同分辨率下网页显示的效果有相当大的差别。

(3) 测试内容

① 网页测试:包括网页内容、链接的正确性和在不同浏览器中的兼容性。

② 程序及数据库测试:对于站点中用到的动态网页程序,需要在本机上首先建立服务器环境,并测试程序是否能正确执行和使用。特别注意站点使用的数据库的安全。

③ 服务器稳定性、安全性:对于个人的站点服务器,需要测试其稳定性和安全性,以保证访问者能顺利地访问站点内容并保证站点的安全。对于大多数人来说,使用的站点服务器是租用 ISP 的空间,在租用前要详细了解服务器空间的各项技术指标,以满足实现站点功能的要求。

(4) 测试方法

利用 Dreamweaver 提供的"结果"面板,可以自动测试站点中的无效链接、得到站点测试报告、检查浏览器的兼容性等。

① 自动检测无效链接 。执行"窗口"→"结果"命令,打开"结果"面板。在其中单击"链接检查器"选项卡,然后单击左侧"检查链接"按钮,在弹出的下拉菜单中选择"为整个站点检查链接"命令。

根据显示结果,如果要修正某个断掉的链接,可以单击"断掉的链接"下的某一个链接,然后单击最右边黄色的文件夹图标,选择正确的链接文件,对相关网页中的链接进行编辑,修改无效的链接即可。

② 站点的测试报告。可以对当前文档、选定的文件或整个站点的工作流程或 HTML 属性(包括辅助功能)运行站点报告。

在"结果"面板中选择"站点报告"选项卡,再单击左侧"报告"按钮,选择某一项目后,单击"运行"按钮。

▶任务实施

网站测试的操作过程如下。

(1) 打开网站

启动 Dreamweaver,打开已经建立的"信息工程"站点。

(2) 配置测试环境

本网站采用的测试环境是 Windows XP 的操作系统+IE 6.0 浏览器。

(3) 检测浏览器的兼容性

首先在 Dreamweaver 窗口中打开需要检查的 HTML 文件,然后选择"文件"→"检查页"→"浏览器兼容性"命令,稍等片刻后,即可看到目标浏览器的兼容报告,如图 11-2 所示。

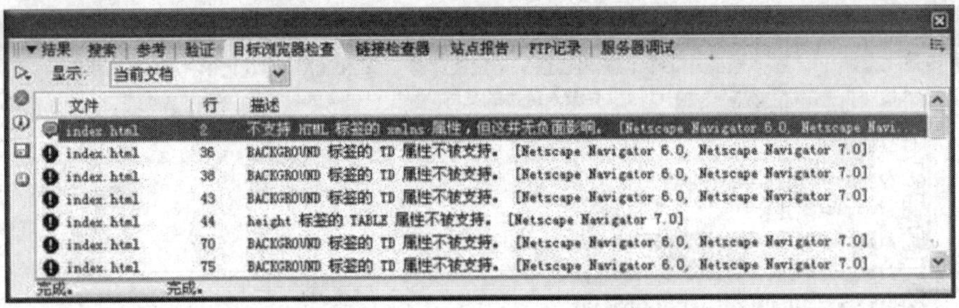

图 12-2　目标浏览器的兼容报告

(4) 检查站点的链接错误

选择菜单中“站点”→“检查站点范围的链接”命令，Dreamweaver 将会自动为站点检查链接，检查结果出来后将会在“链接检查器”面板中显示出来。

在“链接检查器”面板中的“显示”下拉列表中选择“断掉的链接”选项，将会在列表框中显示出站点中所有断掉的链接，如图 12-3 所示。

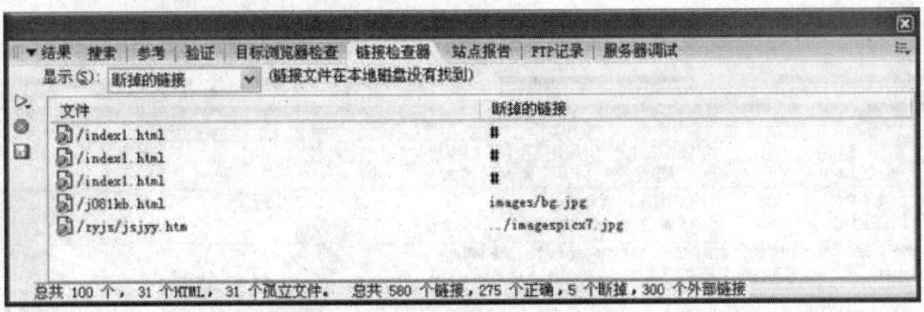

图 12-3　检查链接的结果

在“链接检查器”面板中的“显示”下拉列表中选择“外部链接”选项，将会在列表框中显示出站点中包含外部链接的文件，如图 12-4 所示。

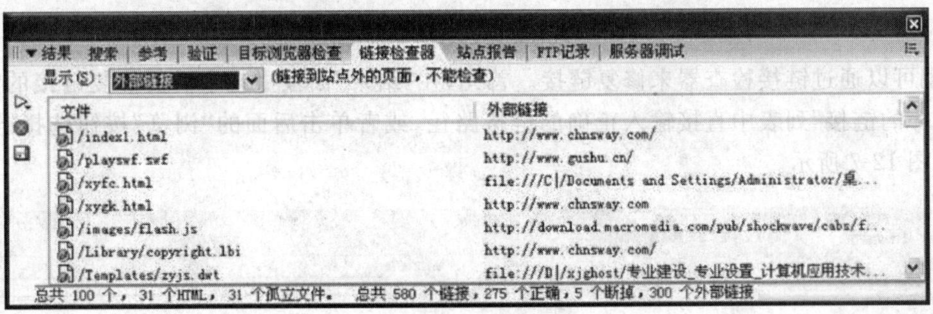

图 12-4　外部链接

在“链接检查器”面板中的“显示”下拉列表中选择“孤立链接”选项，将会在列表框中显示出站点中所有的孤立文件，如图 12-5 所示。

如果需要，可以单击“链接检查器”选项卡左侧的“保存”按钮，将这些报告保存成一个文件。

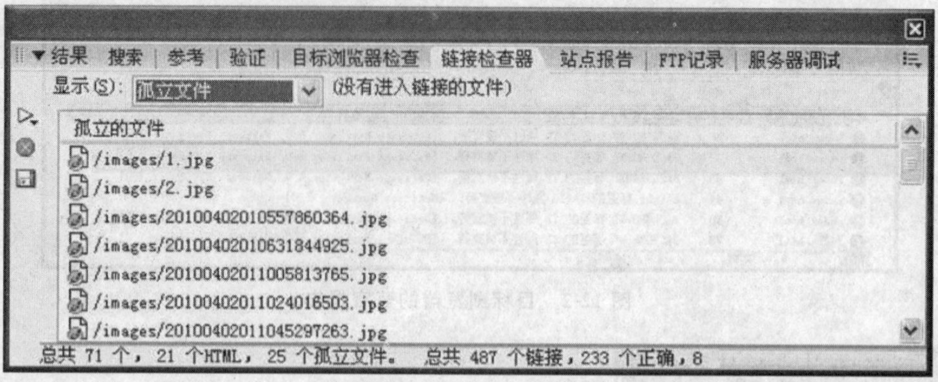

图 12-5 孤立文件

(5) 修复错误的链接

用户可以通过属性面板和链接检查器来修复链接。

在“结果”面板中直接双击并打开需要修复链接的文件，然后切换到“设计”窗口中，按 Ctrl＋F3 键打开如图 12-6 所示的属性面板，在“链接”文本框中输入正确的链接路径。

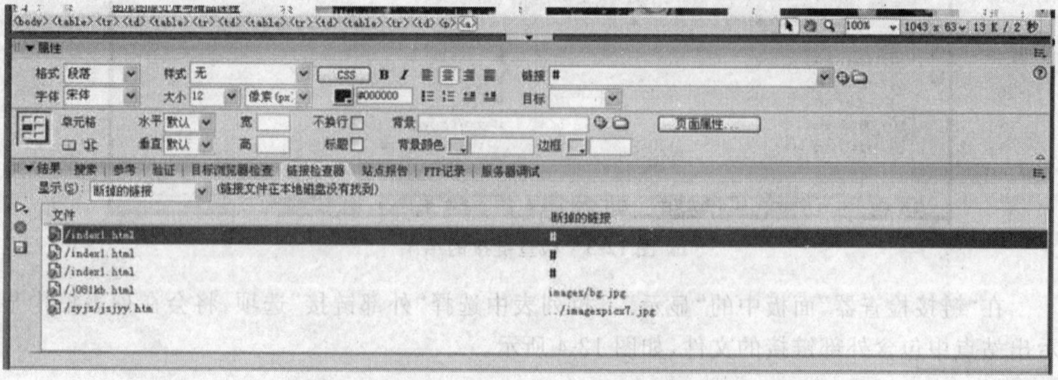

图 12-6 通过属性面板修复链接

也可以通过链接检查器来修复链接。首先，在“结果”面板中选中需要修复链接的文件，在“断掉的链接”列表中直接输入正确的链接路径，或者单击后面的“浏览”按钮选择链接路径，如图 12-7 所示。

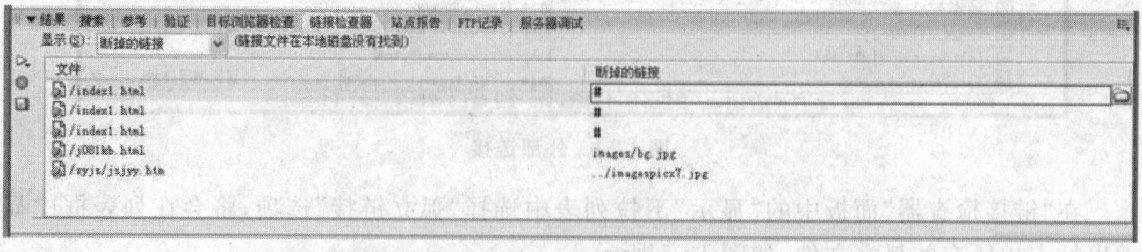

图 12-7 使用链接检查器来修复链接

(6) 站点报告

选择“站点”→“报告”命令，打开“报告”对话框，如图 12-8 所示。

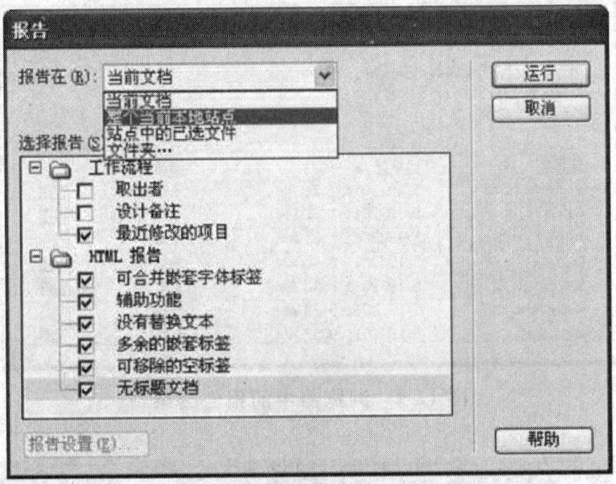

图 12-8 设置报告内容和报告类型

在“报告”对话框中，从“报告在”下拉列表框中选择要报告的内容，并设置要运行的任意一种报告类型(工作流程或 HTML 报告)，如图 12-8 所示。

对话框中各选项的含义如下。

取出者：创建一个报告，列出某特定小组成员取出的所有文档。

设计备注：创建一个报告，列出选定文档或站点的所有设计备注。

最近修改的项目：创建一个报告，列出在指定时间段内发生更改的文件。

可合并嵌套字体标签：创建一个报告，列出所有可以合并的嵌套字体标签以便清理代码。

没有替换文本：创建一个报告，列出所有没有替换文本的<img>标签。在纯文本浏览器或设为手动下载图像的浏览器中，替换文本将替代图像出现在应显示图像的位置。

多余的嵌套标签：创建一个报告，详细列出应该清理的嵌套标签。

可移除的空标签：创建一个报告，详细列出所有可以移除的空标签以便清理 HTML 代码。

无标题文档：创建一个报告，列出在选定参数中找到的所有无标题的文档。

单击“运行”按钮，创建报告，将自动打开浏览器并显示如图 12-9 所示的报告结果。同时，“站点报告”选项卡中将显示一个结果列表，如图 12-10 所示。

(7) 保存报告

得到报告后，用户可以单击“站点报告”选项卡左侧的“保存”按钮，打开“另存为”对话框，将报告保存成一个 XML 文件，如图 12-11 所示。然后将该文件导入模板实例、数据库或电子表格中，再将其打印出来或显示在网站上。

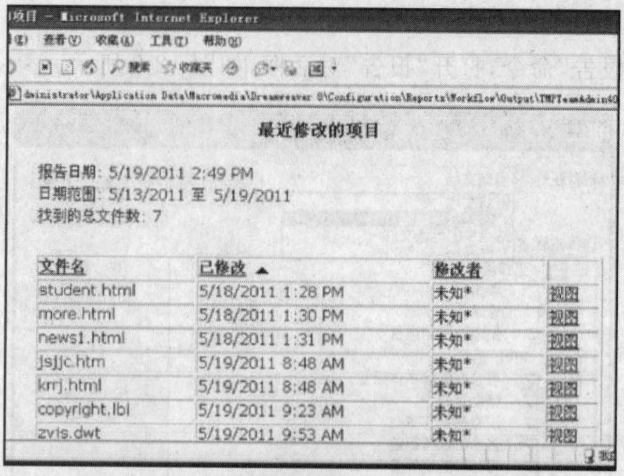

图 12-9　浏览器中的报告结果

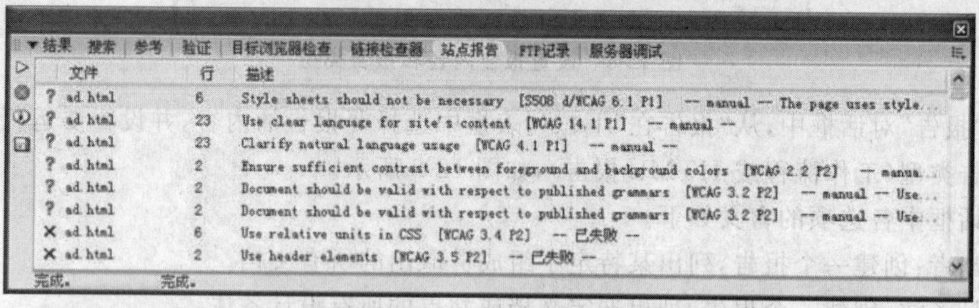

图 12-10　“站点报告”选项卡中显示的结果列表

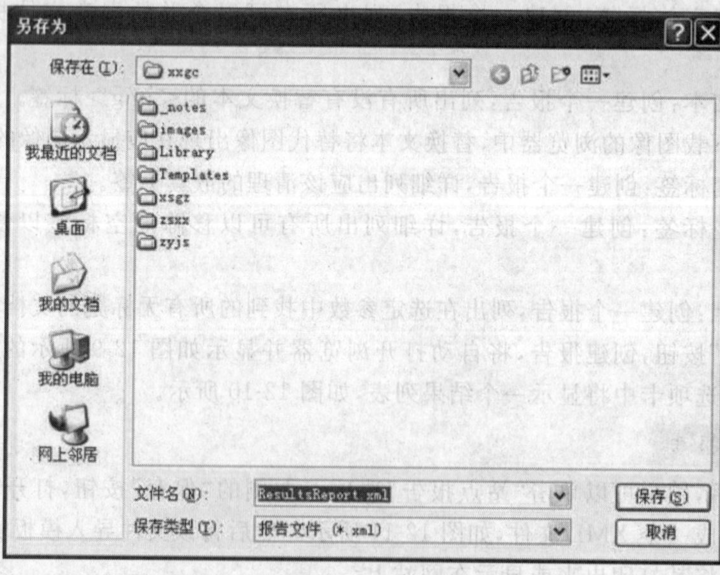

图 12-11　保存报告

说明

由于大多数网站都是由一些专业人员设计的，相对于普通用户而言，专业人员对计算机和网络的理解更深刻，对网站的性能要求更高。但是，同时也要考虑到访问网站的大多数用户只是使用网络的一般功能，对网站的性能要求可能与专业人员不太相同。因此，网站的性能应切实满足普通用户的需要。所以，有许多成功的经验表明，让非专业人员参加网站的测试，工作效果有时更好，这些人会提出许多专业人员没有考虑到的问题或一些好的建议。

拓展任务 网站的发布

▶任务目标

本任务将辽宁林业职业技术学院网站上传到Web服务器上，最终效果如图12-12所示。

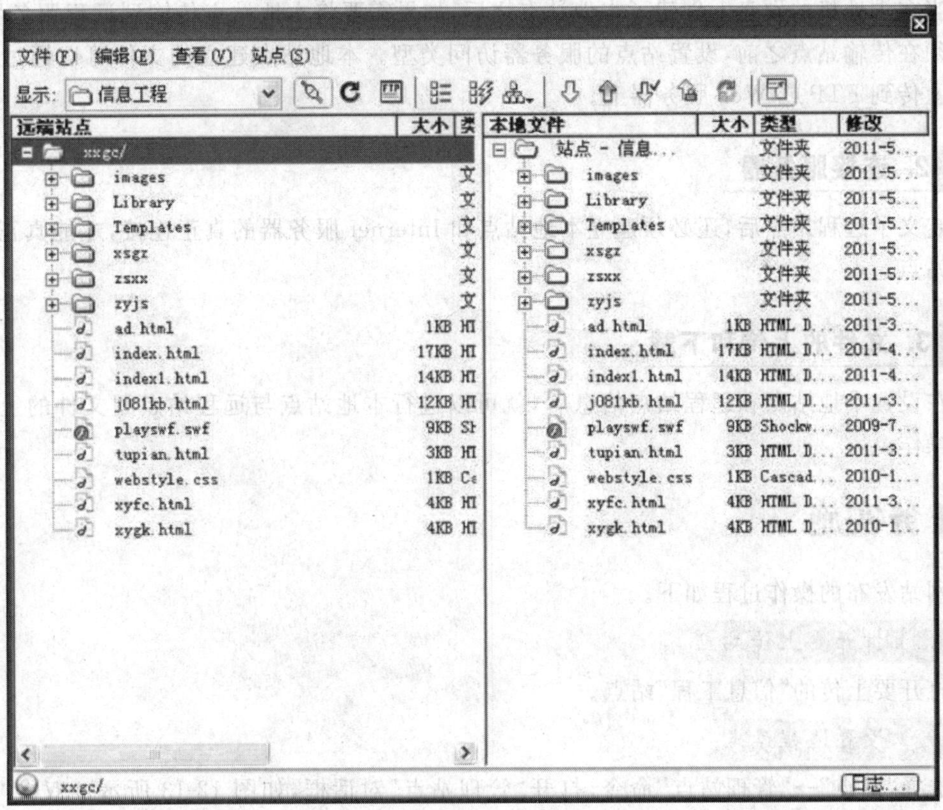

图12-12 网站上传

1. 能力目标

会利用 Dreamweaver 发布网站。

2. 知识目标

掌握 Dreamweaver 发布网站的方法。

▶任务知识

网页设计好并在本地站点测试通过后，必须把它发布到 Internet 上才能形成真正的网站。网页的上传一般是通过 FTP 软件工具连接 Internet 服务器进行上传的。FTP 软件很多，有 CuteFTP、LeapFTP 等，也可以使用 Dreamweaver 的站点管理器上传网页。Dreamweaver 内置了 FTP 上传功能，可以实现本地站点和远程站点之间的文件传输。

1. 设置远程站点

当在本地机的硬盘上创建了本地站点之后，如果需要将本地站点传输到远程服务器上，就必须在传输站点之前，设置站点的服务器访问类型。本地站点建立的文件可以通过 FTP 协议上传到 FTP 或 Web 服务器上。

2. 连接服务器

定义了远程站点后，还必须建立本地站点和 Internet 服务器的真正连接，才能真正构建远程站点。

3. 文件的上传和下载

在设置本地站点和远程站点信息后，就可以进行本地站点与远程站点间文件的上传及下载操作。

▶任务实施

网站发布的操作过程如下。

(1) 打开要上传站点

打开要上传的"信息工程"站点。

(2) 设置远程站点

选择"站点"→"管理站点"命令，打开"管理站点"对话框，如图 12-13 所示。双击"信息工程"站点，打开"站点设置对象"对话框，在对话框中切换到服务器选项卡，单击"添加新服务器"按钮 + ，弹出如图 12-14 所示的对话框。

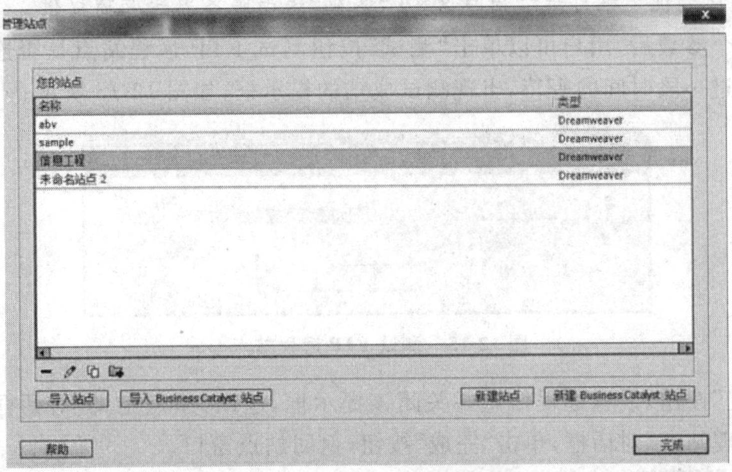

图 12-13 "管理站点"对话框

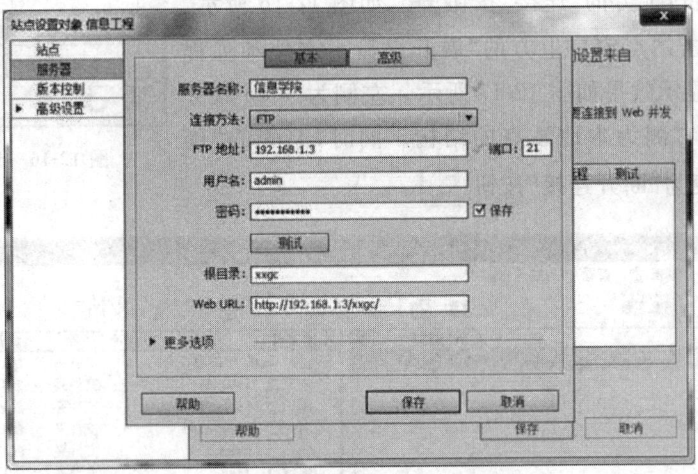

图 12-14 设置 FTP 访问参数

该对话框中各选项的含义如下。

服务器名称：输入服务器的名称。

连接方法：选择 FTP。该下拉列表框中提供了以下选择项：FTP、SFTP、FTP over SSL/TLS(隐式加密)、FTP over SSL/TLS(显示加密)、本地/网络、WebDAV 和 RDS。

FTP 地址：输入远程站点的 FTP 主机的 IP 地址。

用户名：输入用于连接到 FTP 服务器的登录名。

密码：输入用于连接到 FTP 服务器的密码。

测试按钮：测试连接到 FTP 是否成功。

根目录：输入在远程站点上的主机目录。

Web URL：本网站的 URL 地址。

保存：Dreamweaver 保存连接到远程服务器时输入的密码。

注意:“FTP 主机”“根目录”“用户名”及“密码”均由服务器运营商提供。

设置好各个参数后,用户可以单击“测试”按钮测试 FTP 远程站点是否连通。单击“测试”按钮后,经过一段时间的等待,出现测试成功的提示框,如图 12-15 所示。

图 12-15　测试 FTP 远程站点心

单击“确定”按钮,设置远程信息并关闭该提示框,返回“站点定义”对话框,单击“确定”按钮,返回“管理站点”对话框,单击“完成”按钮,返回站点窗口。

(3) 连接服务器

单击站点窗口上方的“连接”按钮 ,如图 12-16 所示。连接成功后,单击站点窗口上方的“展开以显示本地和远程站点”按钮 ,显示效果如图 12-17 所示。左侧为 Web 服务器的目录结构,右侧为本地站点的结构。同时,原先的“连接”按钮 转变为“断开连接”按钮 。

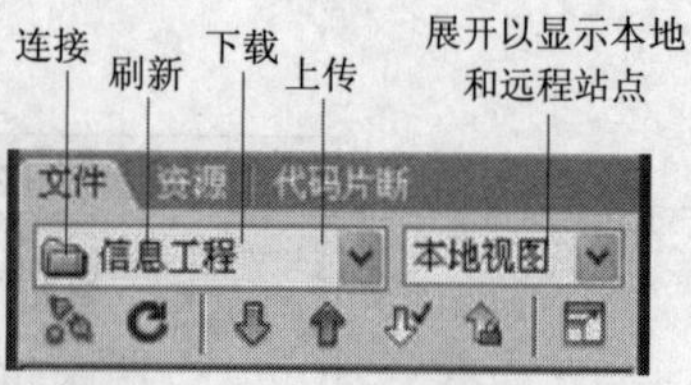

图 12-16　连接服务器

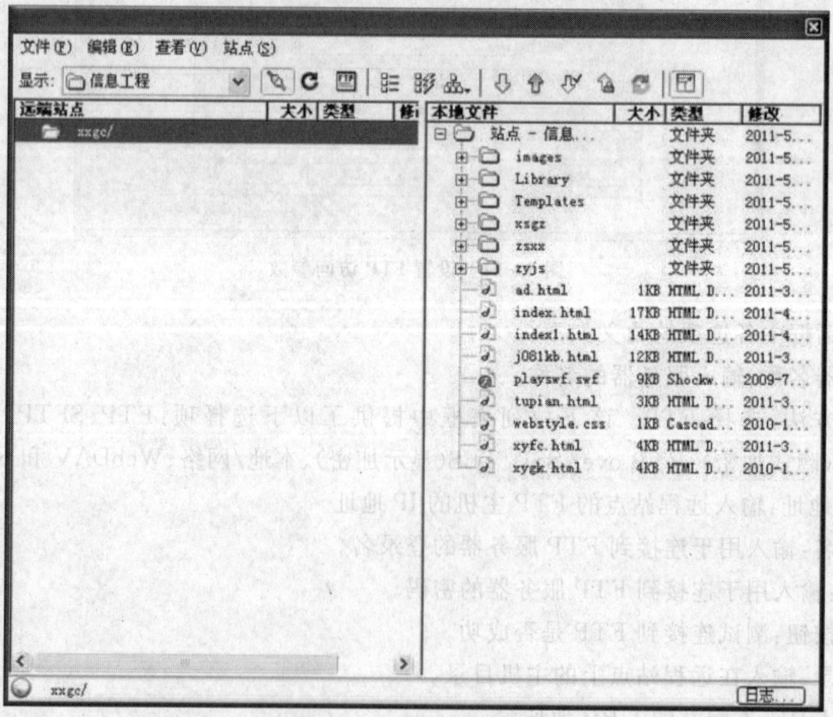

图 12-17　本地和远程站点

(4) 文件的上传

单击“上传”按钮,弹出提示对话框,如图 12-18 所示。单击“确定”按钮,本地站点中的所有文件将逐个上传到远程站点,如图 12-19 所示。

图 12-18 “上传”提示对话框

图 12-19 将文件上传到远程站点

将注册好的域名提交给服务器运营商,经过服务器运营商解析后,域名与服务器运营商提供的空间 IP 地址实现映射,用户即可通过域名访问已上传网站。

说明

本任务完成了站点上传到服务器,同样的道理,只要和服务器连接上了,也可将服务器的文件或文件夹下载到本地机。

一般情况下,域名的申请与服务器空间的租用都需要花费一定的费用,在网上即可申请。

习题

1. 简述测试网站主要包括哪些方面的测试。
2. Dreamweaver 站点管理器如何连接服务器?
3. 在网上申请免费空间及域名,将自己所做的网站发布出去。

参考文献

[1] 韩少云 . Dreamweaver CS6 网页设计入门、进阶与提高[M]. 北京:电子工业出版社,2013.

[2] 何丽 . 精通 DIV+CSS 网页样式与布局[M]. 2 版 . 北京:清华大学出版社,2014.

[3] 胡崧,吴晓炜,李胜林 . Dreamweaver CS6 中文版从入门到精通[M]. 北京:中国青年出版社,2013.

[4] 晁代远 . Dreamweaver CS6 完全学习手册[M]. 北京:清华大学出版社,2014.

[5] 黄玉春 . CSS+DIV 网页布局技术教程[M]. 北京:清华大学出版社,2012.

[6] 李晓斌,李萃,口永红 . Dreamweaver CS6 完全自学一本通(中文版)[M]. 北京:电子工业出版社,2013.

[7] 林兆胜 . Photoshop CS6 白金手册[M]. 北京:电子工业出版社,2013.

[8] 刘贵国 . Dreamweaver CS6 网页设计与网站建设课堂实录[M]. 北京:清华大学出版社,2014.

[9] 孟霞 . 网站制作[M]. 沈阳:沈阳出版社,2011.

[10] 杨烨 . Dreamweaver CS6 网页设计实用教程[M]. 武汉:华中科技大学出版社,2013.

[11] 杨颖,杨秀萍,胡国生 . Dreamweaver CS6 网页设计与制作项目驱动教程[M]. 重庆:西南师范大学出版社,2014.

[12] 张国勇,邹蕾 . Dreamweaver CS6 白金手册[M]. 北京:清华大学出版社,2013.